特种工程加固改造与典型案例

陈伟坚　林启辉
詹天华　周伟斌　著

中国建筑工业出版社

图书在版编目（CIP）数据

特种工程加固改造与典型案例 / 陈伟坚等著. — 北京：中国建筑工业出版社，2024.6（2025.3重印）
ISBN 978-7-112-29809-9

Ⅰ.①特… Ⅱ.①陈… Ⅲ.①建筑结构-加固 Ⅳ.①TU746.3

中国国家版本馆 CIP 数据核字（2024）第 087561 号

责任编辑：张幼平
责任校对：王　烨

特种工程加固改造与典型案例
陈伟坚　林启辉
詹天华　周伟斌　著
*
中国建筑工业出版社出版、发行(北京海淀三里河路 9 号)
各地新华书店、建筑书店经销
北京鸿文瀚海文化传媒有限公司制版
河北鹏润印刷有限公司印刷
*
开本：787 毫米×1092 毫米　1/16　印张：17　字数：351 千字
2024 年 8 月第一版　2025 年 3 月第三次印刷
定价：**78.00** 元
ISBN 978-7-112-29809-9
(42738)

本书编委会

序

随着我国城市化进程的日新月异，既有建筑不仅是城市的记忆与文脉，更是居民日常生活的载体。它们见证了城市的发展变迁，承载着历史与文化的厚重。然而，随着时代的进步，许多既有建筑因年代久远、设计标准偏低等原因，逐渐暴露出功能滞后、结构安全隐患等问题，难以满足现代生活的需求。

特别是在城市化发展模式由增量扩张向存量优化转变的当下，既有建筑的加固改造显得尤为迫切。这不仅是对城市空间的优化利用，更是对居民生活品质的提升与保障。通过加固改造，我们能够延续建筑的历史文脉，注入新的活力，使其更好地服务于现代生活。

面对这一挑战，我国政府高度重视，出台了一系列政策，为既有建筑的加固改造提供了有力的政策支持。同时，随着抗震设防标准的提升，众多建筑急需进行抗震加固，以应对潜在的自然灾害。

在这一背景下，《特种工程加固改造与典型案例》应运而生。本书由广东建科建筑工程技术开发有限公司精心编纂，旨在为广大加固改造从业者提供宝贵的案例参考与经验借鉴。全书分为工程项目篇、专业技术篇和造价分析篇三部分，通过图文并茂的形式，系统展示了加固改造工程中的技术亮点与创新实践。

在工程项目篇中，精选了 30 个具有代表性的工程案例，涵盖了改造工程、加固维修、桥梁加固、岩土加固等多个方向。这些案例不仅展示了先进的加固技术与设计理念，更体现了对历史文化的尊重与传承。

在专业技术篇中，系统介绍了各种结构类型建筑物、构筑物加固改造的关键技术，从设计、施工到验收等环节进行了深入的剖析与探讨，旨在帮助读者更好地掌握各类加固方法，提高加固质量。

在造价分析篇中，选取了 13 个典型项目进行了经济指标剖析，为读者提供了经济数据参考。这有助于读者在加固改造工程中做出更为合理的经济决策。

《特种工程加固改造与典型案例》不仅是一本技术指南，更是一部关于城市更新与建筑重生的启示录。它告诉我们，加固改造不仅是技术的运用，更是对历史的尊重与对未来的期许。

在此，我衷心希望广大加固改造从业者能够从中汲取智慧与力量，共同推动我国城市品质与人居环境的不断提升。同时，也期待更多企业和个人能够加入到这一事业中来，共同书写城市更新与建筑重生的新篇章。

（徐其功　广东省勘察设计大师）

前　言

随着城市化进程的加速和我国房地产市场的转型，存量房时代已然来临。这一转变意味着大批公共建筑、居民住宅、工业设施、古建瑰宝以及桥梁等基础设施面临着加固改造的迫切需求，以保持其持续的功能性和安全性；同时，随着抗震设防标准的提升，众多建筑也亟待进行抗震加固以应对潜在的自然灾害。此外，部分建筑虽未到设计使用年限，却因功能调整或升级而需进行改造加固，以满足新的使用需求。

在加固改造行业，虽然已有一系列的标准、图集和指导性文件作为行业指引，但其中的部分指标仍具有开放性，需要从业单位结合具体项目实际进行细致分析和判断。面对一些共性的疑难问题，我们深知仅凭经验是不够的，更需要有系统、全面的资料作为参考和借鉴。同样，对于房屋的使用单位而言，在加固改造的决策过程中，经济性和安全性的考量同等重要，他们也需要从成功案例中获取灵感和借鉴。

广东建科建筑工程技术开发有限公司自 2000 年起便深耕于建筑结构加固改造领域，二十多年来，积累了丰富的设计、施工经验，成功解决了大量技术难题。面对市场上日益增长的加固改造需求，深感有责任将其中经验、技术和知识进行整理与总结，以供同行参考和学习，因此编写了这本《特种工程加固改造与典型案例》。

本书共分为三大版块：工程项目篇、专业技术篇和造价分析篇。在工程项目篇中，精选了 30 个具有代表性的工程案例，涵盖改造工程、加固维修、桥梁加固、岩土加固等多个方向，以图文并茂的形式展示了这些项目中的技术亮点和创新实践。在专业技术篇中，系统介绍了混凝土结构加固、砖混结构加固、基础加固、桥梁加固等关键技术，从设计、施工到验收等环节进行了深入的剖析和探讨，旨在帮助读者更好地掌握各类加固方法，提高加固质量。在造价分析篇中，选取了 13 个典型项目进行了经济指标剖析，为读者提供宝贵的经济数据参考。

衷心希望本书能为加固改造行业提供有价值的参考和借鉴，激发更多的创新实践和理论探讨，共同推动行业的进步和发展。因编者水平所限，书中存在的不足之处，也恳请广大读者提出宝贵的意见和建议，以求不断完善和提高。

目　录

工程项目篇

专业技术篇

造价分析篇

工程项目篇

· 改造工程

· 加固维修

· 岩土

一、改造工程

1. 综合改造

1.1　越秀海颐苑项目加固改造工程

1.2　光华厂区改造项目（一期）工程

1.3　省港大罢工纪念馆改造提升项目设计施工总承包

1.4　赤坎区公共文化服务中心三民服务点项目

1.5　广东省水电医院凤凰城院区项目装修改造工程施工专业承包

2. 结构改造

2.1　佛山市第三中学体育馆改造项目

2.2　厂房A幢改造（迪茵公学）项目

1. 综合改造

1.1 越秀海颐苑项目加固改造工程

1.1.1 工程概况

本项目共两处地块。

地块一：现有 7 栋建筑物，原建筑功能为单位宿舍、废纸公司原办公场所、物业公司办公场所等，围墙内面积约 8919m²，总建筑面积约为 13358.47m²；

地块二：为一栋独门独院独栋 7 层框架结构建筑，现使用功能为广纸职校教学楼，围墙内面积约 3052m²，建筑面积约 3000m²。

两地块需要调整为高端综合养老社区。调整改造后的总建筑面积约为 19171m²（其中加建面积约 3000m²，不包括新建配电房、消防水池及新建池，计补偿所在综合楼面积）。

根据项目建设需要及工程特点，本项目划分为两个标段。其中：

标段一：3 号楼加固及改造工程，建筑面积 2480.07m²；

标段二：除标段一以外的所有加固及改造工程（包括 3 号楼二次改造工程），建筑面积 13358.47m²。

其中 1 号楼，朝向坐南朝北，主体为一栋 9 层框架结构房屋；3 号楼，朝向坐南朝北，主体为一栋 7 层框架结构房屋；5 号楼，朝向坐北朝南，主体为一栋 5 层混合结构房屋；9 号楼，朝向坐北朝南，主体为一栋 2 层混合结构房屋；11 号楼，朝向坐南朝北，主体为一栋地下 1 层、地上 7 层框架结构房屋；13 号楼，朝向坐北朝南，主体为一栋 2 层混合结构房屋；门市工房，朝向坐南朝北，主体为一栋 1 层混合结构房屋；职校教学楼，朝向坐南朝北，主体为一栋 7 层框架结构房屋。

1.1.2 处理方案

（1）技术特点与难点

① 此工程共有 8 栋建筑物，面积大、分布广。

② 此工程涉及的加固方法多，主要有微型钢管桩、柱加大截面加固、梁加大截面加固、板粘贴碳纤维布、新增混凝土柱梁板等。

③ 此工程技术含量高，因拆除及加固工程的施工技术不同于常规土建施工，且

越秀海颐苑旧宿舍原状图

其中5号楼（5层混合结构房屋）需整体拆除，难度较大。

④ 此工程施工的各工序顺序严格按设计要求进行，充分理解设计意图，不同于常规施工工序顺序。

（2）技术原则

① 本工程为已有建筑物，施工时应采取避免或减少损坏原结构的措施；

② 在保留原结构的前提下，使原本承载力不满足要求的柱、墙、梁、板在修缮加固后能够满足安全性使用要求；

③ 贯彻“百年大计、质量第一”和预防为主的方针，从各方面制订保证质量的措施，预防和控制影响工程质量的各种因素；

④ 贯彻“安全为了生产，生产必须安全”的方针，建立健全各项安全管理制度，制订安全施工的措施，并在施工过程中经常进行检查和督促。

（3）技术亮点

<table>
<tr><th>序号</th><th colspan="2">关键构件、节点加固亮点</th></tr>
<tr><td>1</td><td></td><td></td></tr>
<tr><td>解决方式</td><td colspan="2">受施工场地影响，为了解决地基承载力不足问题，采用微型钢管桩进行基础加固</td></tr>
<tr><td>2</td><td></td><td></td></tr>
<tr><td>解决方式</td><td colspan="2">解决原结构使用面积不足问题，采用从基础开始新增钢筋混凝土框架结构</td></tr>
</table>

续表

<table>
<tr><th>序号</th><th colspan="2">关键构件、节点加固亮点</th></tr>
<tr><td>3</td><td></td><td></td></tr>
<tr><td>解决方式</td><td colspan="2">对原有瓦屋面整体拆除，砖混结构改造为框架结构，提高建筑物整体结构安全性</td></tr>
<tr><td>4</td><td></td><td></td></tr>
<tr><td>解决方式</td><td colspan="2">由于原楼梯结构残旧及局部损坏严重，为提高楼梯结构的整体稳定性及满足办公楼消防通道要求，对旧结构楼梯进行拆除和重建</td></tr>
</table>

续表

序号	关键构件、节点加固亮点	
5		
解决方式	由于部分原有构件混凝土强度较低，无法满足相关荷载要求，采用柱加大截面法加固，满足安全使用要求	
6		
解决方式	由于该建筑年代较久，对不满足承载力使用要求的构件，采用梁粘贴碳纤维进行加固，以满足安全使用要求	

1.1.3 实施效果

越秀海颐苑项目自 2019 年竣工使用至今，情况良好，加固修缮效果得到各方及厂区周边居民的好评，取得了良好的经济效益和社会效益。越秀海颐苑项目修缮后作为养老院，成为广州市海珠区广纸路一带的亮点。

加固修缮后整体效果

1.2 光华厂区改造项目（一期）工程

1.2.1 工程概况

光华旧厂改造项目位于广州市荔湾区西村街道福州路1号。项目原为机械修配厂机械车间，建筑面积约4800m²，占地面积约1500m²。主体结构共3层，高17.0m，为钢筋混凝土框架结构。因业主方发展需要，现将该厂房改为办公楼使用。具体改造要求为：将原货梯改为客梯，在局部区域新增楼板及电梯厅，局部楼板开洞，以及楼梯和楼梯间拆除重建。

光华旧厂原状图

1.2.2 处理方案

（1）技术特点与难点

① 工程改造含特种工程（结构加固工程、结构补强等）、建筑装修装饰工程（房屋修缮工程、门窗工程、幕墙工程等）、建筑机电安装工程（电气工程、给水排水改造工程等），相关规范技术指标繁多，施工专业性强，质量要求严格，工程复杂，施工难度大。

特种工程主要包括拆除工程、新增混凝土基础、静压钢管桩加固、新增混凝土柱梁板、柱梁加大截面加固、梁粘贴钢板加固、板粘贴碳纤维布加固、板底挂钢筋网批高强砂浆加固、新增混凝土楼梯等。

建筑装修装饰工程主要包括砌筑工程、门窗工程、屋面及防水工程、楼地面装饰工程、墙柱面装饰与隔断幕墙工程等。

建筑机电安装工程主要包括电气设备安装工程、给水排水工程等。

② 工程施工任务重，工期短。

③ 工程施工工序繁杂，涉及多工种作业。

与其他专业配合安装施工，工序互相交错，须建立起行之有效的项目管理机构，合理调配管理人员，协调内外各施工单位及内部各施工队，确定合理的施工顺序，按现场实际情况及时调整施工部署，以确保工程顺利施工。这是工程实施的难点。

④ 工程项目拆除及加固改造施工，必须采取安全文明施工措施，重点控制施工机械的噪声，减少对工程周边环境的影响。

（2）技术原则

① 本工程为已有建筑物，施工时应采取避免或减少损坏原结构的措施；

② 在保留原结构的前提下，使原本承载力不满足要求的柱、墙、梁、板在修缮加固后能够满足安全性使用要求；

③ 贯彻“百年大计、质量第一”和“预防为主”的方针，从各方面制订保证质量的措施，预防和控制影响工程质量的各种因素；

④ 贯彻“安全为了生产，生产必须安全”的方针，建立健全各项安全管理制度，制订安全施工的措施，并在施工过程中经常进行检查和督促。

（3）技术亮点

序号	关键构件、节点加固亮点	
1	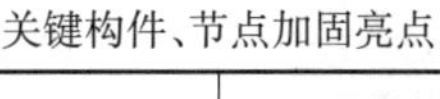	
解决方式	结构柱作为主要的受力构件，结构设计应满足强度要求，采用钢筋混凝土加大截面法进行加固	

续表

序号	关键构件、节点加固亮点	
2 		
解决方式	结构梁作为主要的受力构件，结构设计应满足强度要求，采用钢筋混凝土加大截面法进行加固	
3 		
解决方式	对室内外局部破旧损坏墙体和严重缺陷混凝土构件进行拆除重建，提高建筑物整体结构安全性	
4 		
解决方式	由于原楼梯结构残旧及局部损坏严重，为提高楼梯结构的整体稳定性及满足办公楼消防通道要求，对旧结构楼梯进行拆除和重建	

续表

<table>
<tr><th>序号</th><th colspan="2">关键构件、节点加固亮点</th></tr>
<tr><td>5</td><td></td><td></td></tr>
<tr><td>解决方式</td><td colspan="2">由于原电梯井结构残旧及局部损坏严重，无法满足相关荷载要求，对旧电梯井进行拆除和重建，提高电梯井结构的整体稳定性</td></tr>
<tr><td>6</td><td></td><td></td></tr>
<tr><td>解决方式</td><td colspan="2">针对旧屋面的防水层过于简单及使用年限已久，且多处结构破损和严重漏水的情况，对旧屋面的防水层进行铲除和重建，提高屋面的整体防水质量</td></tr>
</table>

1.2.3 实施效果

光华旧厂改造项目自 2019 年竣工使用至今，情况良好，加固修缮效果得到各方及厂区周边居民的好评，取得了良好的经济效益和社会效益。光华旧厂经加固修缮后集办公、商业于一体，成为广州市荔湾区西村街道福州路一带的亮点。

加固修缮后整体效果图

加固修缮前

加固修缮后

1.3　省港大罢工纪念馆改造提升项目设计施工总承包

1.3.1　工程概况

省港大罢工纪念馆是为纪念 1925 年中国共产党领导的反帝爱国的省港大罢工这一历史事件而设立的纪念性博物馆。纪念馆所在地东园原为清末广东水师提督李准的私人花园。民国初年，这里成为革命志士汇聚的场所。辛亥革命之后，孙中山先生多次在此发表演讲。1925 年省港大罢工爆发后，这里成了省港罢工委员会所在地。罢工结束后，东园建筑被反动分子纵火焚毁，仅存门楼、荷花池和一棵大树。1984 年，广东省人民政府拨款重建了工人纠察队使用过的红楼。1985 年在此设立纪念馆，纪念那段波澜壮阔的工人运动的历史。现有基本陈列展览建设于 2005 年，需改造提升以满足发展的需要。

省港大罢工纪念馆改造提升项目位于广州市越秀区东园横路 3 号，广东省重点文物保护单位省港罢工委员会旧址之内，园区占地面积约 5000m^2，重新建成后的省港大罢工史迹展，全面展示了这个以党领导工人运动为主线的震惊中外的历史事件。

主要工程内容：一是文物修缮工程，主要是对文物本体部分进行修缮，建筑面积共计 790m^2，其中红楼约 620m^2，东园门楼约 120m^2，莲花池约 50m^2；二是室内装修及展览工程，主要是对红楼及东园门楼进行升级改造，建筑面积共计 740m^2；三是室外环境改造提升工程，主要包括对红楼及东园门楼的周边环境进行提升改造，占地面积共约 5000m^2；四是完善上述室内外电气、给水排水、消防、安防、智能化等配套工程。

改造前（室外环境和文物）

改造前（室内装修及展览）

1.3.2 工程项目特点与难点

（1）项目勘察设计注重爱国主义教育与文物保护相结合、注重传承红色工运与革命历史，重新建成后的省港大罢工纪念馆及史迹展。在原有广东省重点文物保护单位的基础上继而挂牌广东省爱国主义教育基地、全国职工爱国主义教育基地。

（2）展览复原省港大罢工事件。活化利用红色革命历史遗址，发掘宣传其背后红色故事。

（3）文物建筑保护。基址始建于清代，原是爱国将领李准的私家花园。文物修缮遵循文物本体的真实性及最小干预原则、不改变文物原状原则。

（4）促进粤港文化互通。展览响应《粤港澳大湾区发展规划纲要》中人文湾区的规划定位。

（5）省港大罢工纪念馆是国家文物建筑，以后将成为市民游览的场所，工程性质特殊，既包含文物建筑，也有历史建筑，不但是团一大广场区域整体改造提升的组成部分，本身又承载着红色记忆和红色历史，纪念意义非凡。项目工程质量要求高，同时存在古建筑修缮施工，原建筑不能破坏。工程涉及多专业作业，项目的承包范围从拆除到装饰装修、园林绿化、室外铺装、管网等，还有布展等所有工作，涉及园林、雕塑、古建修缮、文化布展、安防、安检、智能化、拆除等多专业工程施工等内容，项目在开工前并没有完整的施工图纸，需要在施工过程中不断完善设计。

1.3.3 工程项目特色

（1）注重爱国教育：纪念馆免费向公众开放，开放至今已接待大量批次团体、职工、学生参观，是由中共广东省委宣传部颁发的广东省爱国主义教育基地、中华全国总工会颁发的全国第一批全国职工爱国主义教育基地。

（2）注重文物保护：严格按照文物法的规定进行文物建筑修缮，项目取得广东省文物局的批文及广州市文物局竣工验收证。

（3）注意空间整合：东园地块周边与东园文化广场、团一大纪念馆等项目同步建设，建设过程均与周边单位有效沟通，达到城市设计的有机统一。

（4）注意历史传承：严格按省委宣传部审定的项目布展陈列大纲进行设计及编排，尽力向社会公众尤其是下一代宣传红色工运与革命历史。

（5）注重知识产权：项目共申报实用新型专利 6 项，发明专利 1 项，软件著作权 1 项，美术作品 13 项（影视 9 项、雕塑 2 项、油画 2 项），开发互联网虚拟展厅 1 项、微信公众号 1 项、网络预约订票云系统 1 项。

1.3.4 项目创新应用推广情况

（1）注重爱国教育与文物保护相结合，文物保护与展览陈列相结合。已挂牌广东省爱国主义教育基地、全国职工爱国主义教育基地。建设期间曾受到中央电视台、新华社、广东电视台、南方日报、广州日报等各级媒体的广泛关注。

（2）首度提出“泛展览空间”理论概念：一是将室内与室外布展均衡分布，展览馆建筑本体、室内空间及其周边场地均作为展区；二是将视觉所及的展览空间制作线上虚拟展馆，结合域名网站、APP、公众号等多种手段，将展览、科普、订票、咨询和实时云监控、智能化管理以数字化体现。

(3) 针对本项目开发的专利技术、计算机软件、美术作品、互联网技术均为原创，行业领先，并均已投入使用。

1.3.5 新技术、新工艺的应用及创优施工

1	一种雾化式无土花槽及其使用方法(发明专利)
	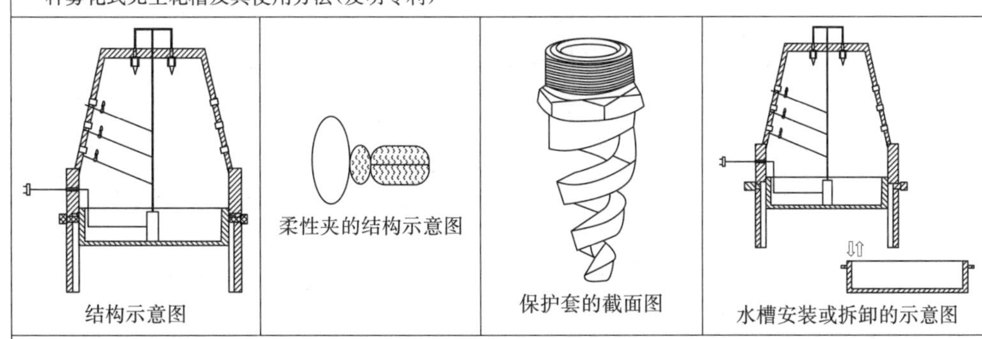 结构示意图　柔性夹的结构示意图　保护套的截面图　水槽安装或拆卸的示意图
	利用潜污泵和螺旋喷头配合,使得从根系滴落的含有杂质的营养液可以直接循环利用,无需过滤,减少滤材的使用;设置导向杆和柔性夹,利用柔性夹夹持主根前端,使得主根较为伸展,并且在水雾和气流的冲击下不容易与其他根系纠缠,利于后续整个花苗的取出;水槽为可拆卸结构,便于拆卸、清洗和消毒杀菌
2	一种景观水池溢流和排空集成装置(实用新型专利)
	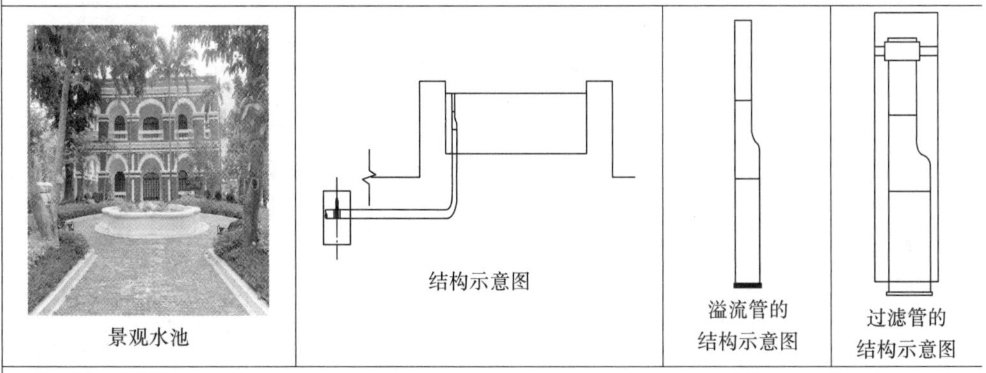 景观水池　结构示意图　溢流管的结构示意图　过滤管的结构示意图
	此装置只需在水池底部钻一个孔,即可满足排空和溢流的需求,减少对水池结构的破坏,减少水池因水位不受控制而溢水的后果,增强水位控制的灵活性,同时降低成本;通过设置过滤管,能够防止漂浮在水面的鱼饵料等从溢流管流出
3	一种景观艺术字安装结构(实用新型专利)
	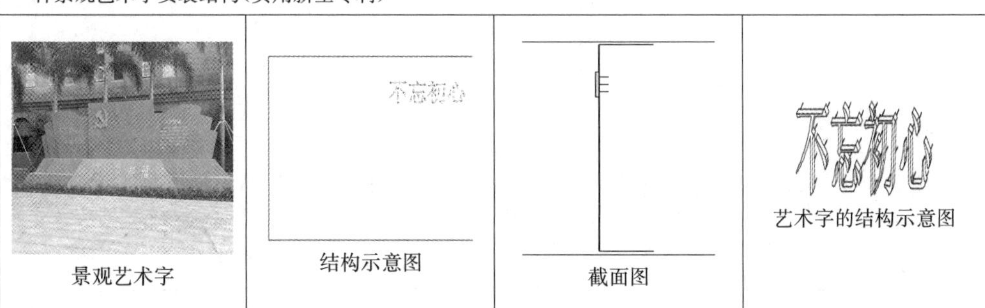 景观艺术字　结构示意图　截面图　艺术字的结构示意图
	包括艺术字和面板,艺术字的背面设置有若干根不锈钢针,面板的背面设置有连接板,连接板与封板可拆卸式连接,面板上布设有与不锈钢针位置和大小相适应的定位孔,不锈钢针插装在定位孔内,对艺术字进行定位,有利于景观艺术字的高效安装,大大提高施工现场的效能,提高方便度

续表

4	一种调节花岗石厚度的装置(实用新型专利)			
	花岗石	花岗石厚度调节	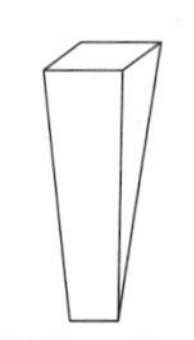结构示意图	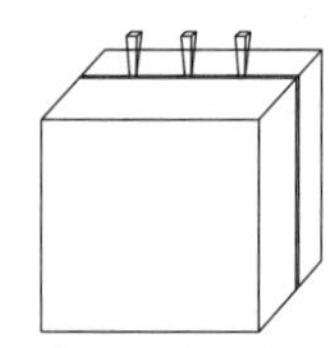使用状态示意图
	包括楔形钢钉。楔形钢钉为楔形形状,由两个斜面组成,上粗下锐,在需要切割的花岗石石块表面先进行外围一圈的切割开槽形成一圈切割槽,平放花岗石石块于地面,于花岗石石块一侧切割槽处放置若干楔形钢钉,通过铁锤对楔形钢钉的顶部进行轮位敲击,利用敲击力最终达到所需花岗石石块的预期厚度			
5	一种户外景观用满洲窗(实用新型专利)			
	满洲窗	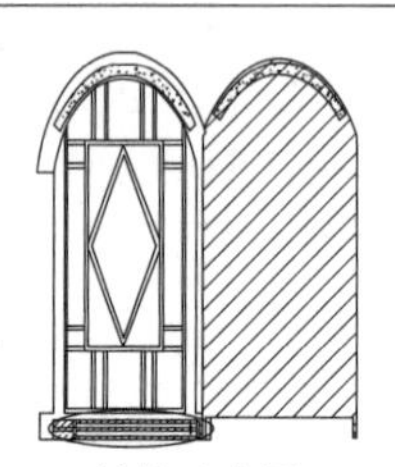结构示意图	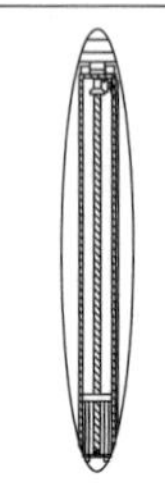结构放大图	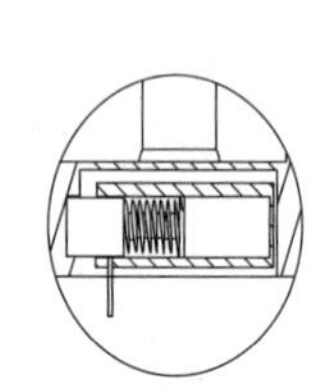结构放大图
	在传统满洲窗的窗户形式基础上,沿用木框架的架构进行改良,改用钢结构面图仿木漆处理,并融合西方圆拱形门洞的造型设计,内嵌三维立体广府典故微雕画,选用不锈钢材质或者玻璃腐蚀画做法。进而更多地在户外景观,如景墙、景观凉亭等园林建筑小品上运用,增添具有广府建筑特征的元素,彰显当地历史文化气息			
6	一种户外显示屏与宣传栏组合景墙(实用新型专利)			
	组合景墙	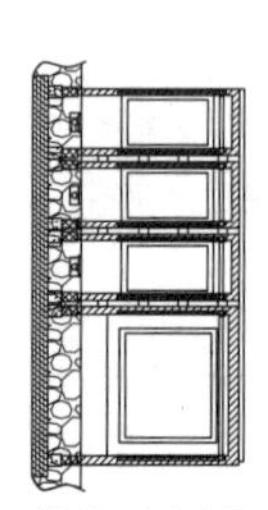结构示意图	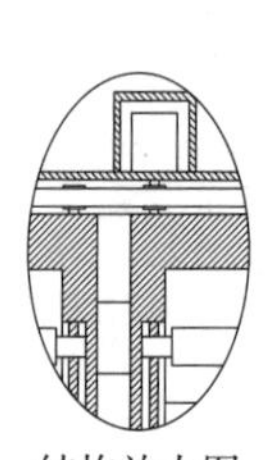结构放大图	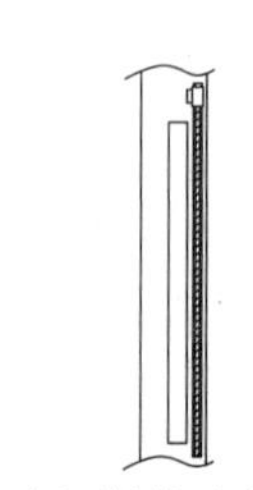侧面结构示意图
	在市面上较为普及的、常规的、需手动替换宣传内容的宣传栏的基础上,植入具有信息时代气息的产物——LED 屏,以此弥补手动替换宣传栏内容的局限性和时效性,同时可以利用 LED 屏进行夜间展示,从而增大宣传景墙的宣传效果,更好吸引行人的眼球			

续表

<table>
<tr><td rowspan="3">7</td><td colspan="3">一种户外景观用不锈钢旗帜雕塑(实用新型专利)</td></tr>
<tr><td>
不锈钢旗帜雕塑</td><td>

结构示意图</td><td>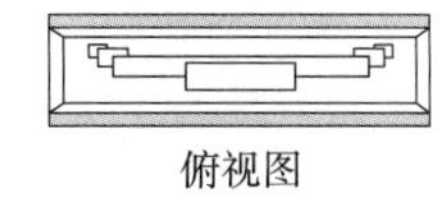
俯视图</td></tr>
<tr><td colspan="3">雕塑本体通过石材底座内预埋件进行焊接固定,采用不锈钢雕塑本体和石材底座进行组合,彰显雕塑的特殊庄严性及标志性;雕塑本体与石材底座之间能够快速地进行焊接,减少安装的时间;通过设置荧光涂料带,提高雕塑的装饰效果,且无需灯光;通过贴附透明保护膜,能够对雕塑本体的漆层进行有效保护,延长使用的时间</td></tr>
<tr><td>8</td><td>
中华人民共和国国家版权局
计算机软件著作权登记证书</td><td colspan="2">多专业协作图纸管理数据库软件 V1.0:由于项目涉及文物修缮、建筑、结构、装饰装修、给水排水、通风空调、电气、弱电智能化、园林绿化等众多专业,为提高设计出图效率,使各专业设计人员可以在线远程互相提资及校审,减少专业盲区,并使设计变更可以同步,开发并应用了“多专业协作图纸管理数据库软件 V1.0”</td></tr>
<tr><td>9</td><td></td><td colspan="2">巨幅 LED 主题影片:作为展馆第一印象,序厅充分利用建筑层高优势,设置大型 LED 主屏,象征工人阶级急国之所困、敢于斗争的大气魄</td></tr>
<tr><td>10</td><td></td><td colspan="2">追溯历史画面全息影像系统:全息影像是实景模型和虚拟影像通过反射和透视关系相互融合的多媒体展项,常用于在特定场景中人物活动的展示</td></tr>
<tr><td>11</td><td></td><td colspan="2">东园文化 360°复合影像系统——互动全息影像与纱幕影像组合艺术场景:二层展厅中央的多媒体装置是二楼参观的起点和重心,对展览起到承上启下的作用。在此板块,设计了东园文化 360°复合影像系统,通过全息投影的互动,展示东园历史,并通过古今对比让观众认识到东园是中国工运的重要地点</td></tr>
</table>

续表

12		东园门楼灰塑修缮：灰塑是岭南地区的民间艺术，它符合本地民众的审美需求，具有传统的民间美术艺术价值。它体现了本地艺人因地制宜，富于创造性和实用性的装饰才智，具有极大的社会文化价值

1.3.6 实施效果

省港大罢工纪念馆改造提升项目的设计与施工过程中，承包单位与设计单位、监理单位、建设单位等通力团结合作，项目中实施应用多项新型建筑领域的技术，其中包括一种雾化式无土花槽及其使用方法、一种户外景观用满洲窗、一种户外显示屏与宣传栏组合景墙、一种景观水池溢流和排空集成装置、一种景观艺术字安装结构、一种户外景观用不锈钢旗帜雕塑、一种调节花岗石厚度的装置、多专业协作图纸管理数据库软件 V1.0 等。该工程项目上所应用的技术创新取得了丰富的科研成果，如申报了 1 项发明和 6 项实用新型专利、软件著作权 1 项、发表了 4 篇期刊论文。项目已获得广东省土木工程詹天佑故乡杯奖、广东省风景园林与生态景观协会科学技术奖规划设计（设计类）1 项、广东建工集团 2021 年度建设工程优质奖、广东建工集团 2022 年科技进步奖 1 项、广东建工集团优秀工程勘察设计奖 1 项，项目衍生的科研技术、知识产权成果及美术作品均得到有效应用并正常运营使用，取得显著的社会效益和经济效益，知识产权成果可继续向同类项目进行推广，同时入选广东省工程总承包、全过程工程咨询和建筑师负责制典型范例项目（第一批）。

项目于 2021 年 6 月建成并竣工验收试运行，已挂牌由中共广东省委宣传部颁发的广东省爱国主义教育基地、中华全国总工会颁发的第一批全国职工爱国主义教育基地。2021 年 9 月 1 日，广东省委书记李希及中华全国总工会党组书记陈刚共同揭幕，中央电视台一台新闻联播及广东卫视新闻联播进行了相关报道，之后全面对社会公众开放。该项目对引导广大工会干部和职工群众传承工运精神、赓续红色血脉有重要意义。

改造后整体效果图

改造后整体效果图（室外环境和文物）

改造后整体效果图（室内装修及展览）

1.4 赤坎区公共文化服务中心三民服务点项目

1.4.1 工程概况

项目类型：项目原使用功能为商住楼，现使用功能改造为游客接待中心，并进行装修升级。对整栋楼进行改造后，建设成为赤坎区旅游服务中心、旅游产品展示销售区、办公区等功能室及基本设施配套。

建筑面积：549.39m^2

合同工期：60天

合同造价：354万元

建设内容：整栋楼进行改造，建设赤坎区旅游服务中心、旅游产品展示销售区、办公区等功能室及基本设施配套。

1.4.2 处理方案

（1）技术特点与难点

① 在不破坏正立面的情况下对墙体进行加固施工；

② 加固设计过程中需遵循“修旧如初”原则，需满足建筑专业以及委托方的相关要求，加固方案的选择存在诸多限制；

③ 施工场地窄、场地布置空间有限，施工过程中需结合场地的可操作性制定最优的可行方案；

④ 新增加桩基础及框架结构。

（2）技术原则

①“修旧如初”，完好保留原正立面并进行清洁修复处理；

② 将原砖木结构整体更换改造为混凝土框架结构；

③“古色古香”，外墙采用做旧处理。

（3）技术亮点

序号	关键构件、节点加固亮点	
1	桩基础设计图纸	 现场施工情况

续表

<table>
<tr><th>序号</th><th colspan="2">关键构件、节点加固亮点</th></tr>
<tr><td>1</td><td>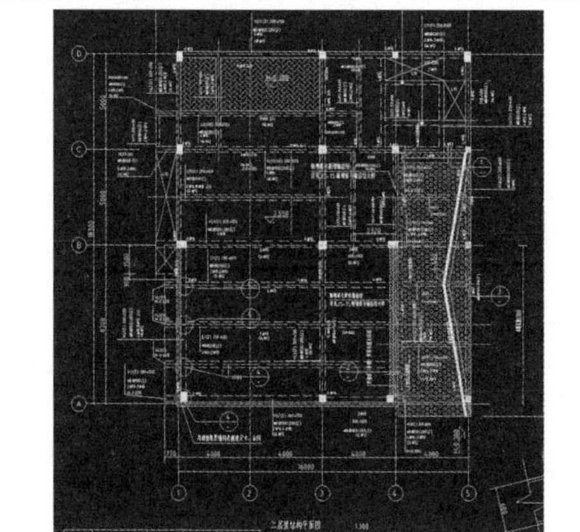
新增框架结构设计图纸</td><td>
现场施工情况</td></tr>
<tr><td>解决方式</td><td colspan="2">原主体框架作为最主要的房屋承重结构，不满足改造后承担竖向荷载和侧向刚度要求，本项目采用新增桩基础及混凝土框架结构进行加固</td></tr>
<tr><td rowspan="2">2</td><td colspan="2">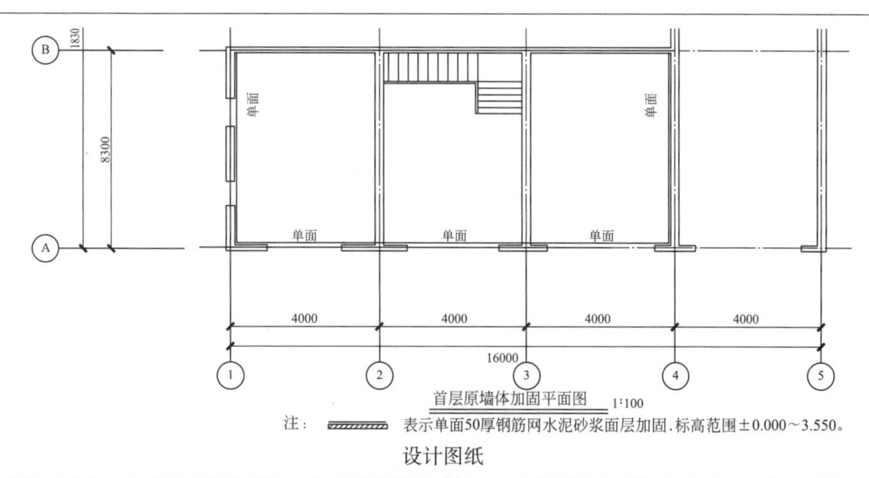

设计图纸</td></tr>
<tr><td colspan="2">
现场施工情况</td></tr>
<tr><td>解决方式</td><td colspan="2">按照“修旧如初”的改造理念，遵循“古建筑与当代建筑并存，保留原正立面”的原则，采用单面钢筋网复合型水泥砂浆面层加固</td></tr>
</table>

续表

序号	关键构件、节点加固亮点
3	 外墙做旧处理
解决方式	“修旧如初”。为保留建筑古色古香的历史气息,项目外墙设计采用做旧处理

1.4.3 实施效果

项目沿用赤坎老街文化性特征，保留建筑体量，采用民国建筑风格，体现游客服务中心文化展示属性，本着“修旧如初”的原则进行改造加固设计。

利用彩色玻璃窗、木樘栊门、坡屋顶等构造手法，实现通风、采光、遮阳等功能需求，适应服务中心业态布局。

传统的红砖墙面立面肌理及外墙的做旧处理，古色古香的庭院灯具，历史气息浓厚的木大门，使得建筑造型朴素大方。作为赤坎老街改造建筑的模板，引领整体街道风貌统一，提升街道品质。

修缮前（一）

修缮后（一）

修缮前（二）

修缮后（二）

修缮后整体效果图

1.5 广东省水电医院凤凰城院区项目装修改造工程施工专业承包

1.5.1 工程概况

工程位于广州增城汽车城大道旁，由 1 栋主楼、2 栋副楼 B1、B2 组成。主、副楼平行布置，两副楼并排，主楼与副楼间距约 20.0m。主楼为地下 1 层（局部）、地上 5 层，建筑面积 27697m^2，主楼建筑中心有约 850m^2 的中空采光井；副楼 B1 地下 1 层、地上 6 层，建筑面积 3800m^2；副楼 B2 地上 6 层，建筑面积 3234m^2。主、副楼均为框架结构，采用正交主次梁板混凝土楼盖体系。项目原为永贤商贸城，主楼的首层及二层原是商场，三～五层是员工宿舍；副楼 B1、B2 原是员工宿舍。

项目 3 栋楼拟改造成广东省水电医院凤凰城院区楼，使用功能由商住楼改为综合医院，属于改建性质，须对不满足规范要求的结构构件进行加固，后续室内外装修工程、装修配套安装工程（含装修配套的水、电、暖工程）、建筑机电安装工程须满足业主总体使用要求。

根据前期结构检测鉴定报告，广东省建科建筑设计院有限公司对此 3 栋楼进行了加固改造设计，由具有特种专业资质的广东建科建筑工程技术开发有限公司承担结构的加固施工。

工期紧张，业主对各阶段工期提出了严格的要求。设计单位在加固改造设计中，按业主对工期的安排，并考虑功能要求，对构件板、梁、柱的加固方法进行计算。仔细研究分析后发现，若全部采用混凝土构件增大截面、粘贴钢板等方法，势必增加现场施工的难度，工期难以得到保证。在进行多个方案的技术经济分析对比后，最终选择采用板、梁、柱粘贴纤维织物，个别梁、柱采用加大截面，柱外包型钢等加固方式结合加固构件。

在项目施工阶段，施工单位与业主、设计单位积极合作，及时沟通，各参建单位通过微信群实现施工过程的动态管理，及时了解现场施工动态和施工过程中遇到的技术难题，并直接反馈业主和设计单位，及时解决。

1.5.2 处理方案

（1）技术特点

根据员工宿舍 B1 结构施工图、员工宿舍 B2 结构施工图、商贸城结构施工图及结构检测鉴定报告，混凝土强度取值分别如下：

① 商贸城（即综合楼）柱及首层梁板混凝土强度取 C30，二层及以上层梁、板混凝土强度取 C25。

② 副楼 B1 三层平面以下柱混凝土强度取 C30，三层平面以上柱混凝土强度取

水电医院旧貌

C25，首层梁板混凝土强度取C30，二层及以上梁、板混凝土强度取C25。

③ 副楼B2三层平面以下柱混凝土强度取C30，三层平面以上柱混凝土强度取C25，梁、板混凝土强度取C25。

项目建筑物整体功能改变，各构件受力情况发生变化，设计单位综合考虑本项目后续使用年限和工期要求，根据计算结果及现场条件仔细分析研究，进行多个方案的推敲对比，采取多种结构加固设计方法，包括粘贴纤维织物、外包钢等加固方法来提高既有结构的可靠性，缩短工期，提高施工效率。粘贴纤维织物、外包钢等加固法在施工中会产生粉尘，须采取减少现场粉尘的措施，保证安全文明施工。

① 柱外包型钢加固

柱外包型钢加固，在外包型钢骨架与构件之间采用改性环氧树脂化学灌浆等方法进行粘结，同时对金属骨架进行除锈，以使型钢骨架与原构件能整体共同工作。灌注改性环氧树脂，并在骨架表面增挂钢丝网抹高强水泥砂浆作为防护层，使骨架和原构件共同受力，对原构件起到约束作用，使之形成具有整体性的复合截面，提高原构件的承载力和延性。

② 构件粘贴碳纤维布加固

为增加原有结构稳定性，原有部分梁、柱构件采用粘贴纤维织物加固，提高构件的承载能力和延性，保证结构安全；相比加大截面法、粘贴钢板法，其施工速度快、劳动强度降低，对楼层空间使用率影响极小，甚至不影响。在柱粘贴纤维箍时遇到剪力墙，通过钻孔对穿螺杆与角钢、胶黏剂将纤维箍与剪力墙连接成整体。

（2）技术亮点

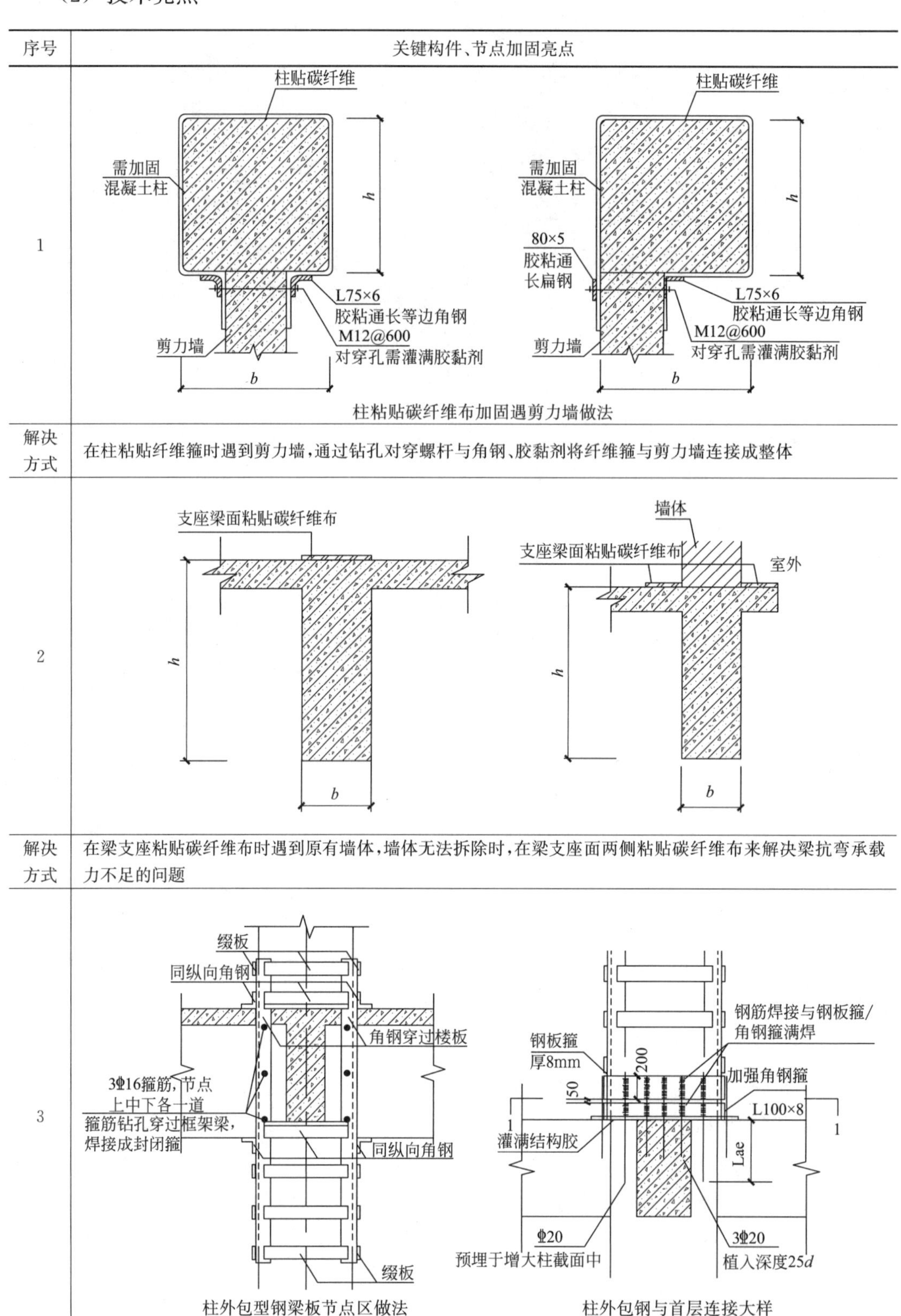

序号	关键构件、节点加固亮点
1	柱粘贴碳纤维布加固遇剪力墙做法
解决方式	在柱粘贴纤维箍时遇到剪力墙，通过钻孔对穿螺杆与角钢、胶黏剂将纤维箍与剪力墙连接成整体
2	
解决方式	在梁支座粘贴碳纤维布时遇到原有墙体，墙体无法拆除时，在梁支座面两侧粘贴碳纤维布来解决梁抗弯承载力不足的问题
3	柱外包型钢梁板节点区做法　　柱外包钢与首层连接大样

续表

序号	关键构件、节点加固亮点
3	
解决方式	柱外包型钢加固，首层柱需加固至基础中，当不满足锚固深度时，需对基础进行处理，以满足首层柱外包型钢加固与基础的连接，遇到不同的地下情况，采取不同的处理方式
4	
解决方式	铝板后置件精度要求高，后置件数以万计，施工工期紧，施工质量要求严，加大了工程施工难度。在本工程后置件加工质量上加大监督，减少后续定位放线施工难度。现场根据施工图和原始结构图严格放样定位，精准确定后置件位置
5	  
解决方式	柱、板顶底面粘贴碳纤维布提高板的承载力，粘贴前处理好基层，基层面应平整、无积水，碳纤维布专用浸渍胶严格配比，保证粘接质量，从而提高结构承载力。配置的胶比严格按产品使用说明书或设计规定，作业场地应无粉尘且不受日晒雨淋和化学介质的污染

1.5.3 实施效果

本工程加固装修改造施工过程中，施工单位与业主、设计单位积极沟通解决施工上的技术难题，设计单位派设计人员入驻现场，第一时间了解施工单位的施工难题，深化施工中的技术难点，促使施工效率提升；施工单位积极配合业主的进度指令，完成各项工程施工验收；同时，施工单位积极做好现场安全文明施工管理工作，防止施工过程中产生的粉尘飞入市区影响公共环境，在整个施工阶段未出现事故，未对社会造成不良的负面影响。工程加固装修改造中，生产工作与安全工作共同推进，节省了大量的建设资金，取得了巨大的社会效益。

加固改造后效果图

医院外立面

医院大堂

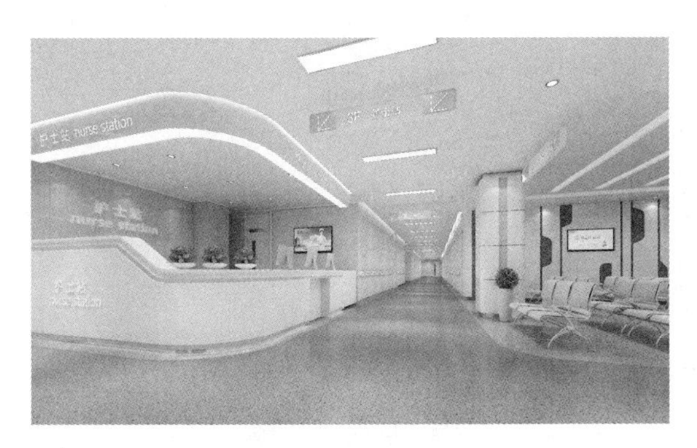

护士站

中空采光井

2. 结构改造

2.1 佛山市第三中学体育馆改造项目

2.1.1 工程概况

佛山市第三中学体育馆位于佛山市禅城区东平二路33号，2005年建成，由于当时设计定位等多种原因，使用率一直不高。为保证体育馆能对周边顺德、南海和禅城羽毛球、篮球爱好者开放，保证学校体育教学顺利开展，对体育馆进行总体改造。

改造项目仅对体育馆内进行改造，不涉及对原项目用地面积、道路系统、绿化面积、建筑密度及停车数等指标的修改，改造后的总建筑面积为11804.74m^2。主要改造内容为：①将现有二层楼看台及间墙拆除，仅保留走廊；拆除球场地板1.2m高的缓冲水泥桩，用于改造成南北方向2个标准篮球场。②在原有大空间篮球场的上空（标高8.900m处）加建面积1759.77m^{2}的结构楼层，使得原有大空间一分为二，功能分别为篮球场及羽毛球场。③按综合体育运动场馆标准改造消防、通风、隔热、隔声、防撞、灯光、地板等配套设备设施。

改造后的体育馆将可作为学校组织的事关学校发展的各种各类大型活动，如开学典礼、表彰会、家长会、艺术节等全校性的大型活动场馆；也可作为学校体育课教学、运动队训练、课后体育锻炼和比赛，校内学生组织的社团活动、文化展览、师生校际体育交流、区域性的教研活动，其他以服务为主要形式的活动，社区、街道组织的活动等大型集会场馆。

2.1.2 处理方案

（1）技术特点与难点

① 本工程属于综合改造项目，结构部分涉及上部结构加固、基础加固、新增钢结构（最大跨度达到22m）；新增钢梁与既有结构、新增结构的连接节点设计非常复杂。体育馆作为公共建筑，屋架采用大跨度空间网架结构，属于复杂结构工程，在此基础上再进行结构改造，工程难度远超一般改造工程。

② 加固设计过程中不仅需要满足现行规范，也需要满足建筑专业以及委托方的相关需求，加固方案存在诸多限制。

③ 现场很多部位的施工条件受限，设计过程中需结合现场施工的可操作性制定

改造前体育馆现状

最优的可行方案。

(2) 技术原则

根据改造需求，对体育馆进行加固改造设计。根据业主提供的原建筑、结构图纸和“鉴定报告”以及改造后的建筑图纸，一是对原有结构（框架部分）进行加固改造，二是新增钢梁-组合楼板结构，三是对存在的裂缝缺陷以及网架锈蚀杆件进行修复处理。

① 原结构部分的加固设计原则：使不满足承载力要求的柱、梁、板、基础在加固后能够满足安全性使用要求。对柱采用加大截面和粘贴碳纤维布的方法进行加固处理；对梁采用加大截面和粘贴碳纤维布的方法进行加固处理；对板采用新增钢梁减小板跨和粘贴碳纤维布的方法进行加固处理；对不满足要求的基础采用加大承台和新增微型钻孔钢管桩的方法进行加固处理。

② 加建部分设计原则：新增结构与主体结构间形成可靠连接，成为统一的整体，提高整体结构的稳定性及抗震能力。考虑到篮球场功能使用需求，在不影响其使用功能的情况下仅能新增 6 根立柱，因此梁最大跨度达 22m。如采用钢筋混凝土梁板结构：混凝土梁高度至少 1.8m，不满足篮球场净空要求；施工高度为 9.3m，支模支撑困难；混凝土结构施工工期较长。最终采用钢结构：钢梁高度 1.3m，满足篮球场净空要求；采用压型钢板组合楼板不需要支模；施工方便，节约工期。

③ 对存在的病害缺陷进行修复处理，使其能满足使用需求。

（3）技术亮点

序号	关键构件、节点加固亮点
1	
解决方式	现场基础开挖后涌现大量地下水，且为砂土土质，受架空层层高限制，尽管采取抽水、打木桩木板支护等措施，仍有多处坑壁大面积出现坍塌。后对原设计方案进行优化，在原有承台面新做承台，新增桩顶标高提高至新增承台，承台开挖深度由原来最深－5.6m减至－4.3m，减小抽水量和挖土量，解决施工问题
2	
解决方式	22m跨大钢梁与原混凝土柱的节点连接：因跨度较大，钢框梁采用普通焊接，原柱加大截面后为直径1.2m的圆柱。考虑到与钢梁节点连接问题，柱头做成方柱。常规连接板与圆柱之间会有缝隙，且环形连接板预制又有一定的难度。柱头做成方柱，不仅解决了以上问题，受力上更为稳妥，也方便施工

续表

序号	关键构件、节点加固亮点
3	 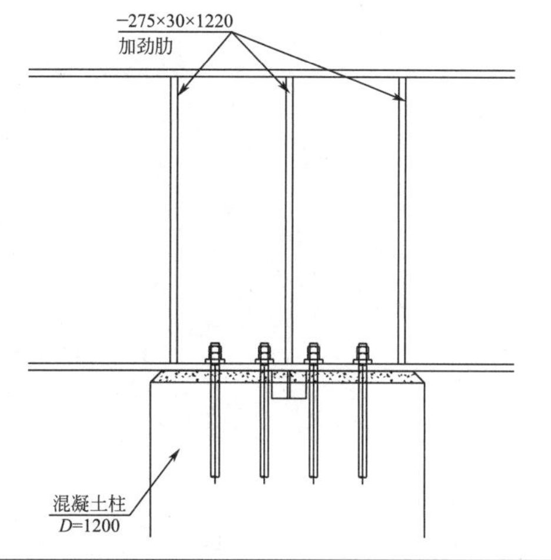
解决方式	22m 跨大钢梁与新增混凝土柱柱顶连接：大钢梁一侧与混凝土圆柱铰接，无法做到全部刚接，考虑到大跨度钢梁的挠度问题，另一侧做成连续梁通过新增柱柱顶
4	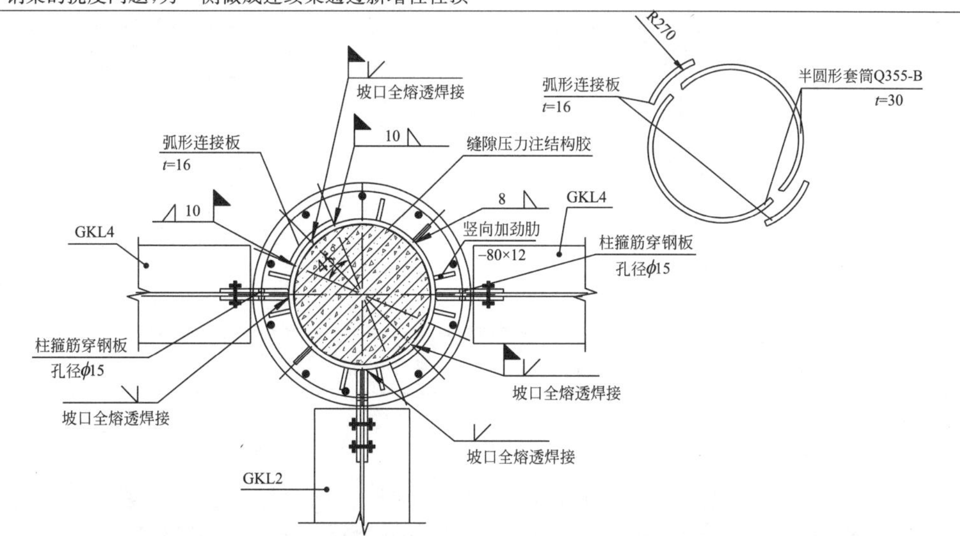  
解决方式	新增钢梁与原混凝土柱的连接：因三个方向均有新增钢梁，若采用常规的连接方式会导致对穿螺杆打架，且对原混凝土柱伤害较大。为避免这种情况，采用半圆形套筒连接，从而顺利解决了以上问题

续表

<table>
<tr><th>序号</th><th colspan="2">关键构件、节点加固亮点</th></tr>
<tr><td rowspan="2">5</td><td></td><td></td></tr>
<tr><td colspan="2">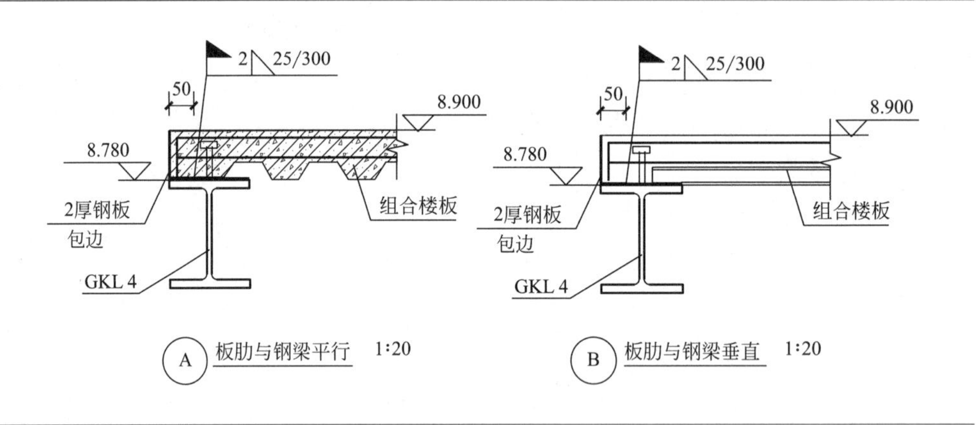
</td></tr>
<tr><td>解决方式</td><td colspan="2">新增楼板采用压型钢板组合楼板。压型钢板可以标准化设计、工厂化生产，运输、堆放、安装方便，节省了大量支模工作，并且改善了现场施工条件，施工方便且节约工期</td></tr>
</table>

2.1.3 实施效果

佛山市第三中学体育馆提升改造工程项目的建设有利于完善当地的基础教育设施建设，是学校师生娱乐、健身、学习的窗口，是推进素质教育，丰富和活跃学校师生和周围群众生活的重要载体。项目将大大改善体育馆内部的环境，改造后的体育馆可以最大限度地满足体育教学的需求，特别是解决雨天体育课正常教学的需求，保障体育特色项目的发展需求，丰富师生校园生活的需求，提高学校品位，改善学校体育文化设施滞后的面貌，实现学生的全面发展，扩大对外开放和交流，而且将加快推进城镇建设，从而进一步推动佛山市经济健康、快速发展。项目适应了教育发展的要求，反映了新时代地方的经济发展水平。建设规模合理，内容充实，符合学校的规划要求，与佛山市的城市规划建设发展方向相吻合，各项建设条件符合国家有关政策法规的精神，具有良好的社会效应。

改造前体育馆内部场景

施工过程中

改造后篮球场效果图及实际照片

改造后新增羽毛球场效果图及实际照片（毛坯状态）

改造后架空层照片

2.2 厂房A幢改造（迪茵公学）项目

2.2.1 工程概况

厂房A幢改造（迪茵公学）项目位于中山市三角镇金三大道东21号，该项目原建筑为4层钢筋混凝土框架结构，结构高度分别为19.5m，有一、二、三、四区共4栋建筑物，建筑面积共计约43000m^2，于2001年竣工投入使用至今。因业主方发展需要，现将该厂房改为综合性学校。根据要求，在局部区域新增楼板及电梯间、局部楼板开洞以及部分楼梯和楼梯间拆除重建。

本项目主要为加固类特种工程，主要包括拆除工程、新增锚杆静压桩及新增承台加固、混凝土梁柱加大截面加固、柱外包（粘）钢加固、梁粘贴碳纤维布加固、板粘贴碳纤维布加固等。

厂房 A 幢原状图

2.2.2 处理方案

（1）技术特点与难点

① 本工程施工工序繁杂，涉及多工种作业，其中加固类特种工程主要包括拆除工程、新增锚杆静压桩及新增承台加固、混凝土梁柱加大截面加固、柱外包（粘）钢加固、梁粘贴碳纤维布加固、板粘贴碳纤维布加固等。

② 本工程施工任务重，工期短，项目施工交错，施工专业性强。技术指标规范各异，质量要求高。同时与其他专业配合安装施工，工程互相交错，如何建立起行之有效的项目管理机构，合理调配管理人员，协调内外各施工单位及内部各施工队，确定合理的施工顺序，按现场实际情况及时调整施工部署，以确保工程顺利施工是本工程实施的重点。

③ 因建设单位有秋季招生入学的需求，本工程工期仅有两个月，因此工期非常紧张，各工序要求紧密结合，不能有一点延误。施工过程中协作配合难度很大，工序之间的施工顺序、施工搭接必须合理，需制定科学的施工方案，编制切实可行的配合协调措施，合理安排施工工序，深入彻底地进行技术交底，以保证施工的每一个环节有序到位。

（2）技术原则

① 本工程为已有建筑物，施工时应采取避免或减少损坏原结构的措施；

② 在保留原结构的前提下，使原本承载力不满足要求的柱、梁、板在修缮加固后能够满足安全性使用要求；

③ 贯彻“百年大计、质量第一”和预防为主的方针，从各方面制订保证质量的措施，预防和控制影响工程质量的各种因素；

④ 贯彻“安全为了生产，生产必须安全”的方针，建立健全各项安全管理制度，制订安全施工的措施，并在施工过程中经常地进行检查和督促。

（3）技术亮点

<table>
<tr><th>序号</th><th colspan="2">关键构件、节点加固亮点</th></tr>
<tr><td>1</td><td></td><td></td></tr>
<tr><td>解决方式</td><td colspan="2">结构柱作为主要的受力构件，结构设计应满足其强度要求，采用钢筋混凝土加大截面法、外包（粘）钢法进行加固</td></tr>
<tr><td>2 </td><td></td><td></td></tr>
<tr><td>解决方式</td><td colspan="2">结构梁作为主要的受力构件，结构设计应满足其强度要求，采用钢筋混凝土加大截面法、粘贴碳纤维布的方式进行加固</td></tr>
</table>

续表

序号	关键构件、节点加固亮点	
3		
解决方式	结构板作为主要的受力构件，结构设计应满足其强度要求，粘贴碳纤维布进行加固	
4		
解决方式	原基础局部结构不满足设计承载力要求，为提高结构的整体稳定性，新增钢筋混凝土地梁和锚杆静压桩进行加固	
5		
解决方式	个别原楼梯结构不满足消防通道等各方面功能要求，对旧结构楼梯进行拆除和重建	

续表

序号	关键构件、节点加固亮点	
6		
解决方式	对局部破旧结构楼板和严重缺陷混凝土构件进行拆除重建，提高建筑物整体结构安全性，同时改造其空间使用功能	

2.2.3 实施效果

厂房 A 幢改造（迪茵公学）项目自 2020 年竣工至今，使用情况良好，加固修缮效果得到各方及周边居民的好评，取得了良好的经济效益和社会效益。厂房 A 幢改造经加固修缮后成为集小学、初中、高中于一体的 12 年一贯制民办学校，引起社会各界的广泛关注，成为中山市三角镇一带的亮点。

加固修缮后整体效果图

加固修缮前

加固修缮后

二、加固维修

1. 公共建筑物加固

1.1 广交会流花展馆群结构加固工程

1.1.1 工程概况

广交会流花展馆位于广州市越秀区流花路117号，于1972年10月动工，1974年4月建成，占地面积9.8万m^2，总建筑面积11.05万m^2。

5号馆位于广交会流花展馆核心区域，面积约1600m^2，长65m，宽28m，高16.8m，配有4个各200m^2的功能室（贵宾室、媒体采访室、配餐间和物料间），并配套有LED高清大屏、舞台灯光音响等设备可供活动方使用。5号馆为3层内框架与砖墙混合承重结构，局部为1层拱形结构，主体内框架结构采用钢筋混凝土梁、板、柱承重体系，主体外砌体结构采用300mm、370mm厚砖墙承重体系。

根据广州市稳固房屋鉴定有限公司出具的鉴定报告（2011年1月），5号馆结构需进行加固才能满足承载力使用要求。

广交会流花展馆历史影像

1.1.2 项目的特点与难点

（1）因建设年代久远，房屋原设计图纸、施工资料和竣工资料缺失；后续多次加层、扩建、改造，相关资料亦大部分缺失，仅有1973年5月由广州市设计院进行的3层加建改造结构施工图纸。原始资料的缺失给结构加固设计带来诸多不便，加大了房屋调查工作量。

（2）本工程加固从基础到上部结构构件全部都要进行处理，涉及面广，工艺繁多，对基础采用加大承台面积、加多承台数量措施；柱采用加大截面和新增柱方式处理；梁采用粘贴钢板和外包钢处理；楼板采用粘贴钢板和加厚处理；混凝土裂缝采用灌浆和封闭处理；混凝土表面质量缺陷采用修复处理。

（3）施工条件复杂，需要分区分段进行，不能形成有效流水。

（4）现场很多部位的施工条件受限，设计过程中需结合现场施工的可操作性制定最优的可行方案。

（5）施工场地大，混凝土浇筑方量多，工期紧（施工合同工期为35）。

1.1.3 项目管理、技术亮点

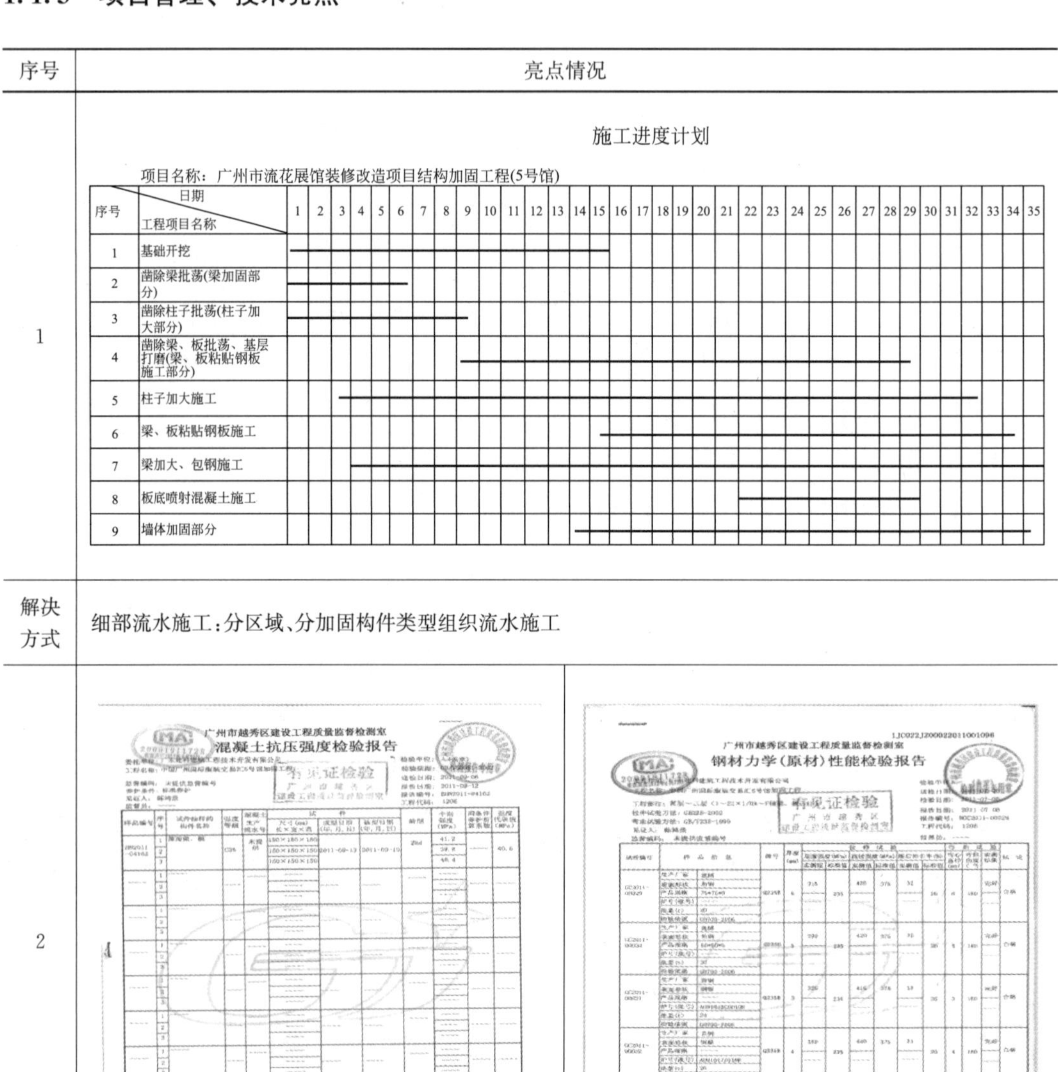

序号	亮点情况
1	施工进度计划（见下表）
解决方式	细部流水施工：分区域、分加固构件类型组织流水施工
2	广州市越秀区建设工程质量监督检测室 混凝土抗压强度检验报告；广州市越秀区建设工程质量监督检测室 钢材力学（原材）性能检验报告
解决方式	充分利用PDCA管理循环系统：通过周全的计划，有效保障工期；通过检查找出施工过程中的问题并及时纠正，保证施工计划的连续性；前期做好材料计划，按计划及时进行材料的送检，保证施工质量

施工进度计划

项目名称：广州市流花展馆装修改造项目结构加固工程(5号馆)

序号	日期 / 工程项目名称	1	2	3	4	5	6	7	8	9	10	11	12	13	14	15	16	17	18	19	20	21	22	23	24	25	26	27	28	29	30	31	32	33	34	35
1	基础开挖																																			
2	凿除梁批荡(梁加固部分)																																			
3	凿除柱子批荡(柱子加大部分)																																			
4	凿除梁、板批荡、基层打磨(梁、板粘贴钢板施工部分)																																			
5	柱子加大施工																																			
6	梁、板粘贴钢板施工																																			
7	梁加大、包钢施工																																			
8	板底喷射混凝土施工																																			
9	墙体加固部分																																			

续表

序号	亮点情况
3	
解决方式	混凝土大圆柱加大截面模板采用经计算的木模，自密实混凝土浇筑，以保证观感质量与强度要求

1.1.4　实施效果

广交会流花展馆经过多年的蝶变，现与周边众多贸易商厦、五星级酒店以及服装商业市场连通。因毗邻广州火车站、越秀公园地铁站和城市交通主干道，早已是商贸往来的重要集散地，并与邻近的东方宾馆、流花宾馆、友谊剧院等建筑群被选为羊城八景之一，享有“流花玉宇”的美称。

1.2　中山市实验高级中学美术楼、艺术楼、科学楼、办公楼加固工程

1.2.1　工程概况

中山市实验高级中学美术楼、艺术楼、科学楼、办公楼加固工程位于中山市东区东江路 12 号，本工程包括 4 栋建筑物加固及恢复施工工作（美术楼、艺术楼、科学楼和办公楼）。4 栋建筑概括如下：

① 中山市实验高级中学美术楼为 4 层框架结构，建筑面积 2175m^2，建筑高度为 15.20m；

② 中山市实验高级中学艺术楼为 6 层框架结构，建筑面积为 2300m^2，建筑高度为 20.8m；

③ 中山市实验高级中学科学楼为 3 层框架结构，建筑面积为 2288m^2，建筑高度为 11.7m；

④ 中山市实验高级中学办公楼为 4 层框架结构，建筑面积为 1710m^2，建筑高度为 14.7m。

上述 4 栋建筑原设计单位为中山市建筑设计院，设计时间为 1990～1993 年。受中山市实验高级中学委托，广东省建筑科学研究院于 2009 年 10～12 月对 4 栋建筑物上部结构目前的建筑结构质量状况进行抗震检测鉴定，出具了“鉴定报告”，并对 4 栋建筑物进行加固设计。

设计图纸要求用户在后续的使用过程中，不得随意改变房屋用途、拆改房屋结构、增加负荷，并应密切观察房屋的结构状况，发现问题，随时向相关部门报告。

中山市实验中学建筑物图

1.2.2 处理方案

（1）技术特点

① 该加固工程的加固方法多，有加大截面法加固、柱外包钢法加固、粘贴碳纤维布加固、高强复合砂浆钢筋网加固、新增基础及柱加箍筋加固等方法；采用植筋技术、新增翼墙改变结构体系。

② 加固工程的工程量大、加固范围广（包含 4 栋建筑物的加固施工和恢复）、工期短。

③ 加固工程技术含量高，加固工程的施工技术不同于常规土建施工。

④ 加固施工的各工序顺序必须严格按设计要求进行，须充分理解设计意图，不同于常规施工工序。

（2）技术原则

① 美术楼部分屋面层框架梁不满足承载力要求，部分梁柱配筋不满足抗震要求，砌体与柱之间的拉筋不满足建筑抗震鉴定标准。不符合要求的柱采用加大截面加固、粘贴碳纤维布加固、柱挂网批砂浆方法加固；不符合要求的梁采用加大截面加固、粘

贴碳纤维布加固、粘贴钢板加固的方法；根据建设单位对建筑物的要求，对部分区域采取新增柱并与既有梁连接的方法进行加固。

② 艺术楼中对实测混凝土强度低于 15.0MPa 的框架柱构件和不满足承载力要求的结构构件进行加固处理。对不满足要求的梁采用加大截面加固、粘贴钢板加固、梁粘贴碳纤维布方式加固；对不满足要求的柱采用加大截面加固、挂网批砂浆加固、外包钢方式进行加固；根据建设单位对建筑物的要求，对部分区域采取新增柱并与既有梁连接的方法进行加固。

③ 科学楼抽检部分框架柱承载力不满足安全使用要求，在地震荷载组合下部分底层框架柱轴压比超出规范限制范围；抽检部分框架梁承载力不满足安全使用要求。对不满足要求的柱采用加大截面加固、挂网抹高强砂浆加固、粘贴碳纤维布加固；对不满足要求的梁采用加大截面加固、粘贴碳纤维布方式加固；根据建设单位对建筑物的要求，对部分区域采取新增柱并与既有梁连接的方法进行加固，同时局部区域通过新增翼墙，改善既有建筑布局。

④ 办公楼部分结构构件的混凝土强度低于 C20，最小箍筋直径为 6mm，大部分柱加密区体积配筋率均不满足要求，同时个别框架结构构件承载力不满足要求。对不满足要求的构件分别采用以下方法加固：柱采用新增箍筋加固、加大截面加固；梁采用加大截面加固、粘贴碳纤维布加固。

（3）技术亮点

序号	主要构件加固亮点
1	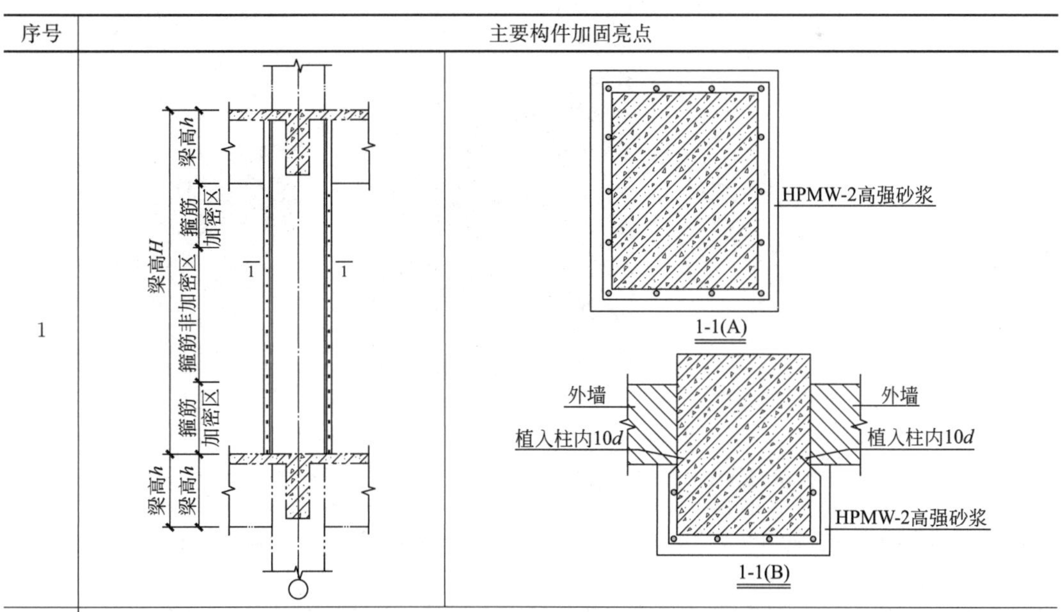
解决方式	在原柱外加纵向钢筋、箍筋与高强砂浆形成对原构件的加固，经养护后的加固构件可以承担和传递荷载，使结构更好地工作

续表

序号	主要构件加固亮点
2	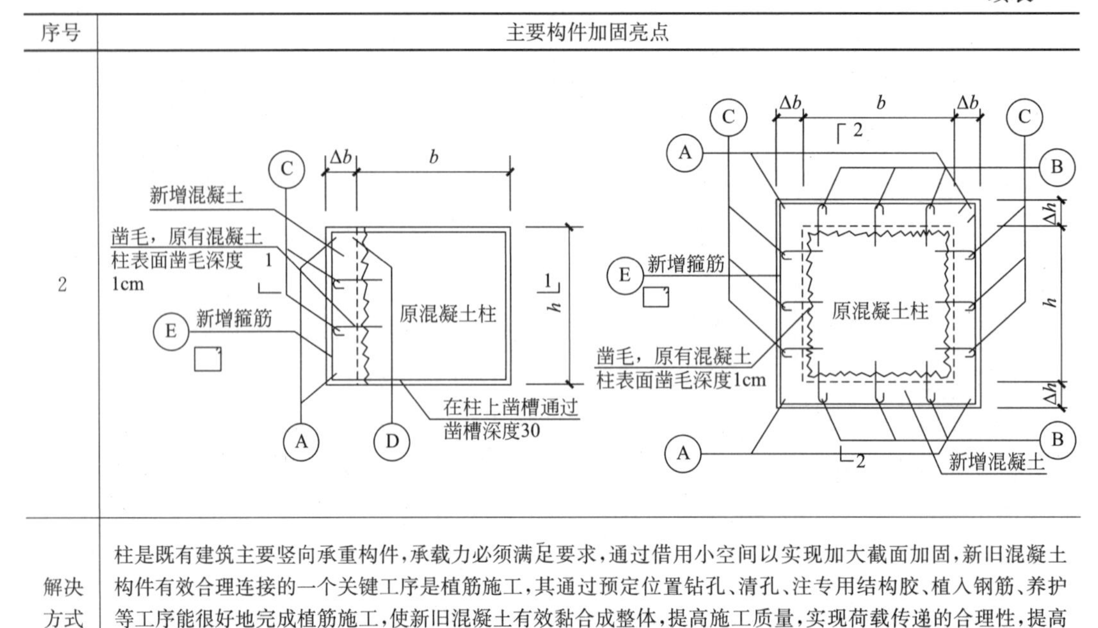
解决方式	柱是既有建筑主要竖向承重构件，承载力必须满足要求，通过借用小空间以实现加大截面加固，新旧混凝土构件有效合理连接的一个关键工序是植筋施工，其通过预定位置钻孔、清孔、注专用结构胶、植入钢筋、养护等工序能很好地完成植筋施工，使新旧混凝土有效黏合成整体，提高施工质量，实现荷载传递的合理性，提高竖向构件的承载能力、结构安全性和整体稳定性
3	柱包碳纤维布加固(ZTX1)  
解决方式	采用在柱两端箍筋加密区或柱全长粘贴碳纤维布，配以专用浸渍胶进行粘贴，施工大体可按施工准备→修整原构件→界面处理→修补、找平→刷胶、粘贴碳纤维布及养护→质量检查与面层施工，当粘贴碳纤维布采用的粘接材料是配有底胶时，应涂刷底胶。采用此方法加固构件，几乎不影响空间的使用，又能提高结构承载力

续表

<table>
<tr><th>序号</th><th>主要构件加固亮点</th></tr>
<tr><td>4</td><td>
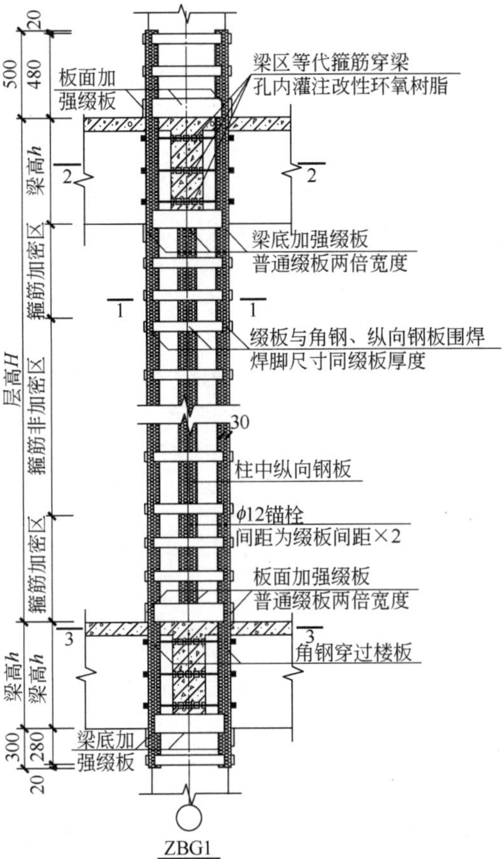
20
500
480
板面加
强缀板
梁区等代箍筋穿梁
孔内灌注改性环氧树脂
梁高h
2
2
梁底加强缀板
普通缀板两倍宽度
箍筋加密区
1
1
缀板与角钢、纵向钢板围焊
焊脚尺寸同缀板厚度
层高H
箍筋非加密区
30
柱中纵向钢板
φ12锚栓
间距为缀板间距×2
箍筋加密区
板面加强缀板
普通缀板两倍宽度
3
3
角钢穿过楼板
梁高h
梁高h
300
280
梁底加
强缀板
20
ZBG1

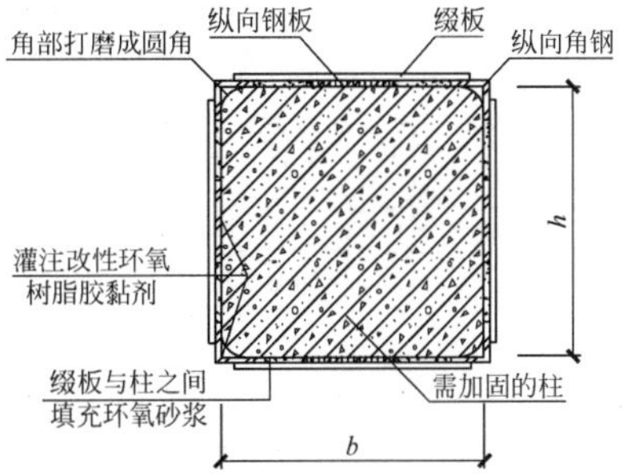
角部打磨成圆角
纵向钢板
缀板
纵向角钢
h
灌注改性环氧
树脂胶黏剂
缀板与柱之间
填充环氧砂浆
需加固的柱
b
1-1

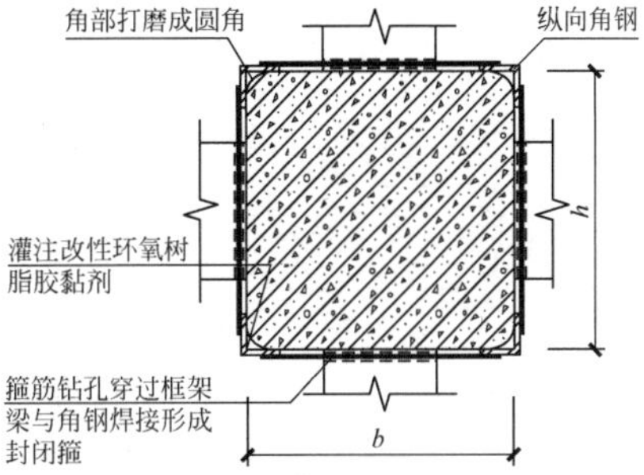
角部打磨成圆角
纵向角钢
h
灌注改性环氧树
脂胶黏剂
箍筋钻孔穿过框架
梁与角钢焊接形成
封闭箍
b
2-2

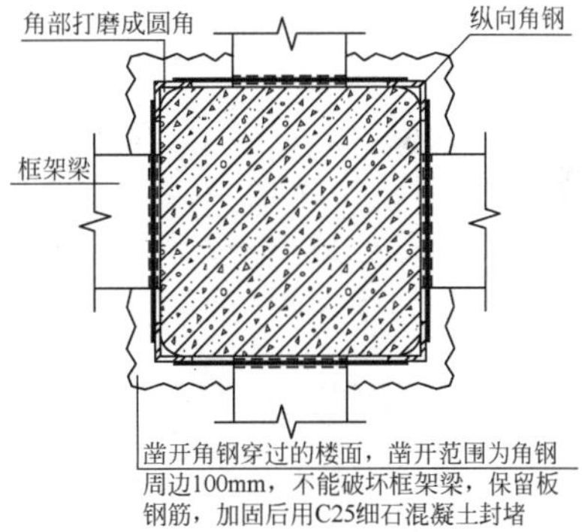
角部打磨成圆角
纵向角钢
框架梁
凿开角钢穿过的楼面，凿开范围为角钢
周边100mm，不能破坏框架梁，保留板
钢筋，加固后用C25细石混凝土封堵
3-3
</td></tr>
<tr><td>解决方式</td><td>柱包钢施工通过柱四角安装角钢，相邻角钢之间通过钢箍板(缀板)按一定间距焊接形成型钢骨架，形成的围箍限制了原柱的横向变形，骨架与混凝土基面之间的空隙中灌注改性环氧树脂胶黏剂使型钢骨架，在不扰动下完成养护，使型钢骨架与原混凝土构件形成整体式新构件，共同承受荷载，很好地传递荷载；新构件外再抹灰保护型钢骨架</td></tr>
</table>

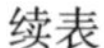

续表

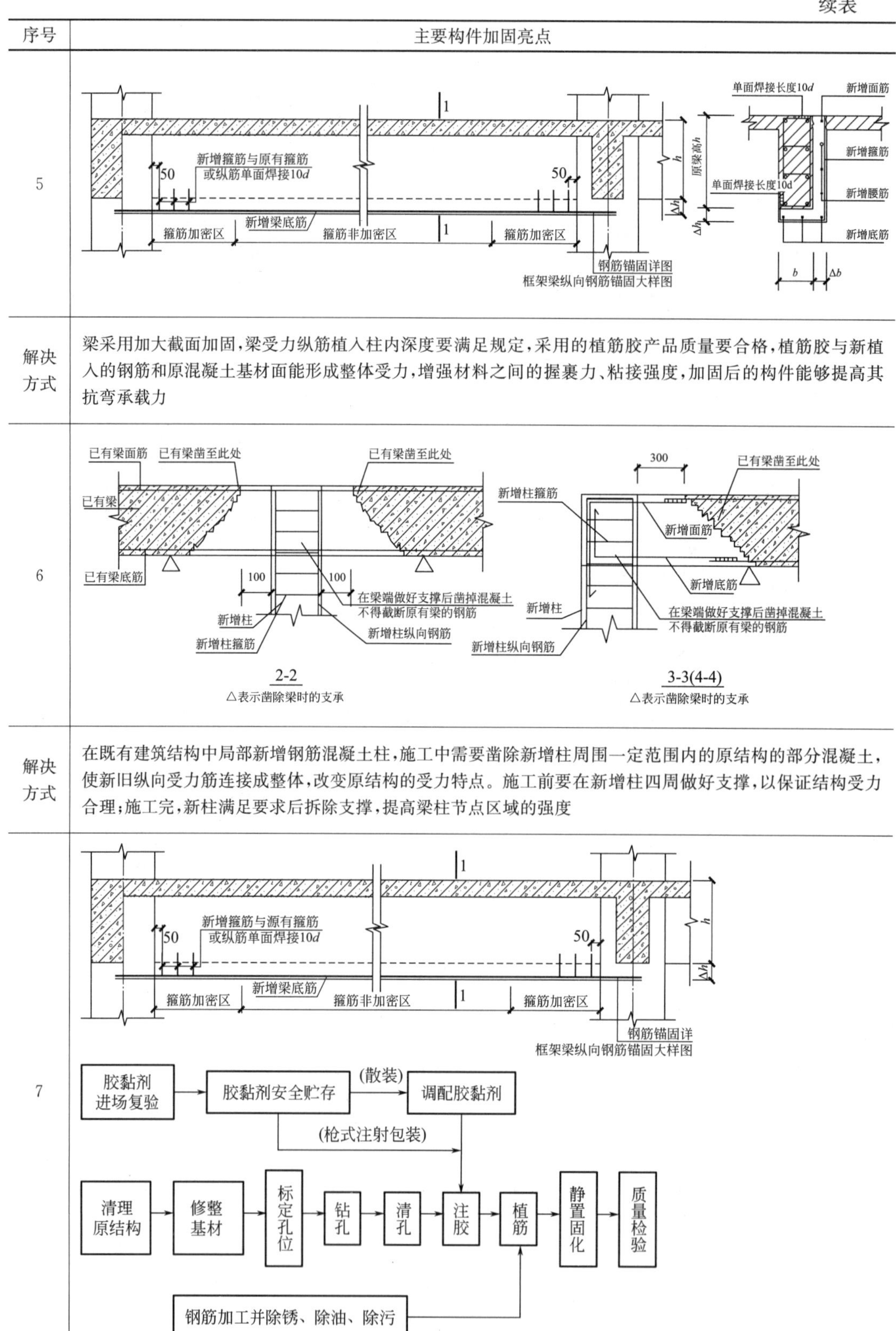

序号	主要构件加固亮点
5	
解决方式	梁采用加大截面加固，梁受力纵筋植入柱内深度要满足规定，采用的植筋胶产品质量要合格，植筋胶与新植入的钢筋和原混凝土基材面能形成整体受力，增强材料之间的握裹力、粘接强度，加固后的构件能够提高其抗弯承载力
6	
解决方式	在既有建筑结构中局部新增钢筋混凝土柱，施工中需要凿除新增柱周围一定范围内的原结构的部分混凝土，使新旧纵向受力筋连接成整体，改变原结构的受力特点。施工前要在新增柱四周做好支撑，以保证结构受力合理；施工完，新柱满足要求后拆除支撑，提高梁柱节点区域的强度
7	

续表

序号	主要构件加固亮点
解决方式	植筋是承重结构加固的一道重要工序。植筋工程所采用的筋体主要为带肋钢筋，植筋主要按植筋工程施工程序图进行施工。植筋焊接应在注胶前进行，若需后焊，应采取降温措施。植筋质量直接控制结构件之间的连接质量、荷载传递的有效性，必须做好植筋工序的施工

1.2.3 实施效果

中山市实验高级中学美术楼、艺术楼、科学楼、办公楼加固工程自 2017 年 5 月竣工验收合格，已投入使用，使用情况良好，给学校教职工、学生提供了一个安全、舒适的生活、学习场所，加固改造得到校方等各方一致好评，取得了良好的经济效益和社会效益。

学校照片

1.3 广州市白云区行知职业技术学校（同和校区）男生宿舍加固纠偏工程

1.3.1 工程概况

广州市白云行知职业技术学校（同和校区）男生宿舍建于 1995 年，位于广州市白云区同和握山北东街五巷 16 号。建筑平面纵向 12 轴 11 跨，总长 38.40m；横向 4

跨（外两端为悬臂跨），总长 12.90m，共 8 层，建筑面积 3053m^2。建筑物高度：梯屋檐口高度 31.150m；屋面女儿墙顶高度：26.250m。主体结构为框架结构，柱下基础为天然地基独立基础。从施工至今，使用期已有 25 年。该结构在使用过程中因外部原因导致倾斜及部分竖向承重构件损坏，须采取纠偏及加固措施。男生宿舍纠偏加固工程总体分为两个部分：一部分是结构加固工程，另一部分则是纠偏工程。

1.3.2 处理方案

（1）技术特点与难点

① 广州市白云行知职业技术学校（同和校区）男生宿舍由于附近进行雨污分流工程施工，引起宿舍楼 A 轴部分天然地基水土流失，导致建筑物倾斜，根据鉴定报告和现场勘查，A 轴竖向构件最大倾斜量为 0.91%，不满足《建筑地基基础设计规范》GB 50007—2011 和《危险房屋鉴定标准》JGJ 125—2016 的要求。此外与 2019 年检测结果相比较，房屋出现明显倾斜异动现象，房屋仍处于不稳定状态，房屋主体加固与纠偏须统筹考虑。

纠偏前

② 原天然地基承载力不满足纠偏要求，须改变基础形式。

③ 纠倾前建筑已出现倾斜，结构的内力有不同程度的变化，断柱时结构的内力又将发生改变，因此施工时应对各种状态下的结构内力有充分的认识和安全预案。

④ 现场很多部位的施工条件受限，应根据现场情况制定最优的施工方案。

⑤ 纠偏工程需全部断柱顶升，施工期间为汛期，给现场施工带来了诸多限制。

（2）技术原则

① 本加固改造工程施工过程按图施工，安全生产放在首位，同时确保进度及质量；

② 在保留原建筑格局的前提下使原本均不满足承载要求的基础、柱、墙在修缮

后能够满足安全性使用要求；

③ 本工程结构设计的后续使用年限与原结构的设计使用年限保持一致，即自原结构建成之日起计使用年限为50年。

（3）技术亮点

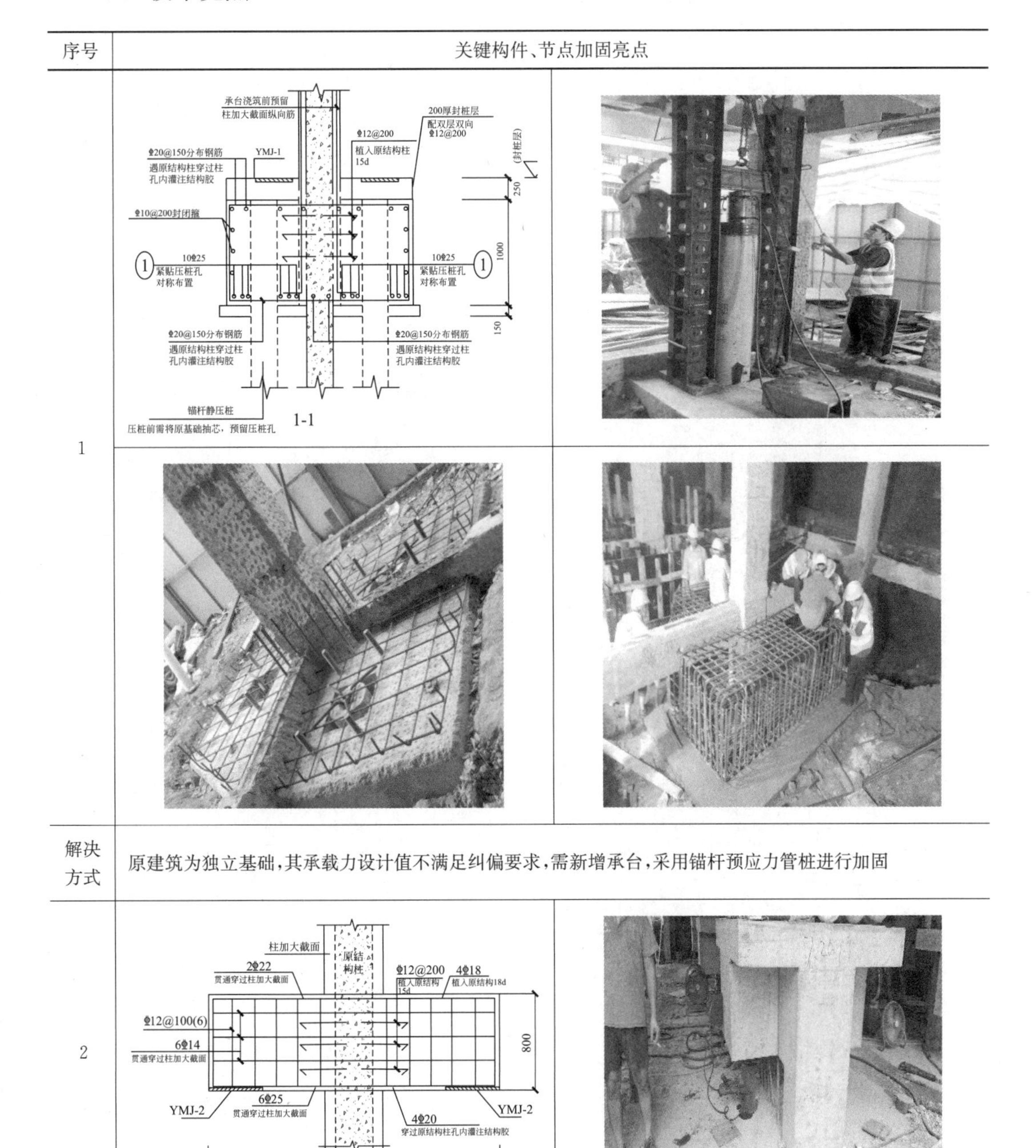

序号	关键构件、节点加固亮点
1	（见上图）
解决方式	原建筑为独立基础，其承载力设计值不满足纠偏要求，需新增承台，采用锚杆预应力管桩进行加固
2	（见上图）
解决方式	为满足纠偏加固施工，需在柱身增加一个顶升平台，混凝土强度等级为C60，为保证现场进度质量，采用高强灌浆料浇筑，加快构件强度成型

续表

<table>
<tr><th>序号</th><th colspan="2">关键构件、节点加固亮点</th></tr>
<tr><td>3</td><td></td><td></td></tr>
<tr><td>解决方式</td><td colspan="2">建筑进行顶升纠偏过程中，所有与基础连接部位都需要断开，回顶支撑要做到安全可靠</td></tr>
<tr><td>4</td><td></td><td></td></tr>
<tr><td>解决方式</td><td colspan="2">顶升纠偏过程中，所有构件断开，建筑处于悬空状态。当建筑四向满足倾斜值为 0.001 后，需快速连接结构，确保施工安全</td></tr>
<tr><td>5</td><td></td><td></td></tr>
<tr><td>解决方式</td><td colspan="2">顶升施工完成后，该建筑满足规范要求。顶升平台采用绳锯进行切除</td></tr>
</table>

续表

序号	关键构件、节点加固亮点
6	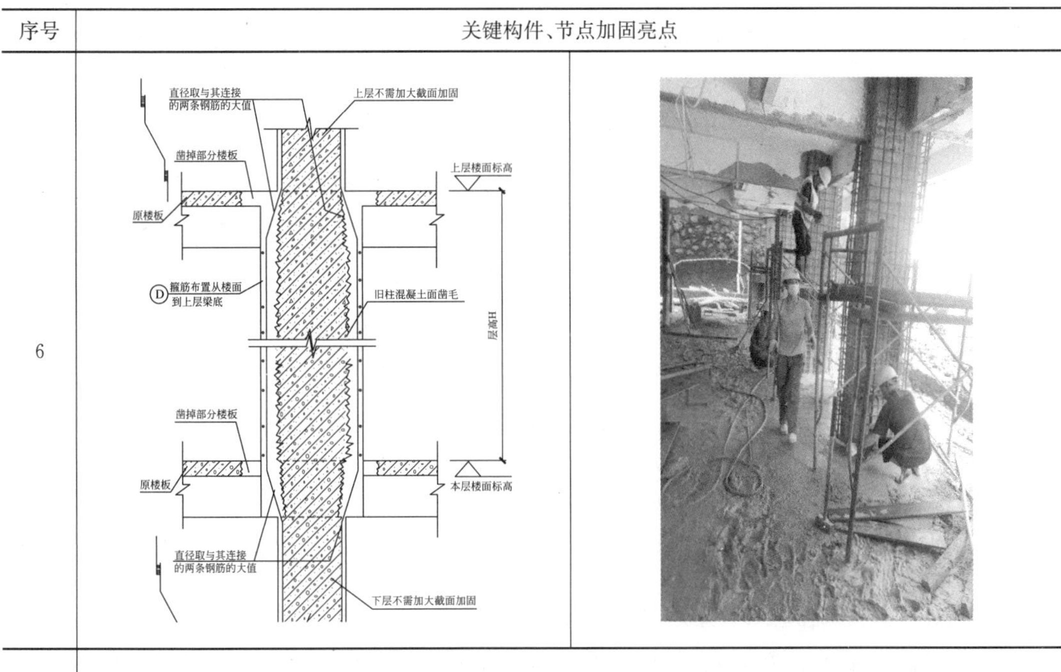
解决方式	为加强原结构柱的强度，采用增大截面法，提高柱的正截面承载力、斜截面承载力，降低轴压比的加固，提高混凝土柱强度及延性

1.3.3 实施效果

广州市白云行知职业技术学校（同和校区）男生宿舍纠偏加固工程（宿舍基础加固及纠偏工程）自 2021 年 10 月竣工使用至今，情况良好，加固改造效果得了建设方与各家单位的好评，取得了良好的经济效益和社会效益。

纠偏后效果图

1.4 粤电广场B座3楼加固装修改造工程设计施工一体化（EPC）项目

1.4.1 工程概况

粤电广场B座位于广州市天河区黄埔大道与天河东路交汇处，总建筑面积约 $55080m^2$，地下室面积 $2880m^2$；大楼高约130m，首5层为连体裙楼，裙楼以上分南北塔楼，6层以上为23层（北塔）和31层（南塔）写字楼，地上28～36层、地下一层为框架-核心筒结构房屋。设计于1994年（原设计单位为汕头市建筑设计院），建设期间因故烂尾，最终竣工于2003年，该房屋主体结构完工已26年。现粤电广场B座各直属公司对档案室、运行监控室的需求较大，业主拟将B座南塔第3层部分区域（面积约 $1332m^2$）改造为档案室使用。

1.4.2 处理方案

（1）技术特点与难点

工程项目拆除及加固改造施工过程中，室内梁、板、柱打磨时间长，需重点控制施工机械的噪声影响；灰尘影响建筑周边且建筑垃圾外运量较大。为保证各场所保持正常的秩序，需采取切实措施，保障做好安全文明施工。

根据项目的特点、施工内容及实际情况，提出主要重点难点进行分析：

序号	重点难点	应对措施
1	梁截面加高，植筋量大，噪声、灰尘影响建筑周边	仔细研究图纸做好现场核对，避免废孔破坏构件，影响结构安全
2	新增梁板采用向上加高形式，模板安装后无法拆模	支模完成后对拼缝处做防水处理，并进行试水，避免浇捣混凝土时漏浆
3	由于新增梁板在原结构梁板上，混凝土浇捣完成后无法检测施工质量	加强混凝土浇筑时的振捣监管
4	室内梁板柱打磨，时间长，噪声、灰尘影响建筑周边	使用小型打凿机，加快打凿速度；在打凿、打磨过程中，淋水降尘；提前做好抚民公告及解释工作

（2）技术原则

① 在不影响建筑物结构安全的前提下，要求该楼层档案区域活载按档案室 $12kN/m^2$ 设计；

② 基于结构体系整体效应同时满足各专业要求原则，形成最优化、性价比最高的各专业设计及施工方案；

③ 最大限度地避免建筑物改造施工对当前建筑正常使用的影响；

④ 施工中，平面上采取合理流水作业，空间上各层各专业同步交叉进行，保证有效利用工作面，按合同工期顺利实施；

⑤ 符合施工总顺序之间逻辑关系连续的原则，先地上后地下、先结构后装修、先土建后设备。

（3）技术亮点

序号	关键构件、节点加固亮点
1	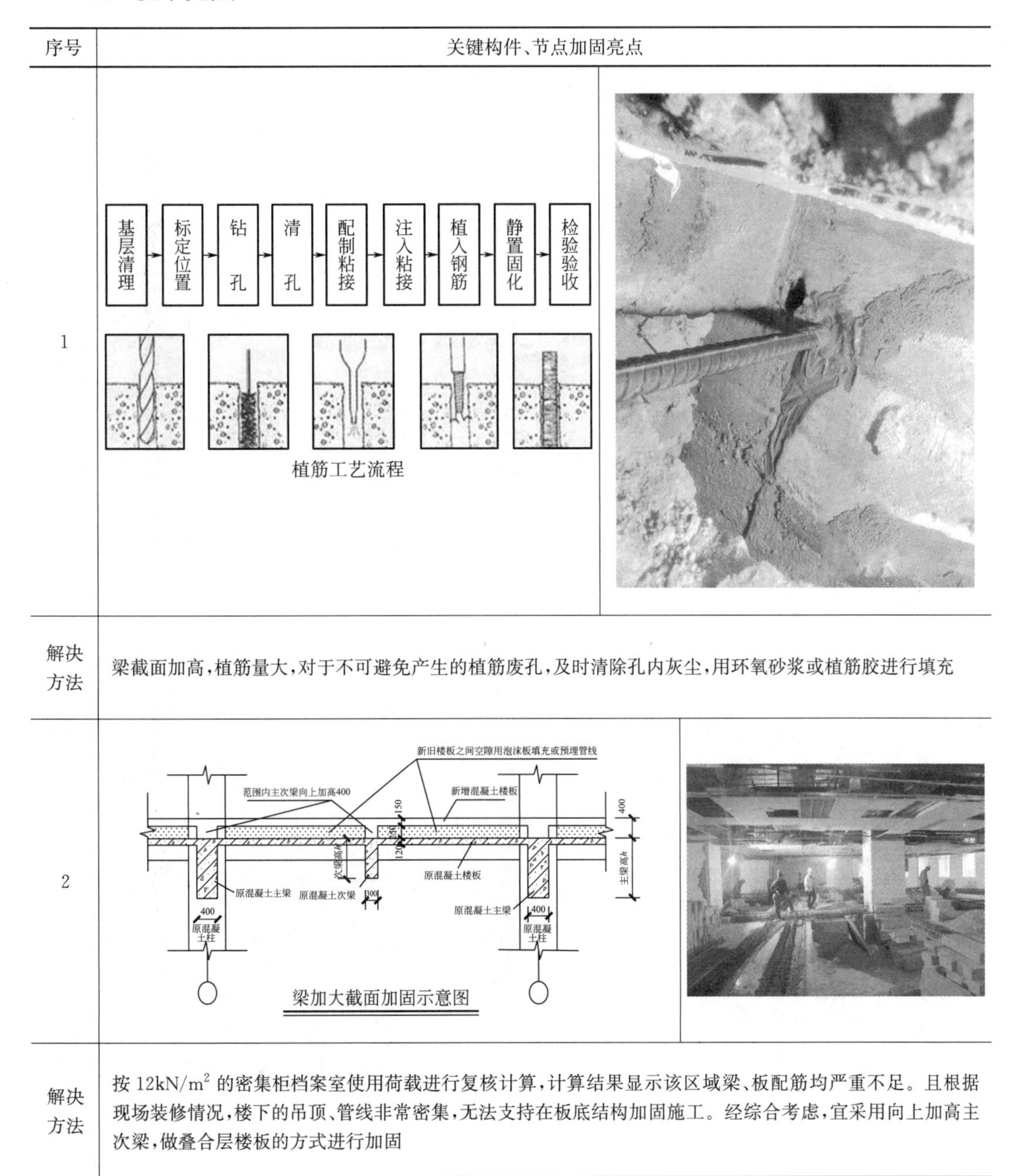 植筋工艺流程
解决方法	梁截面加高，植筋量大，对于不可避免产生的植筋废孔，及时清除孔内灰尘，用环氧砂浆或植筋胶进行填充
2	梁加大截面加固示意图
解决方法	按 $12kN/m^2$ 的密集柜档案室使用荷载进行复核计算，计算结果显示该区域梁、板配筋均严重不足。且根据现场装修情况，楼下的吊顶、管线非常密集，无法支持在板底结构加固施工。经综合考虑，宜采用向上加高主次梁，做叠合层楼板的方式进行加固

续表

序号	关键构件、节点加固亮点
3	不锈钢盖板 100 150 100 50 50 50 100 100 150 400 新增混凝土板 原混凝土梁加高400 新增排水沟 原混凝土梁 新增排水沟示意图
解决方法	档案区域空调水供(回)水管、档案室消防气体排烟母管、档案室排水管等皆为档案室所必须,其中空调水管、消防排烟管可在结构加固后再施工,而档案室排水管待楼板加固完再布管难度大,应随结构施工同步进行,考虑在整个加高区域的四周增加钢筋混凝土水沟
4	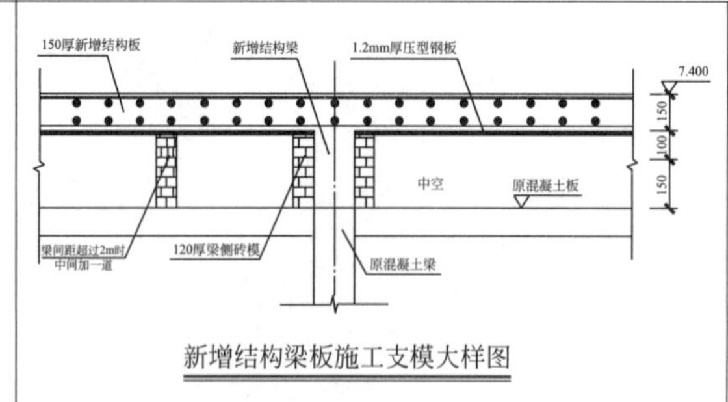 新增结构梁板施工支模大样图 
解决方法	梁板接缝必须严密,接缝处用胶纸粘贴,模板表面涂满隔离剂。根据现场情况及项目特点,本工程模板安装采用砖块当侧模、压型钢板当地膜的方式
5	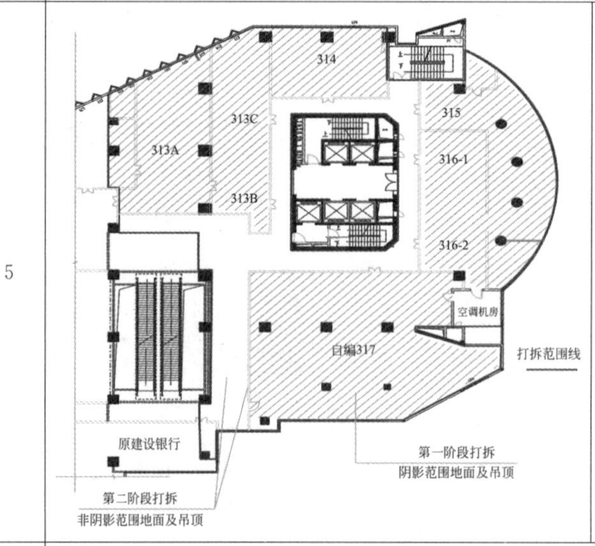 
解决方法	考虑施工对当前建筑其他部位正常使用的要求,分两个阶段进行拆除施工,可在第一阶段施工时保留的各房间外隔墙形成第二道围蔽、防尘防噪防线,进一步加强防护措施

1.4.3 实施效果

粤电广场B座3楼加固装修改造工程设计施工一体化（EPC）项目现已竣工验收，活载承重达到档案室12kN/m^{2}标准，满足后续承租单位对档案室建筑功能的需求，为下一步的装修打好了基础。

改造区梁板钢筋连接效果

2. 居住建筑物加固

2.1 佛山某花园（一期）一、二号楼梁板缺陷处理

2.1.1 工程概况

佛山某花园（一期）项目，一号楼原设计总建筑面积为 23516.45m^2，地上 32 层，地下 2 层，结构形式为剪力墙结构；二号楼原设计总建筑面积为 22259.23m^2，地上 30 层，地下 1 层，结构形式为剪力墙结构。现基于一号楼与二号楼上部结构存在的构件裂缝和钢筋锈蚀现象及相关工程资料，广东省建筑科学研究院集团股份有限公司对该楼进行了建筑物结构检测鉴定，并出具了建筑物结构检测鉴定报告。

2.1.2 处理方案

（1）技术特点与难点

① 工程在加固前发现部分楼板板面周边存在宽度为 0.05～1.20mm 的平行于楼板支座的裂缝；少数楼板板底长向跨中处存在宽度为 0.10～0.84mm 的贯穿裂缝；部分楼板板底短向跨中处存在宽度为 0.10～0.60mm 的裂缝；部分楼板板角存在宽度为 0.06～1.00mm 的斜裂缝；部分楼板存在麻面、渗水及露筋现象。

② 楼板板面周边平行于支座的裂缝为受力裂缝，主要由板面支座钢筋保护层厚度过大引起，板面钢筋间距过大对裂缝的发展有一定影响。其余楼板裂缝属于收缩裂缝。

③ 框架梁承载力验算结果表明，该建筑的个别框架梁不满足设计荷载条件下的承载力要求。

④ 楼板承载力验算结果表明，该建筑的部分楼板构件不满足设计荷载条件下的承载力要求。

⑤ 现房屋内有些业主已入住，有些完成装修或正在装修施工中，所以现场有些楼层或部位的施工条件受限，设计过程中也需结合现场实际施工的可操作性制定最优的可行方案。

⑥ 综上各种情况，本次加固处理设计，须结合构件具体质量问题、场地施工条件进行，这给设计增加了很大的难度。

（2）技术原则

综合上述实体检测鉴定报告及各单位的意见，广东省建科建筑设计院有限公司对存在缺陷的楼栋出具设计处理方案，并根据设计图纸对存在缺陷的构件进行施工，处

理方法原则如下：

① 裂缝处理

a. 宽度小于等于 0.2mm 的裂缝，采用封闭处理；

b. 宽度大于 0.2mm 的裂缝，采用化学灌浆处理。

② 楼板板底保护层厚度过小：楼板底压抹环氧胶泥。

③ 板面由于保护层厚度过大，导致楼板支座不满足设计荷载条件下的承载力要求：根据设计承载力计算及各楼板情况，采用以下一种或组合方式进行加固。

a. 板面加固：采取嵌筋法进行加固。

b. 板底加固：板底挂网批环氧砂浆加固或板底粘贴碳纤维布加固。

④ 梁加固

a. 梁底纵筋不足：采用梁底粘贴碳纤维布加强处理。

b. 梁箍筋不足：非外墙处的边梁，采用梁粘贴碳纤维箍加强处理；外墙处的边梁，采用混凝土梁单侧加箍筋。

（3）技术亮点

序号	关键构件、节点加固亮点
1	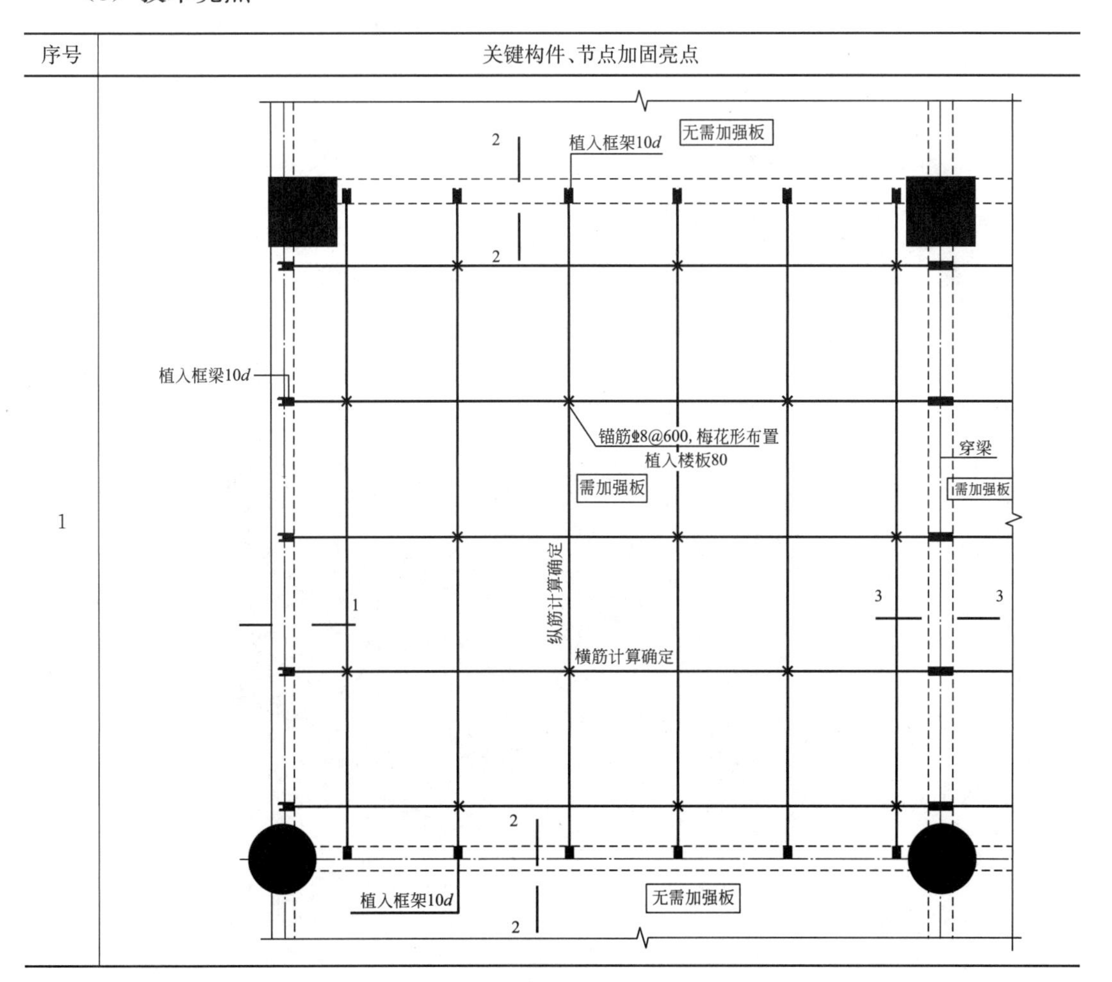

续表

序号	关键构件、节点加固亮点
1	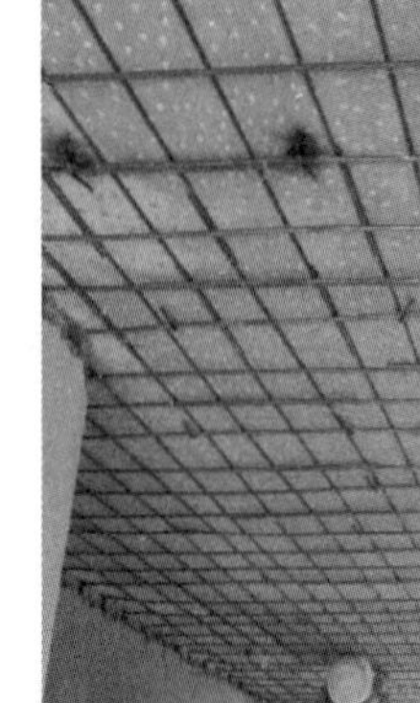
解决方式	板底挂钢筋网施工方法：所有新旧混凝土交接面处应进行凿毛或凿沟槽处理，用钢丝刷等工具将混凝土表面松动的骨料、沙砾、浮渣和粉尘等清理干净，并用清洁的压力水冲洗；涂刷界面剂；植入剪切销钉。按照设计要求进行植筋及钢筋绑扎成形，分层压抹环氧砂浆，使楼板加固后承载稳定性大大增强
2	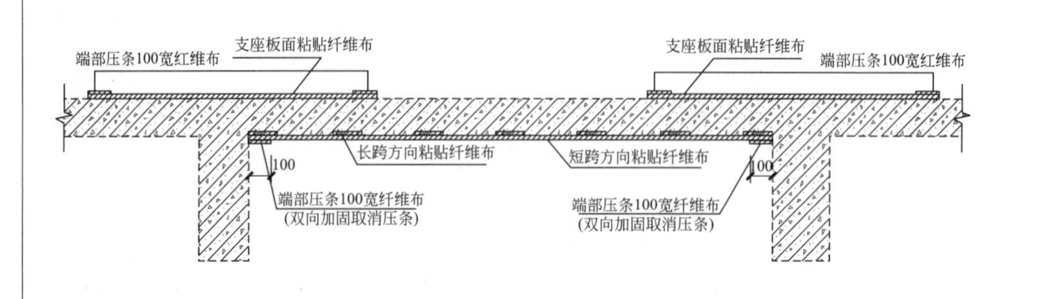

续表

<table>
<tr><th>序号</th><th>关键构件、节点加固亮点</th></tr>
<tr><td>解决方式</td><td>采用碳纤维布对楼板板底和支座处板顶进行加固，施工工艺是在楼板底部粘贴双向碳纤维布提高楼板底部抗弯承载力，支座处板顶粘贴碳纤维布提高板面承受负弯矩能力</td></tr>
<tr><td rowspan="2">3</td><td>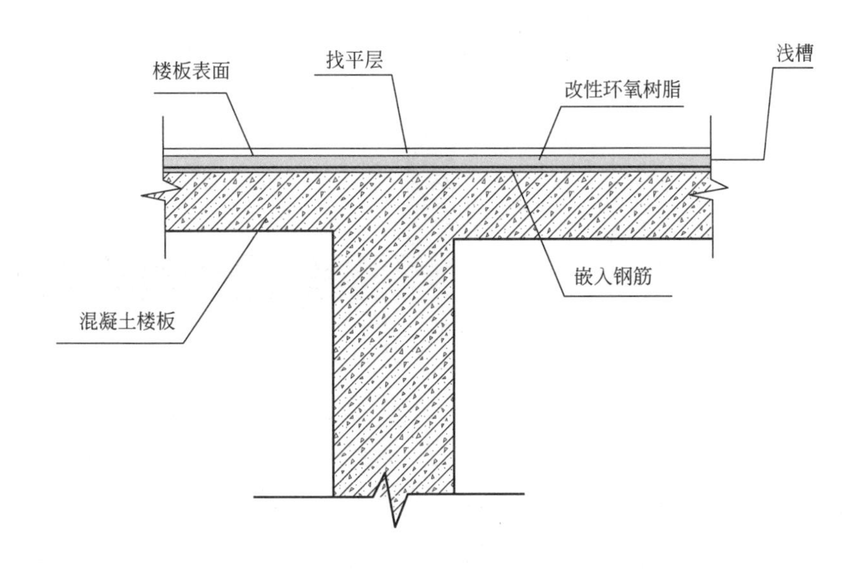
</td></tr>
<tr><td></td></tr>
<tr><td>解决方式</td><td>板面开挖浅槽，嵌入钢筋，灌入改性环氧树脂胶黏剂，待槽内的改性环氧树脂胶黏剂硬化后，在混凝土楼板结构表面覆盖一层 3mm 的混凝土找平层，形成新楼板结构。新嵌入的受力钢筋、改性环氧树脂胶黏剂、原楼板结构、找平层形成一个新的受力整体，共同承担荷载</td></tr>
</table>

续表

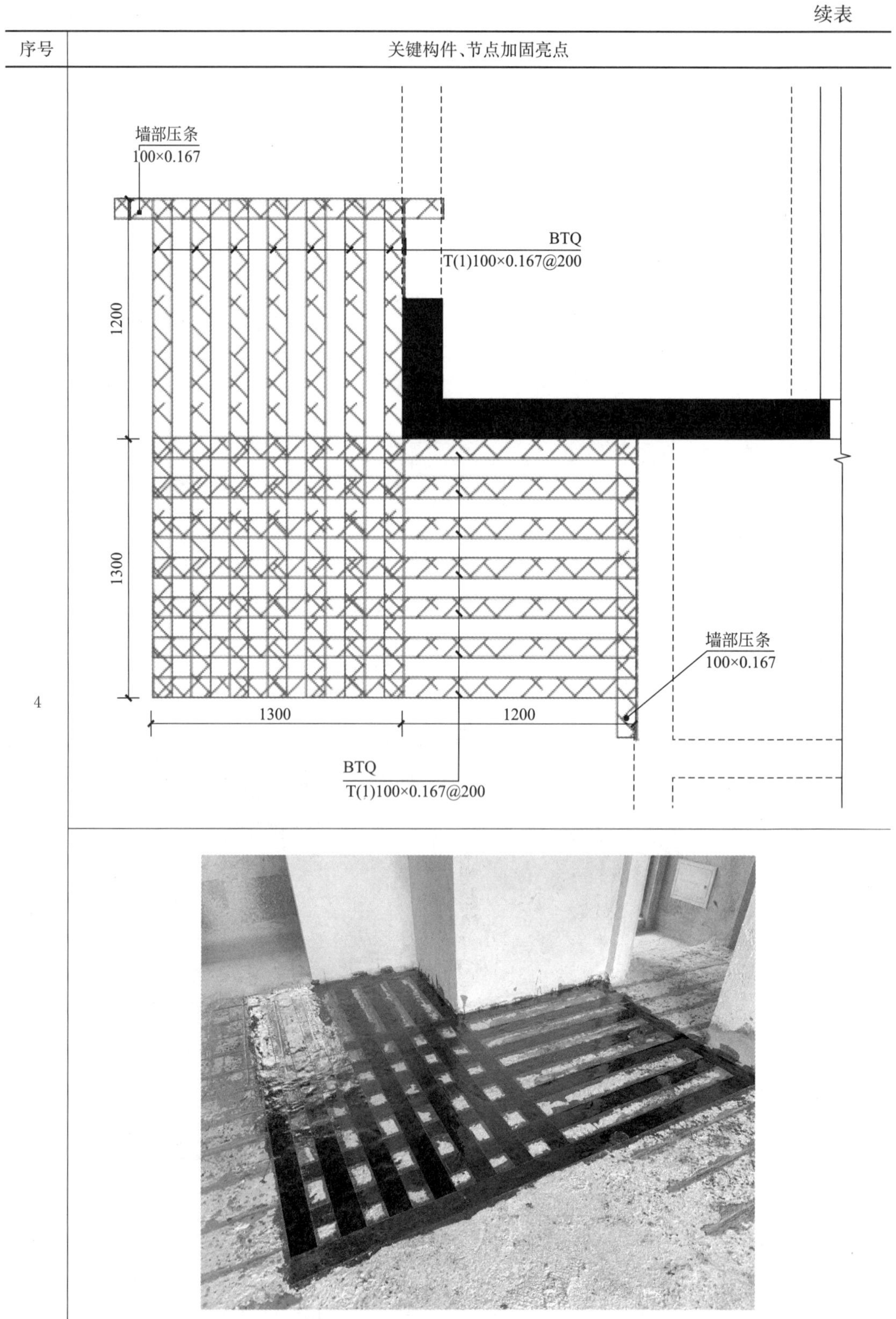

序号
关键构件、节点加固亮点
4
墙部压条
100×0.167
BTQ
T(1)100×0.167@200
1200
1300
1300
1200
墙部压条
100×0.167
BTQ
T(1)100×0.167@200

续表

<table>
<tr><th>序号</th><th>关键构件、节点加固亮点</th></tr>
<tr><td>解决方式</td><td>楼板阴角贴碳纤维布施工，代替放射筋施工方法，提高房屋的楼板整体稳定性</td></tr>
<tr><td rowspan="2">5</td><td>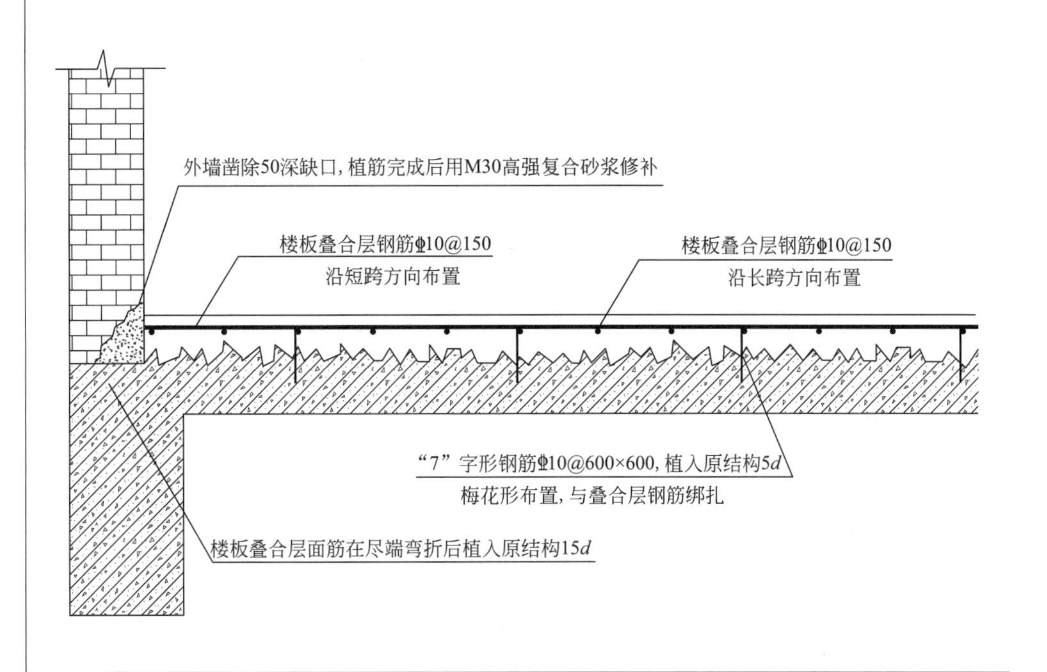
</td></tr>
<tr><td></td></tr>
<tr><td>解决方式</td><td>板面嵌筋法钢筋锚固做法：适用于墙单侧钢筋锚固，较好地解决楼板负弯矩区，增加支座后楼板局部形成负弯矩区加固</td></tr>
</table>

续表

序号	关键构件、节点加固亮点
6	原有砂浆层 凿去原剪力墙表面混凝土 角钢完成面与原剪力墙面平 L80×6角钢 立面凿毛深度15，立面高度100 角钢立面刷改性环氧树脂胶 外表面抹环氧胶泥5厚 恢复砂浆层 改性环氧树脂胶 填充角钢上表面凹槽， 凹槽深度30，宽度150 3厚抗裂砂浆 板的四边均采用嵌筋法加固， 则板面全抹抗裂砂浆 改性环氧树脂胶填充 新增板面筋 嵌筋法 楼面结构标高 原剪力墙 原有砂浆层 M16对穿螺杆或Φ16@500 螺杆与混凝土空隙灌注改性环氧树脂胶 凿去原剪力墙表面混凝土 钢板完成面与原剪力墙面平 5厚钢板50×50 @500 钢板表面刷改性环氧树脂胶 外表面抹环氧胶泥3厚 恢复砂浆层 原板被踩踏面筋 新增板面筋与角钢焊撤ht=d 双面焊不小于5d或60 d为钢筋直径 穿孔塞焊 穿孔塞焊 焊接完成后 灌注改性环氧树脂胶 
解决方式	板面嵌筋法钢筋锚固做法：适用于墙两侧钢筋锚固，较好地解决楼板负弯矩区及增加支座后楼板局部形成负弯矩区而加固

2.1.3 实施效果

佛山某花园1、2号楼自2019年8月竣工使用至今，使用情况良好，加固后质量效果得到了建设单位与各小业主的好评，也取得了良好的经济效益和社会效益。

2.2 西樵某花园地下室结构补强工程

2.2.1 工程概况

西樵某花园地下室结构补强工程位于佛山西樵镇西岸新城中路北。该建筑物在使用过程中出现了严重不均匀沉降，导致部分柱、梁已产生裂缝。需要对该建筑物进行加固处理，包含桩基础加固、梁柱加固、底板加固、混凝土裂缝处理、临时支撑辅助施工等工程内容，施工面积约1500m^2。

累积沉降严重的区域外观

2.2.2 处理方案

（1）技术特点与难点

① 项目现场环境非常复杂，地下室各类管线较多，净高不足3.5m，施工空间受限；

② 接桩长度2m/节，接桩1800个，接桩量多；

③ 地下水位高导致钻孔时排出泥浆量多，机械钻孔需穿过原1.2m厚承台；

④ 地质中含有碎石、碎石夹填土、淤泥、粉砂、砾砂层及溶洞等复杂地层，容易发生桩身断裂、缩径、混凝土离析、夹泥、沉渣过厚等质量缺陷；

⑤ 灌注浆在水下隐蔽作业，影响质量因素多，施工控制难度大；

⑥ 项目工期紧，受既有地下室空间限制和地质情况复杂影响，成桩工效低，对

工期影响较大。

（2）技术原则

① 基础加固根据原设计提供的柱底最大轴力进行新增钻孔注浆钢管桩全托换处理。

② 对产生裂缝的柱、梁采用加大截面的方法进行加固处理，并在原设计模型内对相应的柱、梁进行截面调整后的复核计算，依据计算结果进行配筋。

③ 针对既有建筑微型钢管桩接桩施工，采用新型的内套管接桩法代替常规的外套管接桩。

（3）技术亮点

序号	关键构件、节点加固亮点
1	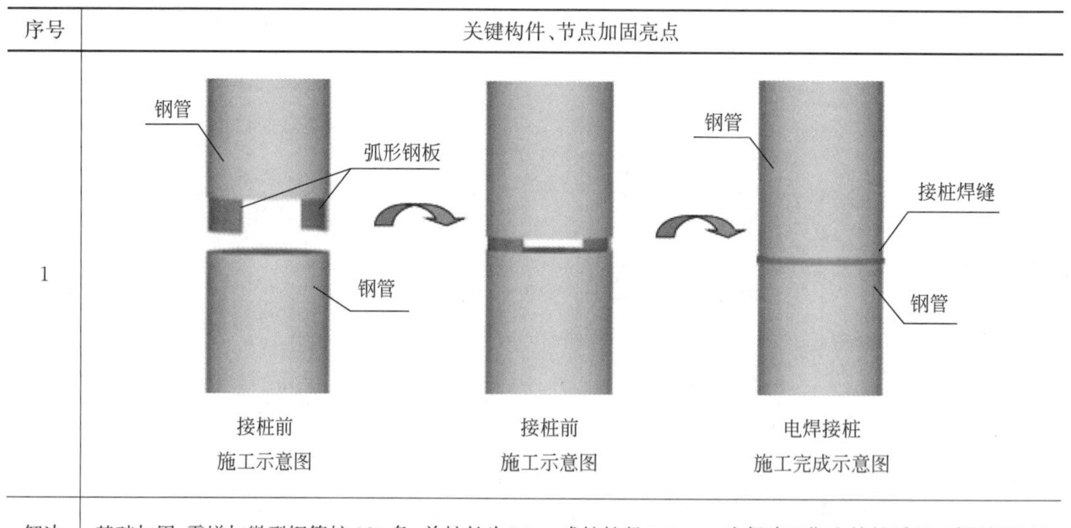 接桩前 施工示意图　　接桩前 施工示意图　　电焊接桩 施工完成示意图
解决方式	基础加固，需增加微型钢管桩 120 条，单桩长为 31m，成桩桩径 300mm，为保障工期和接桩质量，采用新型的内套管接桩法，内套管的内径与钢管外径相近，材质和厚度与钢管相同
2	 
解决方式	对内套管进行分段切割，每段长度为 250mm，加工为 120mm×250mm 弧形钢板块，取两件弧形钢板块对称焊接于钢管内壁，伸入内壁焊接长度为 150mm，伸出钢管外长度为 100mm

续表

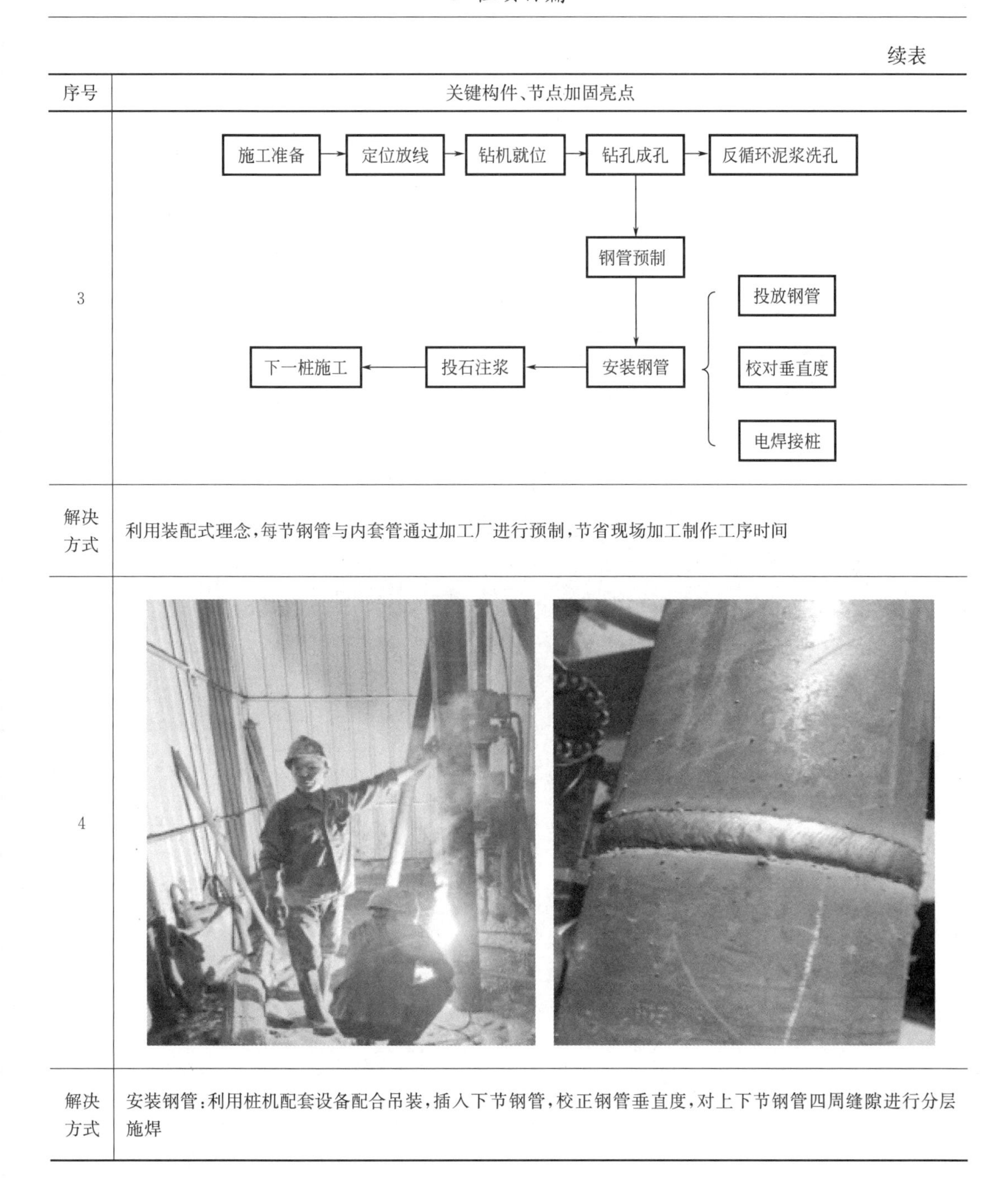

序号	关键构件、节点加固亮点
3	施工准备→定位放线→钻机就位→钻孔成孔→反循环泥浆洗孔；钻孔成孔→钢管预制→安装钢管（投放钢管、校对垂直度、电焊接桩）→投石注浆→下一桩施工
解决方式	利用装配式理念，每节钢管与内套管通过加工厂进行预制，节省现场加工制作工序时间
4	
解决方式	安装钢管：利用桩机配套设备配合吊装，插入下节钢管，校正钢管垂直度，对上下节钢管四周缝隙进行分层施焊

2.2.3 实施效果

西樵某花园地下室结构补强工程全面应用了内套管接桩法，极大提高了项目微型钢管桩施工质量，消除了在复杂地质层下施工可能引起卡管、塌孔、沉管不足等成桩质量缺陷，节约成本约 11.1 万元，使项目经济指标下降了约 3.0%。

内套管接桩技术在该项目的应用，极大地加快了工序施工效率，使项目提前 5 天顺利完工，满足质量及工期要求，经甲方、监理、设计等多方验收合格，到目前为止现场观测数值稳定，相关数据满足加固规范要求，甲方、监理给予了较高的评价。

实施后效果

3. 工业类建筑物加固

3.1 华为坂田 J2 改造项目拆除加固及加建工程

3.1.1 工程概况

华为坂田 J2 改造项目拆除加固及加建工程位于深圳市龙岗区布吉新区稼先路以北、居里夫人大道以西，总用地 9775m^2，总建筑面积约 1.1 万 m^2，整体呈南北向长方形，南北长 111.4m，东北宽约 47.3m，用地性质为工业用地。本项目的拆改、加固及加建工作主要围绕园区内的 J1 座地下一层及 J2 座地上部分进行，项目建筑结构安全等级为二级，建筑抗震设防类别为丙类，工程所在地区的抗震设防烈度为 7 度，抗震措施采取的设防烈度为 7 度，结构体系为现浇钢筋混凝土框架结构。

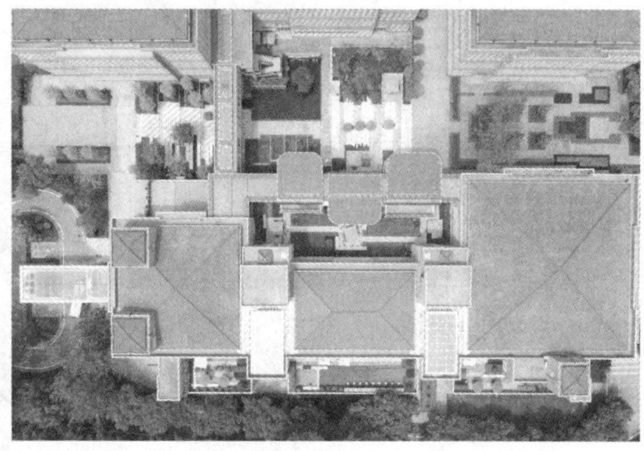

华为坂田 J2 全景图

3.1.2 处理方案

（1）技术特点与难点

① 类型较多，主要有结构专业拆除、建筑专业拆除、机电专业拆除、微型钢管柱、加大截面加固、新增钢筋混凝土构件（承台、梁、板、楼梯）、植筋工程、新增钢结构、外墙屋面工程等；

② 工程类型较多、范围广、工期紧；

③ 技术含量高，因拆除及加固工程的施工技术不同于常规土建施工；

④ 施工的各工序严格按设计要求进行，充分理解设计意图，不同于常规施工工序。

（2）技术原则

① 根据施工现场存在交叉施工的情况，建立有效的施工协调机构，及时处理内部、外部接口问题；

② 充分理解设计意图，合理安排施工工序，确保工程顺利施工；

③ 施工过程中需重点控制施工机械的噪声影响，为保证各场所正常的秩序，需采取切实措施降低大型施工机械噪声对工程周边环境的影响。

（3）技术亮点

序号	关键构件、节点加固亮点	
1		
解决方式	将钢板采用高性能的环氧类胶黏剂粘接于混凝土构件的表面，使钢板与混凝土形成统一的整体，利用钢板良好的抗拉强度达到增强构件承载能力及刚度的目的	
2		
解决方式	梁加大截面施工，沿梁长将梁与板交接处加大宽度范围内的板混凝土凿除，作为混凝土的浇筑口，在新增角钢截面提高柱子承载力的同时，新增钢板箍的横向约束作用，使原混凝土柱产生良好的三轴应力状态，大幅提高柱子的承载力	

续表

序号	关键构件、节点加固亮点
3	原结构板面 梁两侧均新增板面筋时，新增板面筋跨过支座，不得断开 原结构梁 原板被践踏面筋 
解决方式	对混凝土楼板采用嵌筋法加固，嵌入的受力筋与楼板形成整体共同承担新增荷载，解决楼板支座处的加固问题
4	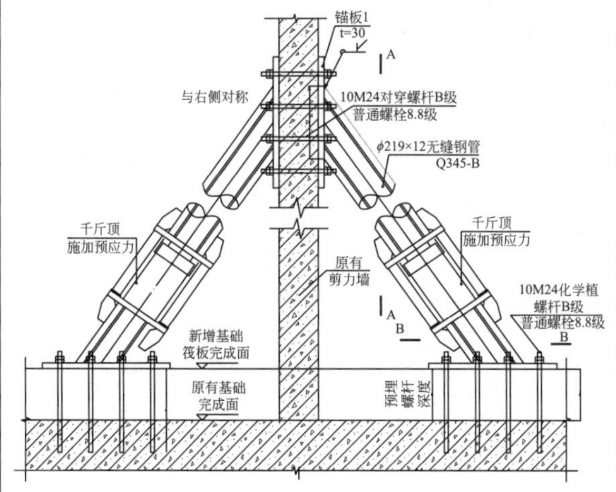 
解决方式	临时预应力钢管支撑，解决传统临时钢管支撑技术受力滞后、施工布置受现场空间限制较大等问题
5 	 
解决方式	项目在承台施工时加固钢管桩大吨位预应力封桩结构，所有需要进行压桩的基础加固工程，钢管桩在封桩过程中就与原基础一起承受上部荷载，让被动受力转变为主动受力

续表

序号	关键构件、节点加固亮点
6 	 
解决方式	楼板混凝土脱水，引起不均匀胀缩而形成裂缝，采取科学方法对混凝土裂缝进行修复，提高使用功能和结构的整体性
7 	
解决方式	因现场无垂直运输机械可用于转运废料，且不允许楼板开小洞。经过现场踏勘及多方讨论后，采用溜槽进行废料转运
8 	
解决方式	梁柱节点施工控制：本着强节点、弱构件的设计理念，在节点部位加强混凝土浇筑过程中的质量控制，保证混凝土振捣密实

3.1.3 实施效果

项目不仅延续了原本建筑的使用寿命，丰富了诊治、加固的手段，拓展了加固改造理念，更是有利于减少建筑材料的消耗以及环境污染，从而促进节能减排与可持续发展，在建筑综合改造加固领域有较强的科研示范和推广价值，具有良好的经济与社会效益。

梁加固效果图

室内效果图

室外效果图

4. 古建加固

4.1 汕头市五福路 13 号结构修缮加固工程

4.1.1 工程概况

一座优秀的近代历史建筑既是城市宝贵的文化艺术遗产，同样也是这座城市的名片，作为一座城市在某个时期最可靠的见证，它承载着当时政治、经济、文化以及科技等诸多历史信息。但由于这些建筑往往建造年代久远，整体性差，且建造时并未考虑抗震等因素，随着时代的发展，人们对建筑的要求日益提高，这些建筑物的结构并不能满足现行规范要求，必须对其进行加固补强处理。

汕头小公园是汕头老城区的商业中心和文化中心，是汕头老城的核心地标和文化标志。五福路作为汕头市小公园历史文化区范围内的重要街区，是 20 世纪 30 年代老汕头经济繁荣的象征，是“百载商埠”的历史见证，更是很多汕头人“生于斯、长于斯”的共同记忆。其中五福路 13 号为 4 层框架近代建筑，建筑面积约 587m^2，建筑物呈长方形布置。首层层高 4.50m，其他层层高 4.0m，楼板为现浇楼板，建筑外立面保护尚好。

2015 年 11 月底，开始该栋建筑的结构加固设计工作。

小公园片区地形图

五福路 13 号原状

4.1.2 处理方案

（1）技术特点与难点

① 汕头市房屋鉴定所于2015年11月仅对该楼进行了现场表观质量及病害检测，并出具了有关报告，但报告并未提及结构安全问题，加固设计前须对该建筑物进行现场结构普查；

② 由于该建筑为近代历史文化建筑，须与当地政府明确该建筑物须保护的部分，设计过程中需遵循“修旧如旧”原则；

③ 需满足建筑专业以及委托方的相关要求，这给加固设计方案的选择带来了诸多限制；

④ 现场很多部位的施工条件受限，加固设计过程中需结合现场施工的可操作性制定最优的可行方案；

⑤ 本修缮工程中的木构件，少见于传统加固工程中，且年代久远，对其加固处理方法的选择与确定亦为加固设计过程中的一大难点。

（2）技术原则

① “修旧如旧”：本修缮设计使原结构满足安全的同时，保留具有的特殊历史气息；

② 在保留原建筑格局的前提下使原本均不满足承载要求的柱、墙、梁、板在加固后能够满足安全性使用要求；

③ 原结构个别外墙需专项保护，特殊构件区别对待。

（3）技术亮点

序号	关键构件、节点加固亮点
1	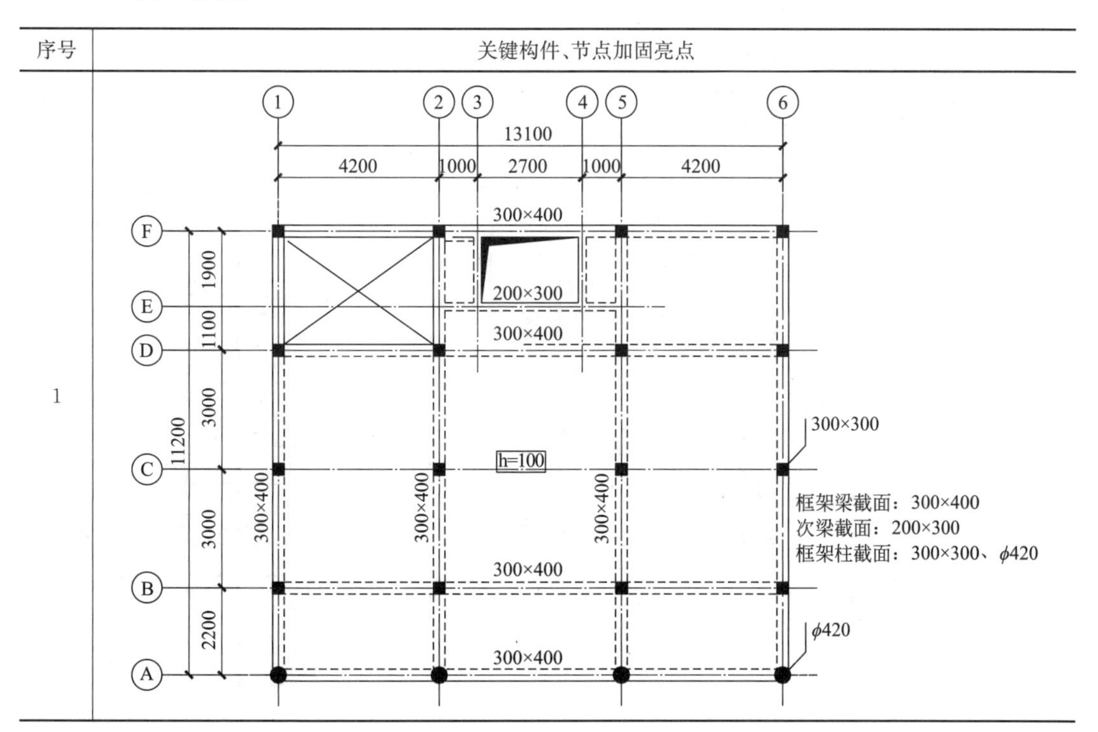

续表

序号	关键构件、节点加固亮点
解决方式	通过现场对结构构件进行测量，恢复结构平面布置
2	
解决方式	通过钢筋探测仪及现场凿出钢筋结合方式，检测原结构梁、柱、板构件的配筋，并截取原有梁、柱钢筋进行力学性能试验，得出该建筑物原有配筋性能相当于现在的一级钢
3	
解决方式	由于本建筑物结构采用了大量的加大截面方式进行加固，且业主要求楼面使用活载增加，原地基承载力不满足要求，采用锚杆静压桩加固
4	

续表

序号	关键构件、节点加固亮点
解决方式	采用加大截面方式对所有框架柱进行加固，梁柱节点区柱纵筋植入梁内或穿过梁板通长配置，保证柱箍筋加密区与非加密区箍筋体积配箍率，确保柱延性
5	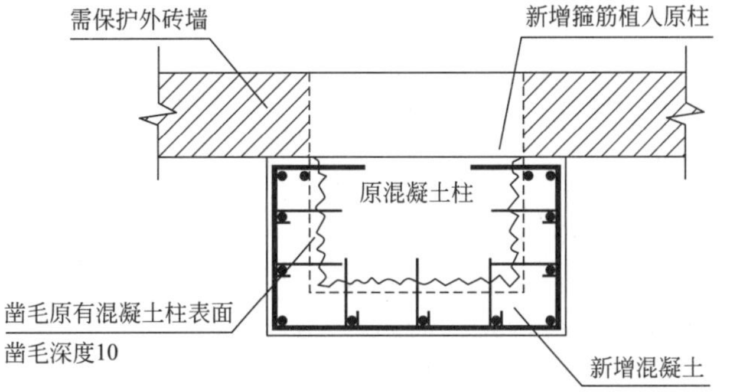 需保护外砖墙 新增箍筋植入原柱 原混凝土柱 凿毛原有混凝土柱表面 凿毛深度10 新增混凝土
解决方式	对于A轴需保护外墙的框架柱，采用三面加固方式处理
6	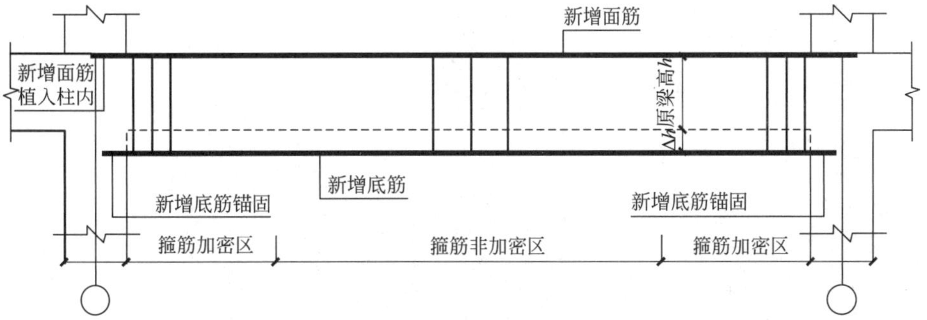 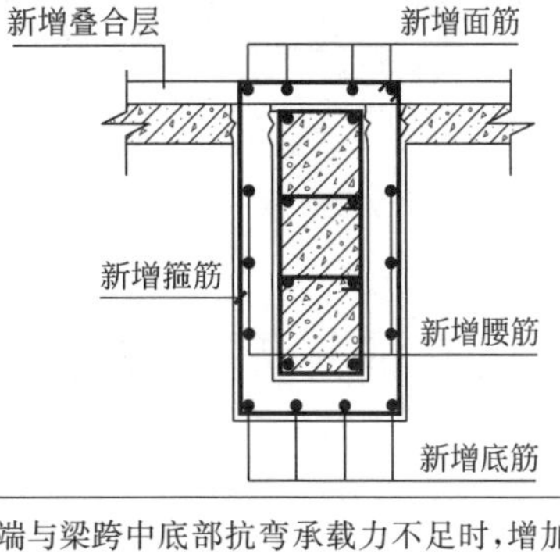 新增面筋 新增面筋植入柱内 原梁高h Δh 新增底筋 新增底筋锚固 新增底筋锚固 箍筋加密区 箍筋非加密区 箍筋加密区
	新增叠合层 新增面筋 新增箍筋 新增腰筋 新增底筋
解决方式	框架梁内力计算考虑塑性调幅，梁端与梁跨中底部抗弯承载力不足时，增加纵筋面积，梁端纵筋锚入长度满足计算要求，抗弯承载力计算考虑叠合层
7	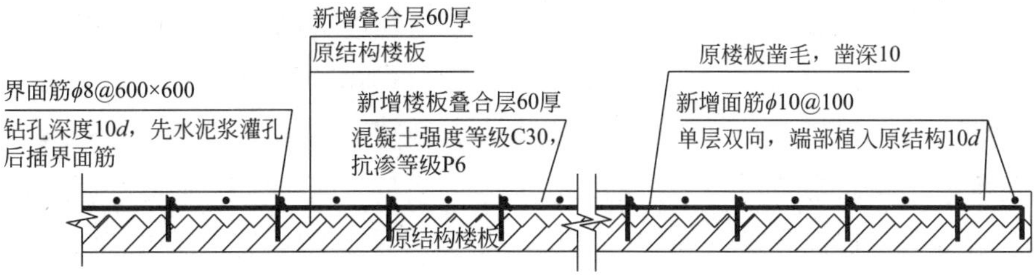 新增叠合层60厚 原结构楼板 界面筋ϕ8@600×600 钻孔深度10d，先水泥浆灌孔后插界面筋 新增楼板叠合层60厚 混凝土强度等级C30，抗渗等级P6 原楼板凿毛，凿深10 新增面筋ϕ10@100 单层双向，端部植入原结构10d 原结构楼板

续表

序号	关键构件、节点加固亮点
解决方式	当楼板露筋锈蚀严重时，采取凿除后重新浇筑的方式对其进行加固处理。当楼板承载力不满足计算要求时，采用新增叠合层的方法进行加固处理

4.1.3 实施后效果

本次加固的近代建筑物建造于20世纪20年代，所在地区的抗震设防烈度为8度区，通过结构普查发现，该建筑物当初建造时完全未考虑抗震设防。由于年代久远，设计资料缺失，通过结构普查的形式查清本工程现状，并明确该建筑物需保护的部分，为后期的加固设计提供依据，通过各种加固方式对其进行加固补强。该建筑物经过结构普查及加固后，满足现行规范要求。

加固后建筑物现状

加固后整个街区现状

4.2 河源市源城区太平古街改造一期修缮工程

4.2.1 工程概况

太平古街始建于清末，历史上是河源市城市文化和经济发展的重要核心地区，该街东起中山路，西至化龙路，全长388m。古街大部分建筑为民国时期建造，建筑类型大体有砖木结构、砖混结构和混凝土结构三种。古街历经百年沧桑，风情依旧，她见证了河源市的历史变迁，对河源当地人来讲有其特殊的历史意义。为重现太平古街昔日繁荣景象，河源市政府将古街修缮列为重点项目，历经多次方案论证最终决定对其进行修缮改造。根据要求，加固、修缮、立面改造必须遵循“修旧如旧”的原则，力图展示这条古街所能反映的历史信息，焕发活力。结构加固需服从建筑要求，在外立面上遵守建筑专业所需或所限的尺寸要求和造型要求。

太平古街改造一期修缮工程总体分为两个部分：一部分是外立面修缮，另一部分则是加固改造。古街多数建筑物由于年久失修，整体外观破烂残旧，墙体倾斜、开裂，木构件严重虫蛀和腐蚀。但部分建筑风格及细部雕花等却得到了较好的保存，故业主方要求本工程修缮工程在保证结构安全的同时保存历史遗留文物。

太平古街历史影像

4.2.2 处理方案

(1) 技术特点与难点

① 本工程修缮前的原结构鉴定评级低，不仅需要对大部分结构构件进行加固处理，亦需对结构的整体性进行加强处理。

② 建筑单体多，结构形式多样，设计工作量大。本修缮工程涉及20多栋建筑，结构形式有砖木结构、砖混结构和混凝土结构，各栋的结构构造均不相同，设计工作量巨大。

③ 加固设计过程中需遵循“修旧如旧”原则，需满足建筑专业以及委托方的相关要求，给加固方案的选择带来了诸多限制。

④ 现场很多部位的施工条件受限，设计过程中需结合现场施工的可操作性制定最优的可行方案。

⑤ 本修缮工程中需加固的木构件，少见于常规加固工程，且其年代久远，对其加固处理方法的选择与确定亦为设计过程中的一难点。

(2) 技术原则

①“修旧如旧”：本修缮设计使原本破烂残旧的古街重新焕发活力的同时，保留其具有的特殊历史气息。

② 在保留原建筑格局的前提下使原本均不满足承载要求的柱、墙、梁、板在修缮后能够满足安全性使用要求。

③ 保留原结构木构件，处理其腐朽、虫蛀、开裂以及承载力不满足要求等问题。

④ 将原结构的木构件与主体结构间形成可靠连接、成为统一的整体，提高整体结构的稳定性及抗震能力。

（3）技术亮点

<table>
<tr><th>序号</th><th colspan="2">关键构件、节点加固亮点</th></tr>
<tr><td>1</td><td> </td><td></td></tr>
<tr><td>解决方式</td><td colspan="2">墙柱作为主要的抗侧力构件及竖向传力构件，结构设计应满足其强度要求。项目采用钢筋网水泥砂浆面层、钢筋网高强复合砂浆面层加固</td></tr>
<tr><td>2</td><td>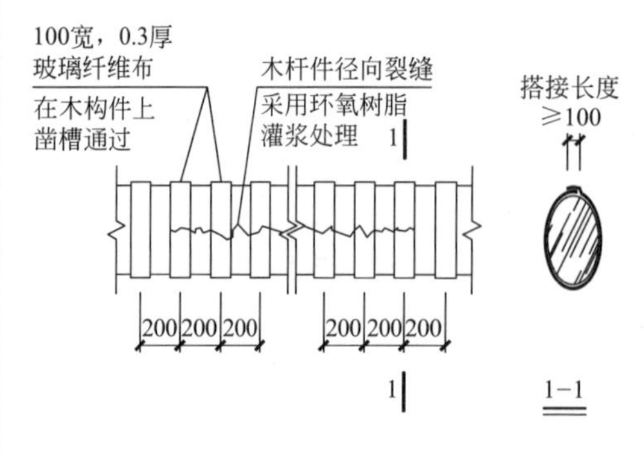
</td><td></td></tr>
<tr><td>解决方式</td><td colspan="2">考虑木结构防火要求，采用玻璃纤维布对腐朽、虫蛀、开裂的木构件进行加固处理，形成围箍作用而提高构件抗弯承载力</td></tr>
<tr><td>3</td><td>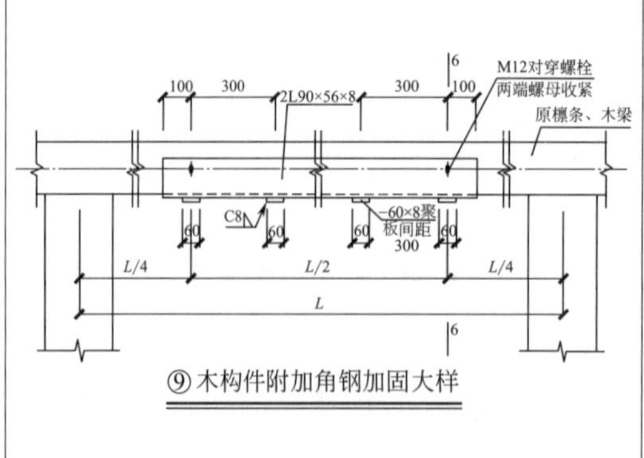

⑨木构件附加角钢加固大样</td><td></td></tr>
</table>

续表

序号	关键构件、节点加固亮点
解决方式	木梁采用附加角钢进行加固，采用螺栓对穿木梁使两者结合达到共同作用，解决木梁木材与钢材刚度与变形差异大问题，实现木梁承载力显著提升、挠度减小
4	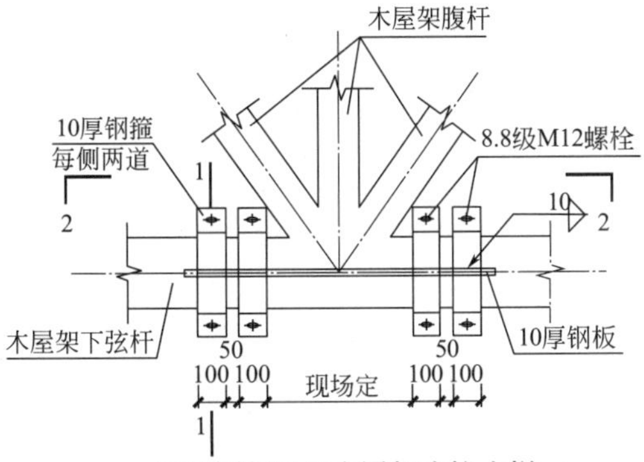 水平支撑SC与木屋架连接大样 若遇节点处原有扒钉阻碍，则应调整扒钉位置 
5  	
解决方式	既有砖木结构的屋面体系大多以木桁架或木金字架为主，为提高屋架的整体稳定性，采用增加钢结构水平支撑体系进行木屋架的整体稳定性加固
6  	
解决方式	由于原屋面瓦残旧及局部损坏严重，需进行大面积更换。为“修旧如旧”，通过对河源当地客家历史建筑物的了解及走访当地历史文化名人来确定屋顶封沿节点、瓦口方案及瓦面搭接方式等工艺做法，并严格筛选制作工艺、材质符合建筑历史文化特点的材料

续表

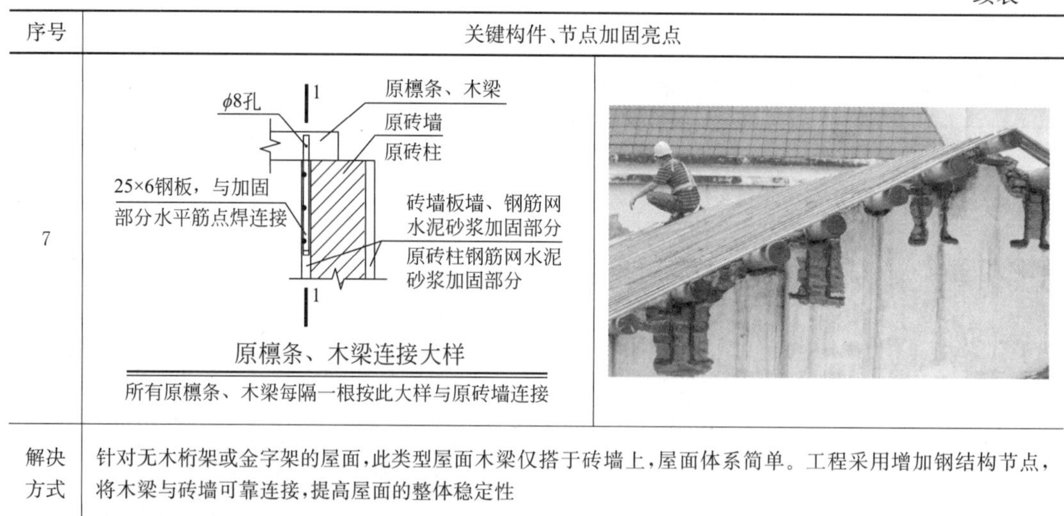

序号	关键构件、节点加固亮点
7	原檩条、木梁连接大样（所有原檩条、木梁每隔一根按此大样与原砖墙连接）
解决方式	针对无木桁架或金字架的屋面，此类型屋面木梁仅搭于砖墙上，屋面体系简单。工程采用增加钢结构节点，将木梁与砖墙可靠连接，提高屋面的整体稳定性

4.2.3 实施效果

河源市源城区太平古街改造一期修缮工程自 2016 年 1 月竣工使用以来，使用情况一直良好，加固修缮效果得到了各方乃至全河源市人民的好评，取得了良好的经济效益和社会效益。古街经修缮后集文化、旅游、购物、休闲于一体，成为河源市具有特色历史风貌的文化古街，给河源市的城市形象建设与经济发展均带来了深远影响。

修缮后整体效果图

修缮前　　修缮后

5. 抗震加固

5.1 中山市神湾镇神湾中学教学楼 A、C、D、职中及信息教学楼抗震加固工程

5.1.1 工程概况

中山市神湾镇神湾中学教学楼 A、C、D、职中及信息教学楼抗震加固工程位于中山市神湾镇，该工程包括 5 栋建筑物：中山市神湾中学教学楼 A 加固工程；中山市神湾中学教学楼 C 加固工程；中山市神湾中学教学楼 D 加固工程；中山市神湾中学信息教学楼加固工程；中山市神湾中学职中教学楼加固工程。其中教学楼 D 为 2 层现浇钢筋混凝土框架结构；教学楼 A、C 和职中楼为 3 层现浇钢筋混凝土框架结构；信息楼为 4 层现浇钢筋混凝土框架结构，总建筑面积约 4600m^2。

应中山市神湾镇教科文卫办公室委托，广东明正建筑工程质量司法鉴定所对中山市神湾中学上述 5 栋建筑物上部结构质量状况进行了检测鉴定，并根据现场检测和各项结构分析结果，出具了检测鉴定报告；广东省建科建筑设计院根据鉴定报告对上述 5 栋建筑物进行抗震加固设计，并出具了抗震加固设计图纸。

神湾中学

本工程为抗震设防工程，建筑物安全等级二级，建筑抗震设防类别乙类，抗震设防烈度为 7 度，设计基本地震加速度为 0.10g，场地类别为Ⅱ类，设计地震分组为第

一组，框架抗震等级为二级。主要包括加大截面法加固、外包钢法加固、粘贴碳纤维布加固、高强复合砂浆钢筋网加固、植筋、新增翼墙、基础及柱加箍筋加固等。

5.1.2 本加固工程的重点和难点

（1）本加固施工工程的重点是梁柱加大截面、新增翼墙及基础、柱加密箍筋；由于该工程涉及5栋建筑的加固施工和恢复，工作量大，工期短，施工之前须充分考虑现场实际情况，做好周密的施工计划，保证在浇筑混凝土施工时能连续流水穿插作业，确保工程质量及工期。

（2）工程的难点有三个。一是植筋工程。植筋常碰到原构件的钢筋阻碍，导致植入深度不足，造成较多的废孔，植筋质量的好坏直接影响到结构的安全，所以必须保证植筋的位置、深度和灌胶饱满。二是柱包钢及粘贴碳纤维时基层混凝土表面质量较差或表面缺陷大，要打磨或修复，处理难度大。三是柱包钢焊接质量和工期控制。为解决相关技术难题，必须安排熟练的工人严格按规范要求施工，特种作业人员（如焊工）必须持证上岗，每天进行班前教育和交底，保证每一工序施工质量。

5.1.3 加固设计原则

（1）对箍筋布置不满足规范计算或构造要求的柱采用包碳纤维箍的方法加固。

（2）对配筋不足的框架梁采用加大截面或粘贴钢板的方法加固。

（3）对承载力满足计算要求但混凝土强度实测值低于C20的结构构件采用挂钢筋网外批高强复合砂浆的方法加固。

（4）对单跨框架结构采用新增翼墙方式改变建筑物结构形式。

5.1.4 主要抗震加固施工方法

加固工程技术含量高，不同于常规土建施工，在项目的实施阶段，选派加固施工经验丰富的项目管理人员，成立项目领导班子，制定详细、周密的质量保证控制措施，严格把好原材料进场、技术交底、检查验收“三关”，积极接受和配合监理单位监督，有力保障项目高质量建设，严格按照抗震设防要求将各项质量管理措施落实到位。该项目主要抗震加固施工方法如下表所列：

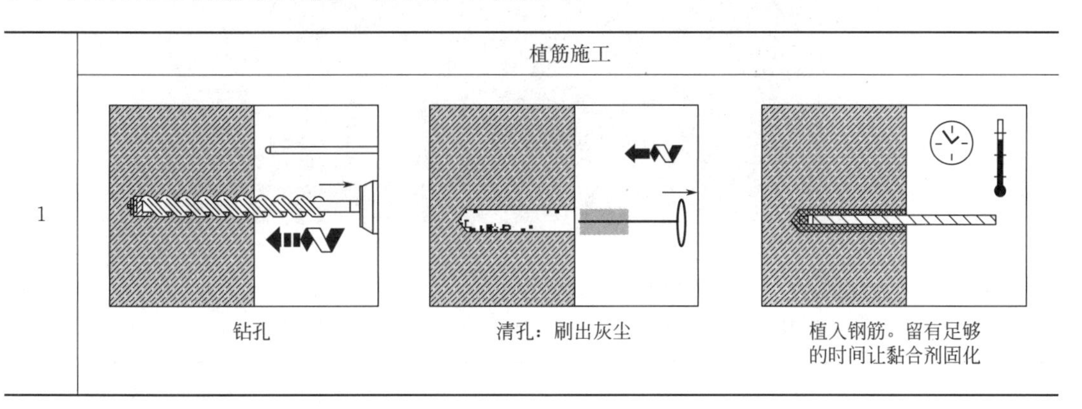

续表

<table>
<tr><td rowspan="2">1</td><td>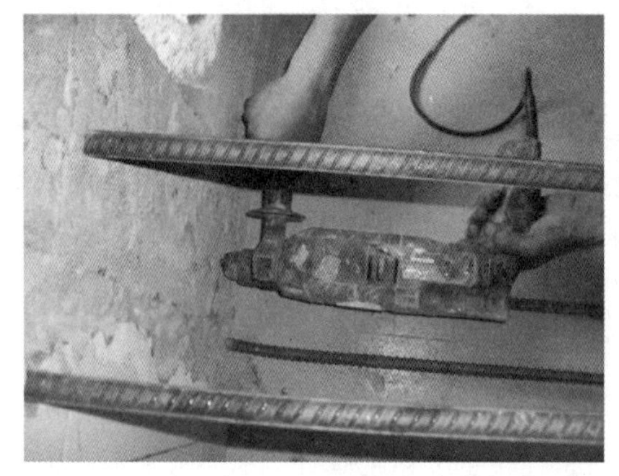 </td></tr>
<tr><td>采用植筋施工处理，通过结构胶黏剂或水泥基材料将钢筋或全螺纹螺杆锚固于混凝土基材中，使钢筋、螺杆与混凝土通过黏合与锁键作用，对被连接件产生握裹力，从而达到预埋的效果。施工后产生高承载力，对结构有补强作用，能增加混凝土之间传力的性能，不宜产生移位、拔出，可用于各种钢筋、螺杆需要生根之处。其密封性能好，无需做任何防水处理</td></tr>
<tr><td rowspan="3">2</td><td>加大截面法加固</td></tr>
<tr><td>施工准备 → 界面处理 → 钢筋工程 → 模板安装 → 混凝土浇筑 → 养护及拆模
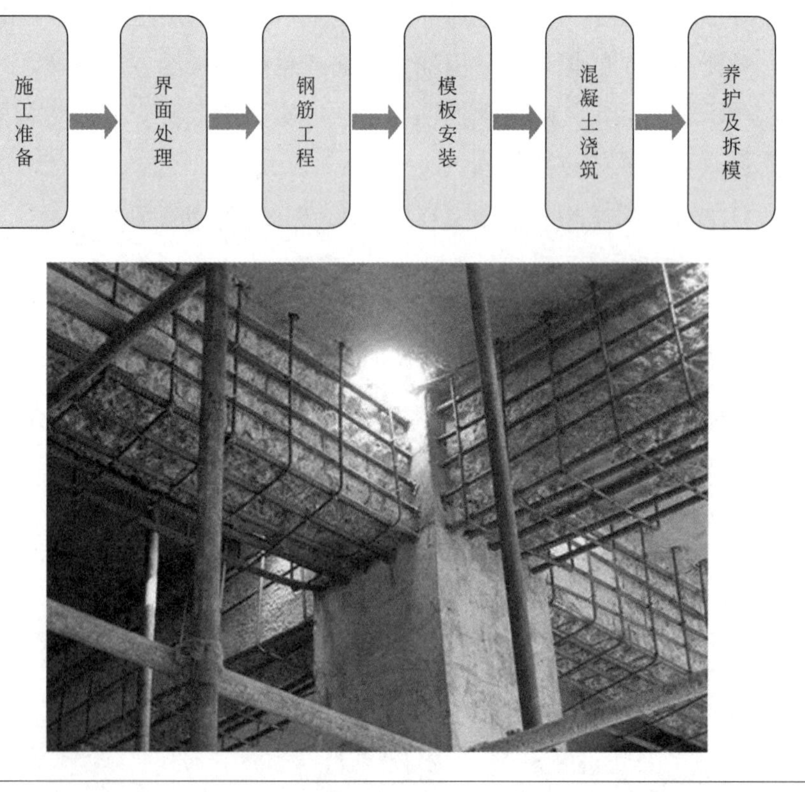</td></tr>
<tr><td>采用加大截面法加固，通过采取增大混凝土构件的截面面积，并增配钢筋，以提高其承载力和刚度，从而提高结构的抗震能力，同时保障结构具有较强的耐高温性能，满足耐久性和安全性要求</td></tr>
</table>

续表

3

裂缝化学灌浆处理

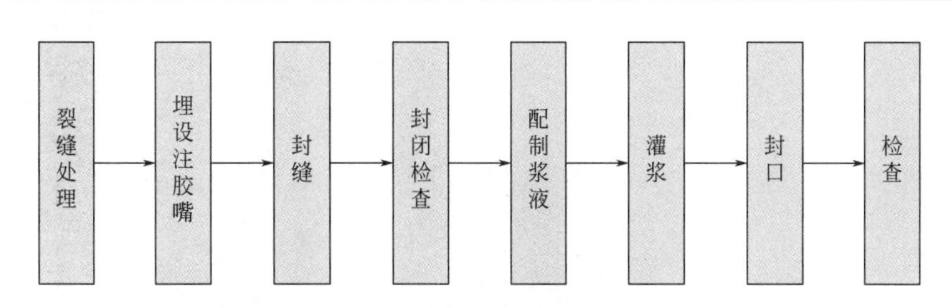

裂缝封闭处理(宽度≤0.3mm 的裂缝):用纯环氧基液涂刷裂缝表面进行处理,并涂刷两遍环氧树脂胶泥进行表面封闭。

裂缝化学灌浆(宽度>0.3mm 的裂缝):采用低浓度、高黏接强度的灌浆料,在 0.2~0.5MPa 的灌浆压力下注入混凝土构件的裂缝、孔洞中,通过浆液扩散、渗透达到黏接、键合、恢复构件整体性的目的

4

外包型钢加固

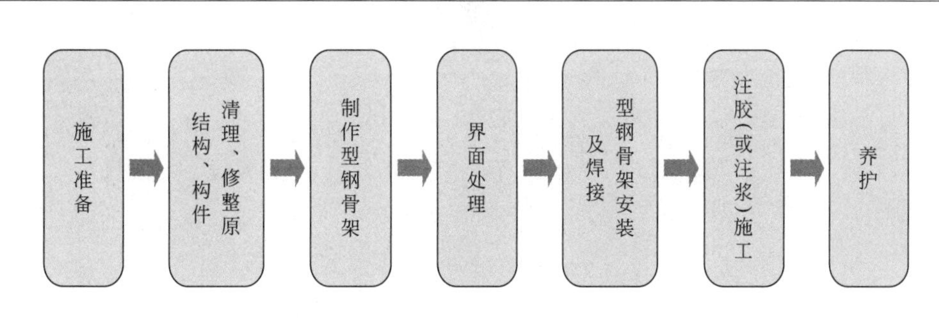

续表

<table>
<tr><td rowspan="2">4</td><td></td></tr>
<tr><td>采用外包型钢方式加固，灌注高强黏接材料将型钢箍与原混凝土梁、柱可靠连接，使两者能形成整体并共同受力。新增钢板箍的横向约束作用，使原混凝土结构产生良好的受力，大幅提高梁、柱的受力性能</td></tr>
<tr><td rowspan="2">5</td><td>粘贴碳纤维布加固</td></tr>
<tr><td>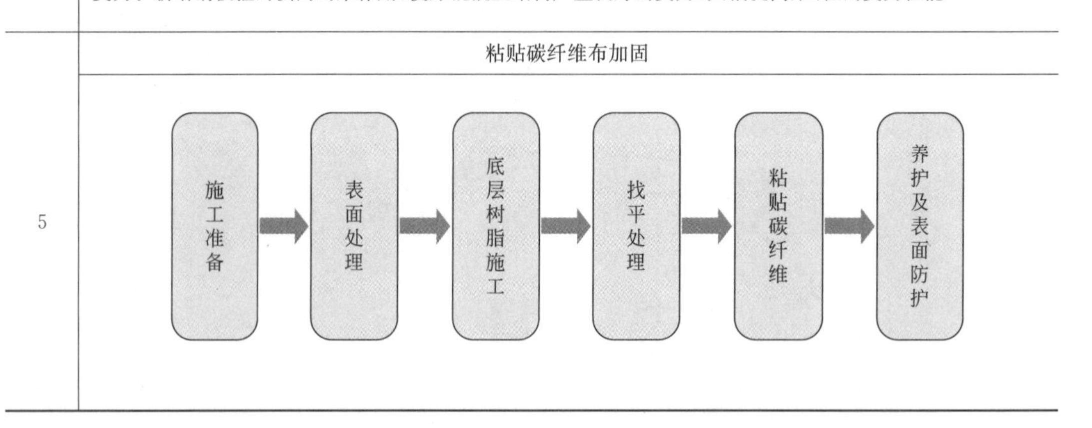</td></tr>
</table>

续表

<table>
<tr><td rowspan="2">5</td><td>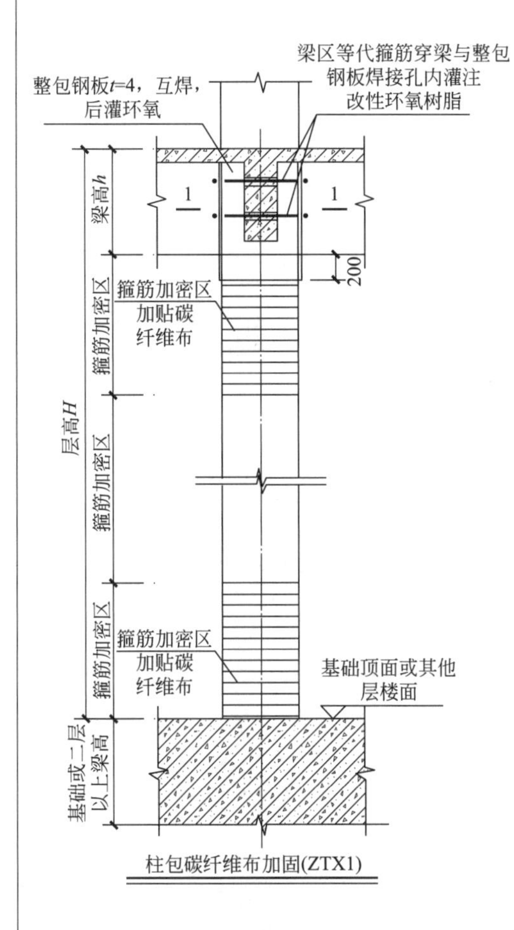

柱包碳纤维布加固(ZTX1)
</td></tr>
<tr><td>采用碳纤维布加固，环氧树脂黏结剂将碳纤维布直接粘贴在钢筋混凝土结构的薄弱部位，并与加固对象形成整体，使两者共同工作，提高结构构件的(抗弯、抗剪)承载能力</td></tr>
<tr><td rowspan="2">6</td><td>高强复合砂浆钢筋网加固</td></tr>
<tr><td>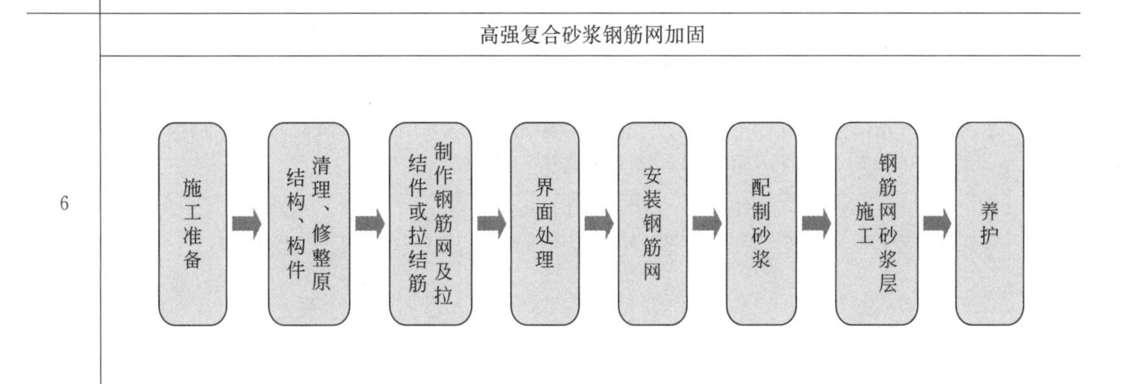
</td></tr>
</table>

续表

6	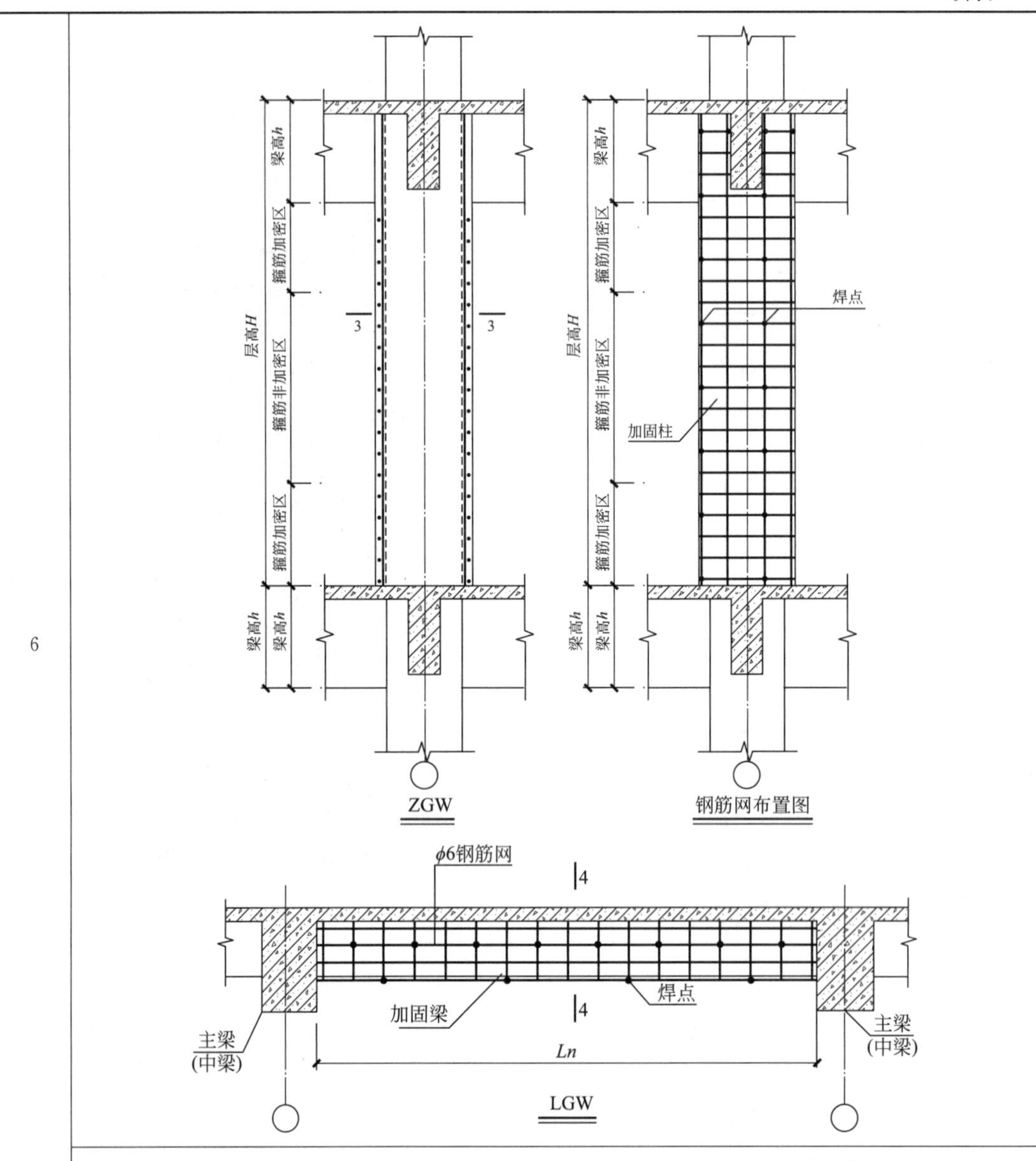
	采用高性能复合砂浆钢筋网加固，在混凝土构件表面绑扎钢筋网并抹高性能复合砂浆面层，复合砂浆起到保护和锚固作用，使其共同工作整体受力，提高结构承载力。其实质是通过体外配筋，提高原构件的配筋量，相应提高结构构件的刚度以及抗拉、抗压、抗弯和抗剪等方面性能
7	混凝土构件加箍筋加固
	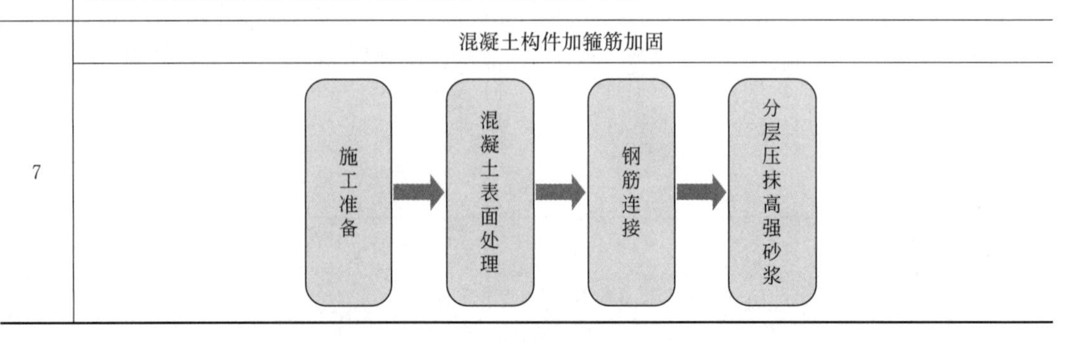

续表

7	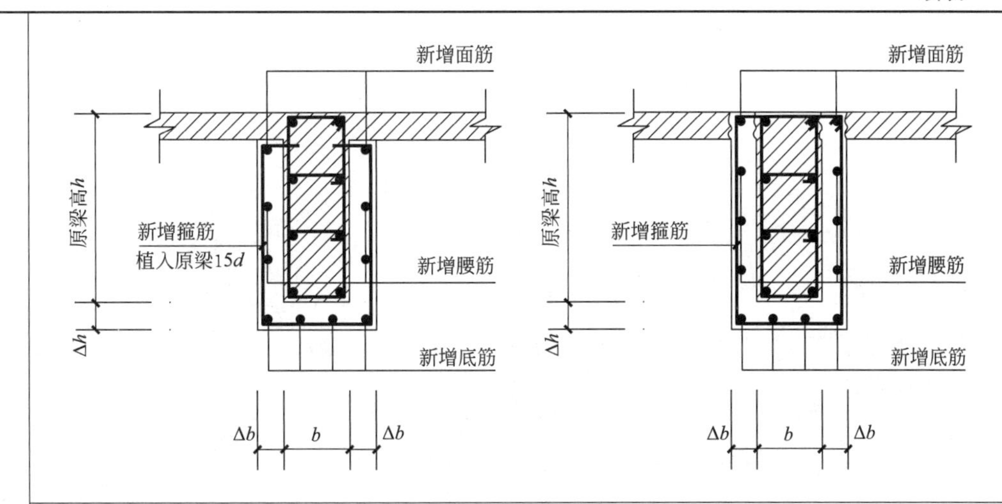
	采用钢筋套箍加固混凝土构件，将构件中受拉钢筋、受压钢筋以及腰筋可靠联系起来，使它们形成完整的骨架，对其所包围的核心混凝土起约束作用，使之处于三轴受压的应力状态，从而提高构件承载力和抗侧刚度
8	新增翼墙加固
	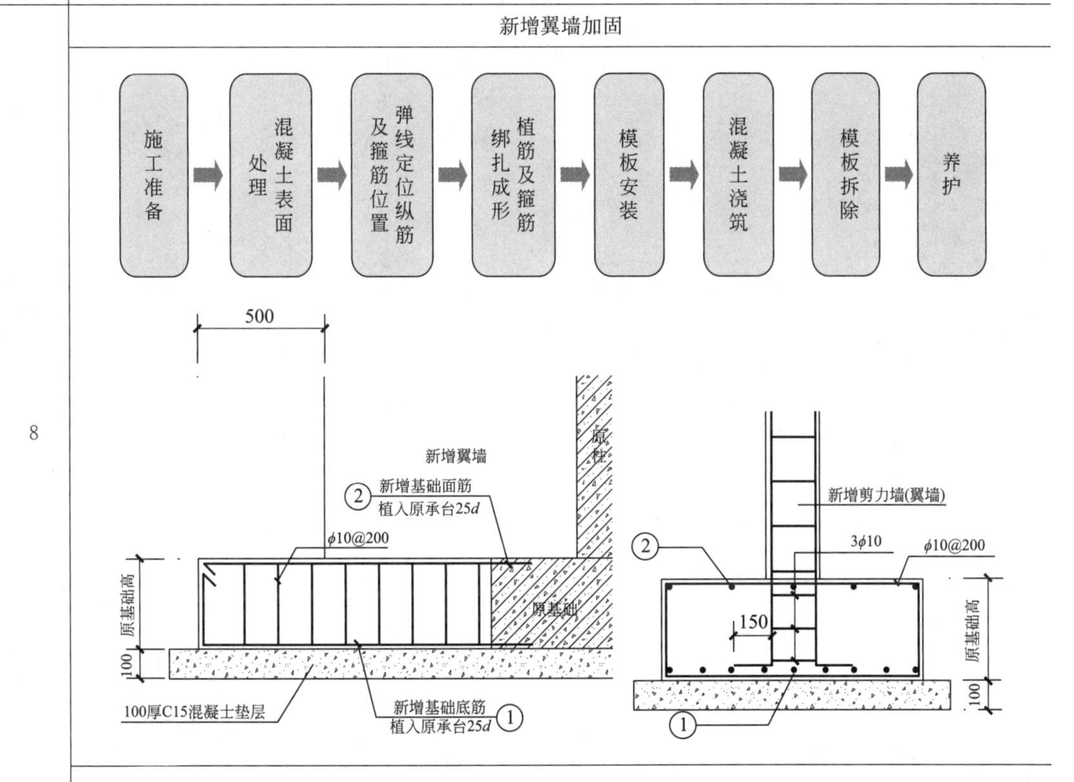
	采用新增翼墙加固：在混凝土构件侧增加短肢翼墙，使构件形成带翼缘的构件，改变结构体系，可以起到增加混凝土构件承载力，提升结构整体刚度的作用，增强结构抗震能力

5.1.5 实施效果

中山市神湾镇神湾中学教学楼A、C、D、职中及信息教学楼抗震加固工程自

2012 年 1 月竣工使用至今使用情况良好，加固效果得到了校方的高度认可，取得了良好的经济效益和社会效益。

中山神湾中学教学楼实地照片

6. 防水

6.1 广东省人大常委会会议厅屋面防水工程

6.1.1 工程概况

项目位于广州市越秀区，为广东省人大会议厅。该会议室屋面为钢网架结构，屋面层 0.8 厚铝合金瓦表面，在早期使用中，其天沟由于渗漏而修补填充过，导致现有水沟深度不够、容易积水，现重新发现屋面有几处渗漏，影响正常使用。考虑到建筑物所处的环境和功能特点，主要采用的屋面防水修复施工方案如下：

（1）原有水沟填充层开裂较严重，雨水通过裂缝进入新老天沟间隙，须凿除水沟填充层，露出基层。

（2）屋面大面普遍存在接缝处密封材料老化、铝合金瓦变形缝处盖槽变形分离情况，雨水通过薄弱处渗入下层空间发生渗漏，须将天面层原有密封材料清除并打磨平整，修复铝合金瓦变形缝处盖槽，然后将大面与天沟转角采用进口金属屋面专用防水系统进行整体防水处理，沿铝合金瓦变形缝粘贴高分子复合自粘卷材进行封闭。

（3）原卡拉 OK 房面板裂缝渗漏位置，在板底对裂缝打凿“V”形槽，埋设灌浆咀后灌注改性环氧化学灌浆液，然后对该块板底粘贴碳纤维进行补强处理。

广东省人大常委会会议厅

6.1.2 主要防水施工特点

金属屋面防水系统是用纯丙烯酸乳液、优质的颜色填料制成高质量防水涂料，辅之以缝织聚酯布形成的防水系统，该系统能为金属屋面的采光板防水、伸出屋面管道防水、风机口防水、金属板搭接缝防水、加固螺钉防水、天沟防水以及其他防水薄弱部位提供完善的解决方案，具有优良的耐疲劳性能、耐老化性能、低温柔性和优异的弹性。

特点	• 水性涂料，低气味，对人体健康和环境无危害，绿色环保	
	• 良好的黏结性，不脱落	
	• 具有很强的抗酸碱能力，能长效抑制霉菌及藻类生长	
	• 防紫外线，防皮肤灼伤	
	• 阻燃性达到美国 ASTM E108 最高标准	
	• 涂层具有很好的透气性和呼吸效应，不起鼓	
	• 弹性大，－50～88℃皆能适用，低温下仍有极好的弹性	
	• 容易施工和清洁	
	• 使用期长达 25 年	
用途	• 金属屋面搭接处防水	• 金属屋面突出物防水
	• 金属屋面固件防水	• 金属屋面天沟防水
	• 混凝土屋面或缝隙防水	• 建筑物其他特殊部位防水

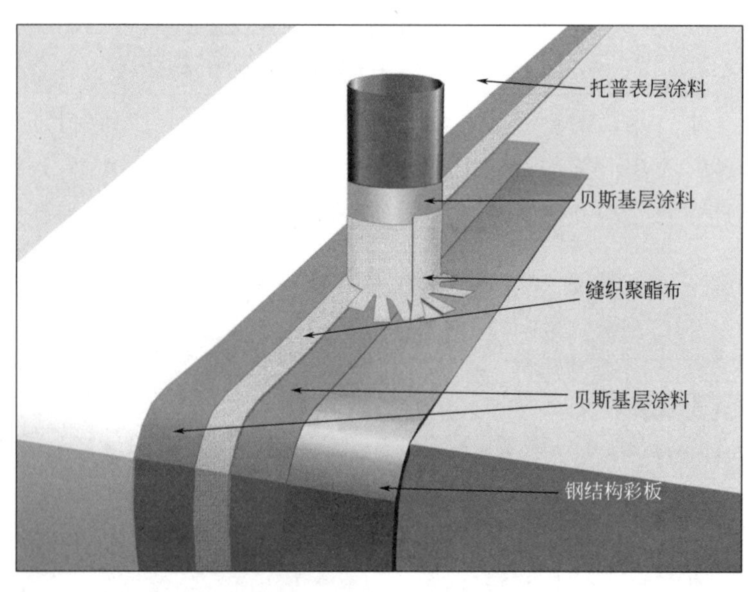

金属屋面防水分层结构图（三涂一布）

6.1.3 主要防水施工技术处理

在项目的实施阶段，选派防水施工经验丰富的项目管理人员，成立项目领导班子，制定详细、周密的质量保证控制措施，特别是金属屋面防水系统搭接部位的细部处理控制措施，采用实地考察审核与样板施工相结合的形式择优确定施工作业班组，

风机口防水

屋面空调系统防水

搭接处防水

伸出屋面管道防水

金属板与混凝土连接处防水

屋面采光带防水

金属屋面防水局部图

严格把好原材料进场、技术交底、检查验收“三关”，积极接受和配合监理单位监督，有力保障项目高质量建设，在整个工程施工过程中无任何质量安全事故发生，各项质量安全管理措施到位。

1	金属屋面搭接处处理	金属屋面搭接处先涂一层贝斯基层涂料，在其仍为湿润时，把15～20cm宽的缝织聚酯布嵌入其中，再从上面用贝斯基层涂料充分浸润缝织聚酯布，以至全干
2	金属屋面的突出物（如烟囱、出气孔、风机口等）处理	按技术要求裁剪尺寸、形状合适的缝织聚酯布，在突出物周围涂一层贝斯基层涂料，把裁剪好的缝织聚酯布铺于其上，再从上面用贝斯基层涂料充分浸润缝织聚酯布，确保不起泡、不起皱
3	金属屋面固件处理	用10cm×10cm的缝织聚酯布，并按技术要求裁剪好，在突出物周围涂一层贝斯基层涂料，把裁剪好的缝织聚酯布铺于其上，再从上面用贝斯基层涂料充分浸润缝织聚酯布，确保不起泡、不起皱
4	金属屋面天沟	天沟搭接缝、落水口等处先用贝斯金属屋面防水系统进行局部防水处理，然后在更大防水范围涂一层涂料，在其仍为湿润时铺上缝织聚酯布，再从上面用浆料充分浸润缝织聚酯布，直至全干。至少12h后，最后再涂一层浆料

6.1.4 实施效果

2013年9月完工后，一次性通过验收并顺利完成竣工验收，得到了业主方高度认可，至今使用情况良好。

防水施工前

防水施工后

7. 桥梁

7.1　梅州市梅江桥加固工程（拱桥）

7.1.1　工程概况

广东梅州市梅江桥始建于 1934 年，位于梅州城区中心地段。梅江桥桥形独特，年代久远，于 1966 年曾进行加固，具有较高的历史文化价值。梅江桥主桥为 11 孔跨长 19～22m 的下承式钢筋混凝土系杆拱桥，引桥全长 272m，桥面宽度为 12.08m，行车道桥面净宽 5.8m，1966 年加固的设计荷载标准为汽-10 级。因为梅江桥为梅州市二级文物，其下承式钢筋混凝土系杆拱结构造型轻巧，11 连拱横跨在梅江上的轻巧美丽造型已经深深印在广大梅州市民以及海外梅州华侨的心中，海外梅州华侨回忆故乡，往往都会提及梅江桥的雄姿。因此，考虑到梅江桥深远的历史、文化及社会意义，本桥拟定加固改造设计时，本着"精心设计，修旧如旧"的原则，在满足使用及安全要求的基础上，最大限度地保持梅江桥原有的结构特色，维持原桥的建筑风格。

梅州市梅江桥加固工程项目总体分为两个部分：一部分是基础加固，另一部分则是上部结构承载能力加固。由于该桥服役时间较长，桥梁各部分构件均有不同程度的损伤，有些构件甚至已退出工作，致使桥梁的整体结构性能严重下降，桥梁的强度及刚度均不能满足规范的要求，存在严重的安全隐患。检测报告显示，该桥技术状况等级评定为 E 级（危险状态），故业主方迫切要求对该桥进行加固处理，既恢复该桥汽-10 级通行等级，又保持该桥原有结构特色。

梅江桥历史影像

7.1.2 处理方案

（1）技术特点与难点

① 该桥加固前的原结构检测评级低，不仅需要对大部分结构构件进行加固处理，亦需对桥梁结构的承载能力进行加固处理；

② 加固设计过程中需遵循“修旧如旧”原则，需满足委托方的相关要求，这给加固方案的选择带来了不少限制；

③ 该桥始建于20世纪30年代，系杆和拱肋混凝土老化、锈胀严重，大部分系杆以及拱肋牛腿需要拆除，施工难度较大。

（2）技术原则

① 本次设计的目标为加固后全桥达到汽-10级荷载等级要求，满足开放行人及小型汽车交通的要求；

② 本桥加固改造设计，本着“修旧如旧”的原则，在满足使用及安全要求的基础上，最大限度地保持梅江桥原有的结构特色、维持原桥的建筑风格；

③ 该桥20世纪30年代的拱肋、系梁全部拆除，通过新钢筋混凝土结构与60年代加固后的结构相连，并对系梁以及吊杆增加预应力进行加固。

（3）技术亮点

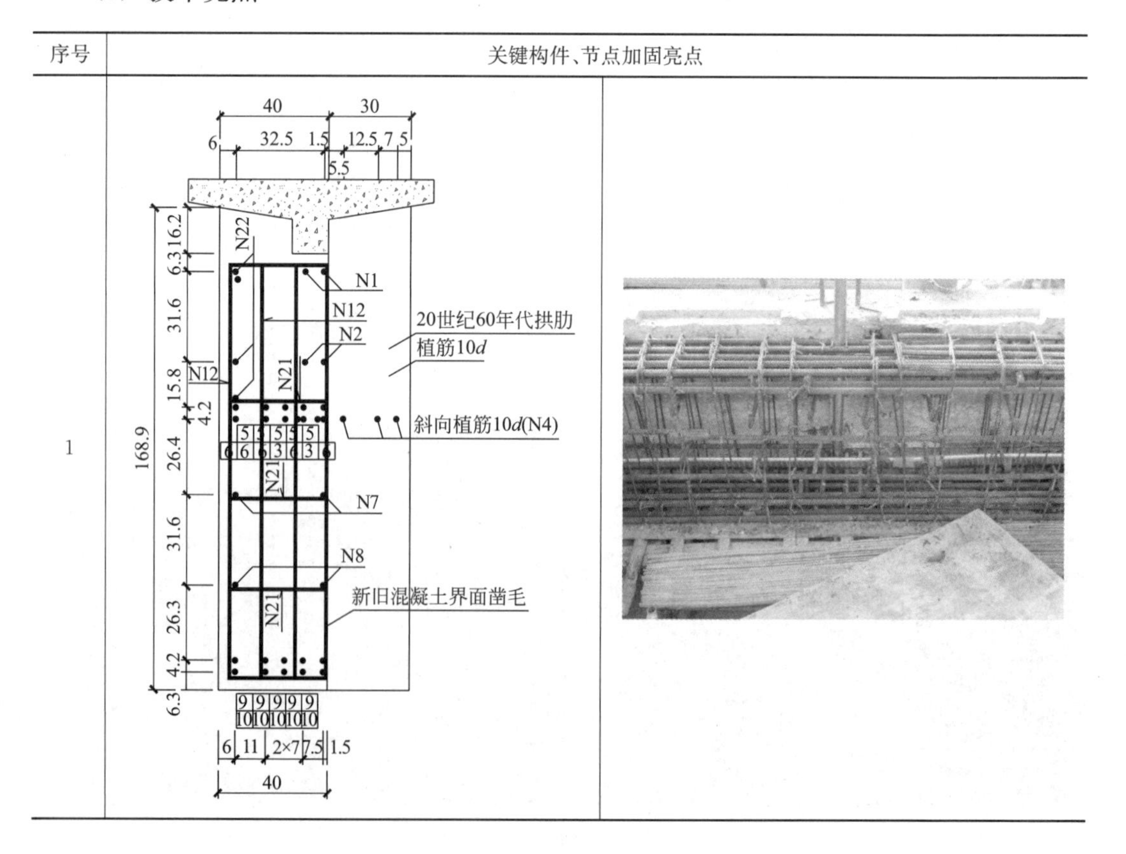

序号	关键构件、节点加固亮点
1	

续表

<table>
<tr><th>序号</th><th colspan="2">关键构件、节点加固亮点</th></tr>
<tr><td>解决方式</td><td colspan="2">20 世纪 30 年代拱肋为中空的桁架式结构，严重锈蚀需全部拆除，拆除 30 年代拱肋的相应部分后，新增截面与 60 年代拱肋结合在一起，并在拱肋截面上植筋增加新旧混凝土间抗剪作用，在新增拱肋位置预埋预应力管道与预应力钢筋</td></tr>
<tr><td>2</td><td>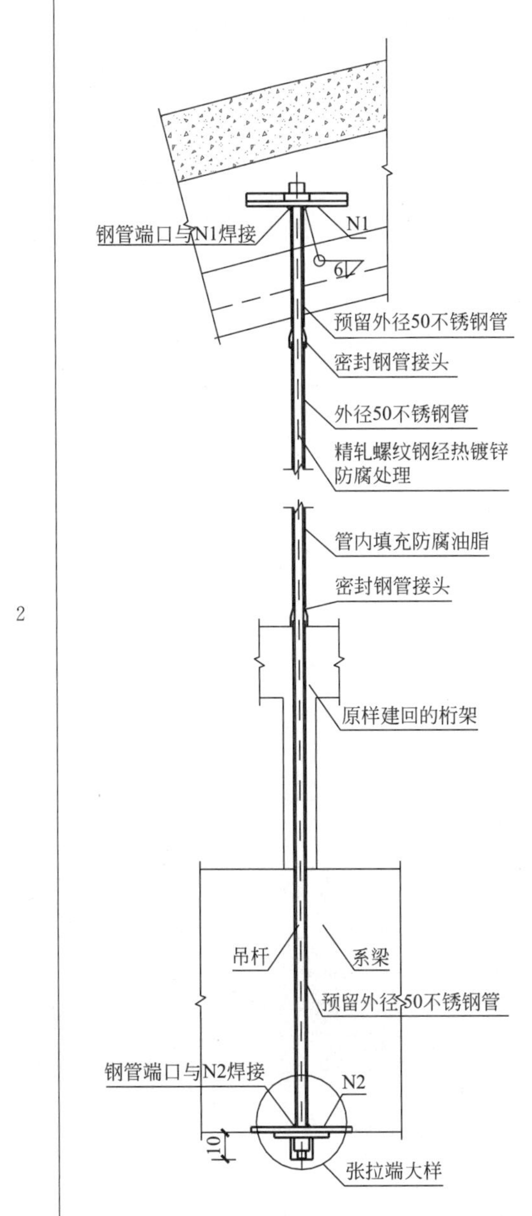
</td><td>

</td></tr>
</table>

续表

序号	关键构件、节点加固亮点
2	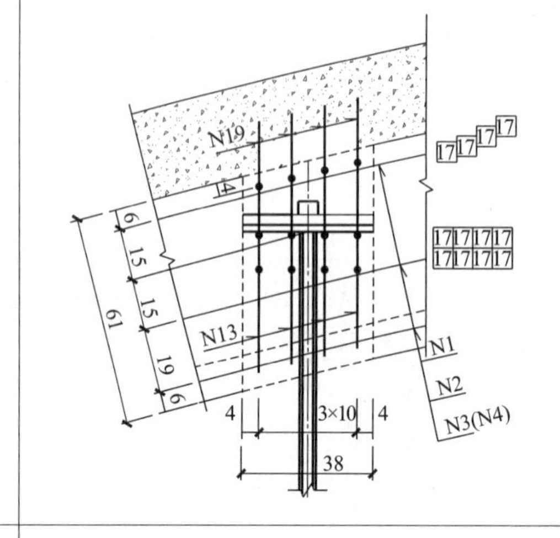 
解决方式	考虑部分吊杆失效，采用原位新增预应力吊杆进行替换，设计上通过密集植筋、凿卡槽、界面拉毛、外包碳纤维布等措施保证新旧混凝土协调受力
3	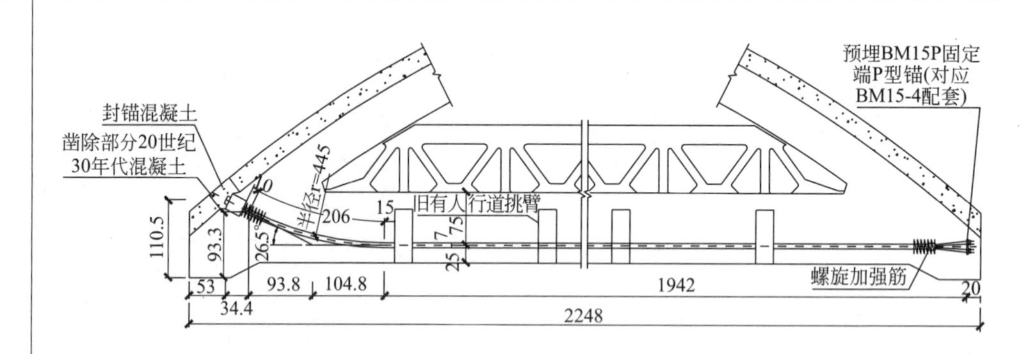  
解决方式	考虑20世纪30年代系梁混凝土老化及钢筋锈蚀都非常严重，将30年代系梁部分拆除，拆除后在30年代系梁侧新增系梁并与60年代系梁连接成整体。在新增系梁部分预埋预应力钢绞线（单端张拉），对系梁增加纵向预应力进行加固

续表

序号	关键构件、节点加固亮点
4	墩后填土 桥墩　桥墩 280　788　280 225　160　150 支架　支架 160　360　160 毛石混凝土 毛石混凝土 
解决方式	考虑水流较急、冲刷较严重的桥墩，在基础周边先抛掷石块，采用预埋的混凝土灌浆管灌注水下不扩散混凝土填充空隙，最后形成基础防冲刷保护层

7.1.3　实施效果

梅江桥加固工程自2010年竣工使用至今情况良好，加固效果得到了各方乃至全梅州市人民的好评，取得了良好的经济效益和社会效益。古桥加固保持了梅江桥原有的结构特色，维持了原桥的建筑风格，凸显了古桥的历史底蕴，为“梅州印象”的延续和发展贡献了力量。

加固后整体效果图

加固前

加固后

7.2 莲花大桥出境闸道 C3 桥墩修复工程（连续桥梁）

7.2.1 工程概况

莲花大桥是京珠高速公路及 105 国道向澳门延伸的桥梁工程，大桥跨越十字门水道，西连珠海横琴岛，东接澳门路环岛和氹仔岛的填海区。莲花大桥出境匝道（接查验场二层平台）共计 23 跨，桥墩编号为 C1～C23。桥跨布置为共 9 联 23 跨总长 663.5m。第一联 C1～C3：2×21m 钢筋混凝土连续梁结构；第二联 C3～C6：22.5m＋23m＋22m 钢筋混凝土连续梁结构；第三联 C6～C8：2×32m 预应力混凝土连续梁结构；第四联 C8～C11：32m＋35m＋31m 连续组合梁结构；第五联 C11～C12：40m 简支组合梁结构；第六联 C12～C14：2×29.5m 连续组合梁结构；第七联 C14～C18：30m＋2×38.5m＋30m 连续钢箱梁结构；第八联 C18～C22：4×29m 连续组合梁结构；第九联 C22～C24：2×20m 连续组合梁结构。其中，C3 桥墩为第一联 C1～C3 段和第二联 C3～C6 段两联连续桥梁间过渡墩。C3 桥墩当时出现的主要病害有：支座垫石开裂破损导致箱梁与盖梁西侧横向挡块贴死、与东侧横向挡块之间的预留缝变大以及 C3 桥墩处伸缩缝错位。当时情况危急，严重影响过往车辆的交通安全。C3 桥墩处的支座需进行更换。

C3 桥墩历史影像

7.2.2 处理方案

（1）技术特点与难点

① 该项目为两联连续桥梁间过渡墩上的支座更换工程，顶升施工过程不能临时拆除桥面伸缩缝、跨缝处栏杆，且不能完全封闭交通。

② 该项目利用临时钢支撑与同步顶升系统作为临时竖向支撑构件，并在横向挡块与主梁之间加塞四氟滑块限制主梁横向位移，提高了复杂工况下桥梁结构支座更换项目的施工安全性。

③ 该项目提出了一种钢板＋灌浆料钢混组合加大截面的方式，不但加固修复了支座垫石，保障了狭窄空间垫石修复质量，而且为支座安装工序提供了平稳牢靠的施工平台，确保了支座安装的质量。另外，还利用计算机控制顶升设备和精密测量仪器对施工过程实现实时监控，达到同步顶升、减小施工误差和保障结构安全的目的。

④ 该项目利用原垫石钢筋网和原螺栓头焊接固定预埋钢板，通过预埋钢板焊接固定新换支座，不仅解决了预埋螺栓不能拆卸情况下支座固定的难题，而且减少了凿除工程量和建筑垃圾，节约成本的同时保护环境，并且提高了施工效率。在支座垫石的修复工序中，钢板既为受力部件又可作为模板使用，减少支模的步骤，同时高强灌浆料具有早强、无收缩和自流平等特点，减少了养护时间和等待安装支座时间，很大程度上缩短了工期。

（2）技术原则

① 施工内容仅为 C3 墩处支座更换，不涉及该桥其他病害的处理。

② 顶升前准确分析各个支座的反力标准组合值，确定支座选型和千斤顶布置方案，节约成本、减少废弃以及降低社会负面影响。

③ 顶升前分析支座处顶升前后对其他墩台支座受力状态的影响和对主梁内力应力的影响、千斤顶布置对桥墩台的受力影响等，确保桥梁结构安全。

（3）技术亮点

<table>
<tr><th>序号</th><th>关键构件、节点加固亮点</th></tr>
<tr><td>1</td><td>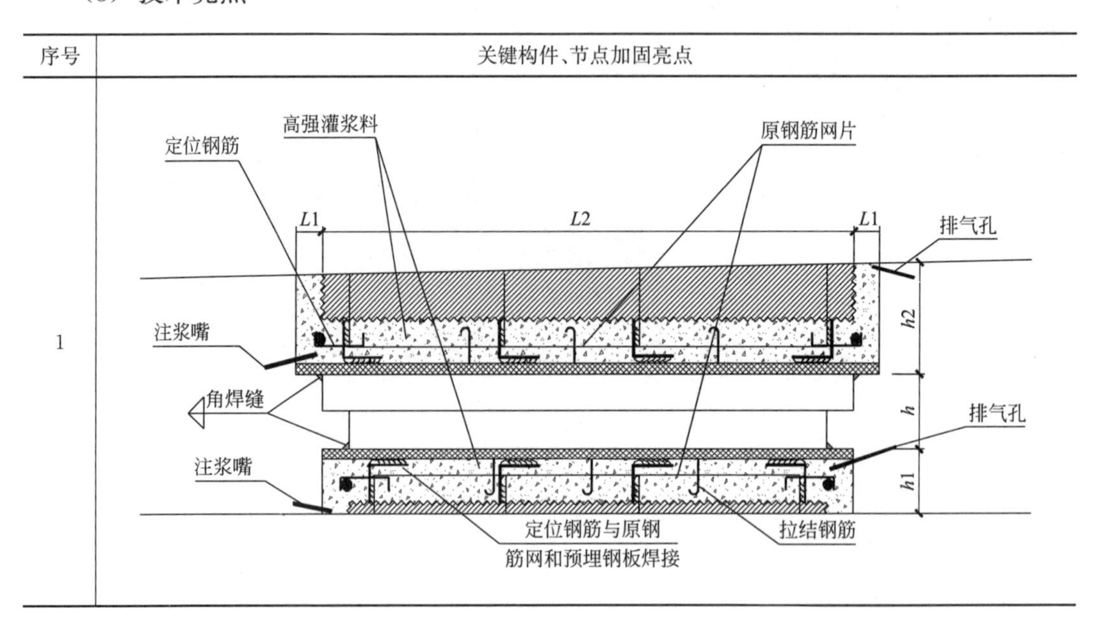
</td></tr>
</table>

续表

<table>
<tr><th>序号</th><th colspan="2">关键构件、节点加固亮点</th></tr>
<tr><td>1</td><td colspan="2"></td></tr>
<tr><td>解决方式</td><td colspan="2">为了解决顶升施工场地狭窄以及支座垫石损坏严重等复杂工况，项目先通过利用原支座垫石钢筋结合钢混组合加大截面的方式修复支座垫石，建立平稳的支座安装平台，然后通过焊接和灌注环氧胶的方式使支座与垫石固结</td></tr>
<tr><td rowspan="2">2</td><td></td><td></td></tr>
<tr><td></td><td>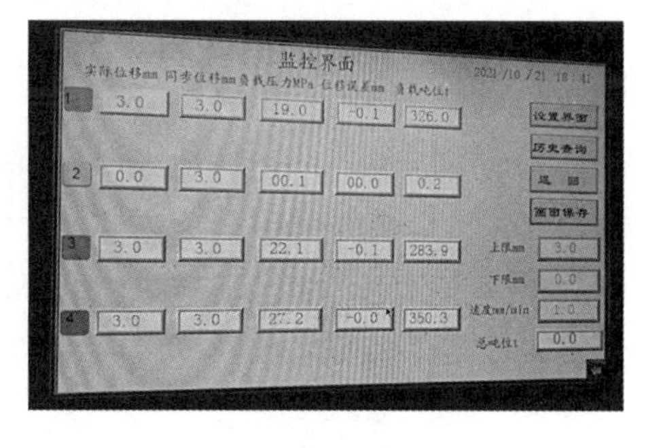
</td></tr>
<tr><td>解决方式</td><td colspan="2">考虑顶升过程需准确控制顶升位移的要求，借助 PLC 控制液压系统控制顶升速度，同时设置精密测量仪器监测位移量</td></tr>
</table>

续表

序号	关键构件、节点加固亮点
3	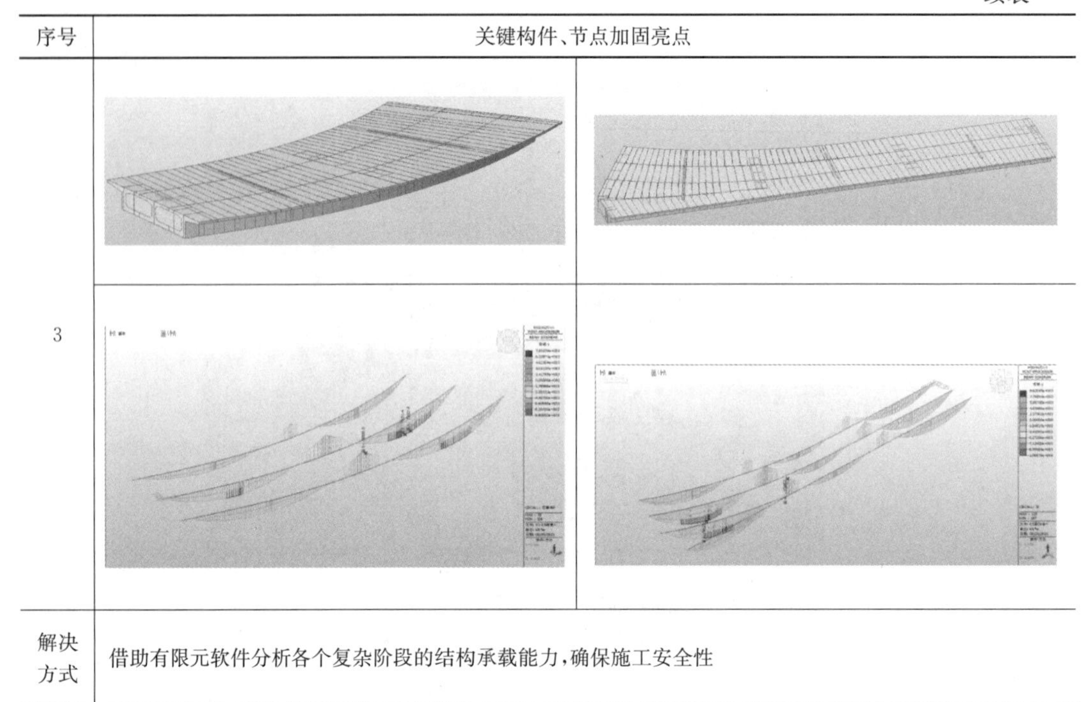
解决方式	借助有限元软件分析各个复杂阶段的结构承载能力，确保施工安全性

7.2.3 实施效果

莲花大桥出境闸道 C3 桥墩修复工程施工时对交通和环境影响小，施工速度快，经济效益和社会效益均较好。结合施工现场的复杂工况，采用自主研发的桥梁大吨位支座更换施工技术，施工工序简便，易于操作，安全可靠，投入的人力、物力较少。施工后支座运营效果良好，无任何质量问题，获得了参建各方高度赞赏。

维修后整体效果图

维修前

维修后

7.3 七星岩大桥抢险加固工程项目（连续拱桥）

7.3.1 工程概况

七星岩大桥位于肇庆湖畔山庄附近，跨越湖泊。全桥总长160.9m，跨径组合为14.7m＋15.7m＋16.7m＋15.7m＋14.7m＋13.7m＋12.7m＋11.4m×5＝160.9m。桥梁与道路正交。桥面全宽11.8m，横向布置：0.7m（栏杆护栏）＋1.6m（人行道）＋7.2m（行车道）＋1.6m（人行道）＋0.7m（栏杆护栏）＝11.8m。桥面铺装为混凝土，桥梁的结构形式为拱桥。

七星岩大桥抢险加固工程项目总体分为两个部分，一部分是基础加固，另一部分则是主梁承载能力加固。该桥长期受湖水冲刷以及2018年强台风影响，1号跨、2号跨、3号跨主梁受力产生裂缝宽度超限，主梁普遍存在露筋锈蚀，1号、2号、3号墩浆砌石块塌落严重，承重功能失效，大部分墩身石块间勾缝局部脱落，严重影响桥梁安全。检测报告显示，该桥技术状况等级评定为E级（危险状态）。

七星岩大桥历史影像

7.3.2 处理方案

（1）技术特点与难点

① 本工程位于景区，对周边环境要求高，不能采用堆砌式围堰，工程量大，工期长，对湖水扰动大，影响景区美观。

② 该桥 1～3 跨承重功能失效，大型设备无法进场，缺少机械设备辅助施工，导致施工可选性小。

③ 该桥涉及基础加固，水下作业空间有限，并且缺少原始图纸资料，原基础形式不详，导致基础加固施工难度直线增长。

（2）技术原则

① 本次设计的目标为加固后全桥达到汽-10 级荷载等级要求，尽快恢复该桥的通行。

② 由于 1 号、2 号桥墩砌石基本全部脱空、塌落，需要对该部分基础进行加固以满足后续桥梁安全通行。

③ 该桥拱肋裂缝、锈蚀病害严重，需要对上部结构承载能力加固至汽-10 级荷载等级要求。

④ 该桥由于 1 号、2 号桥墩的浆砌石突然脱空、塌落造成桥面下沉严重，需要重新接顺整桥桥面线形，以确保行车舒适性。

（3）技术亮点

序号	关键构件、节点加固亮点
1	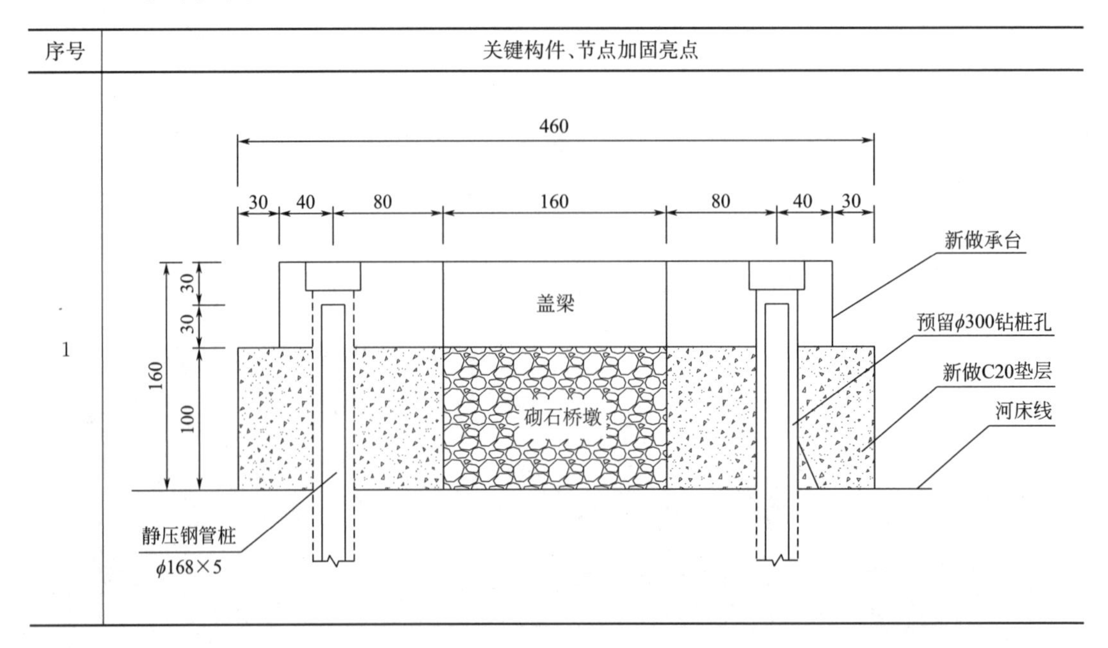

续表

序号	关键构件、节点加固亮点
1	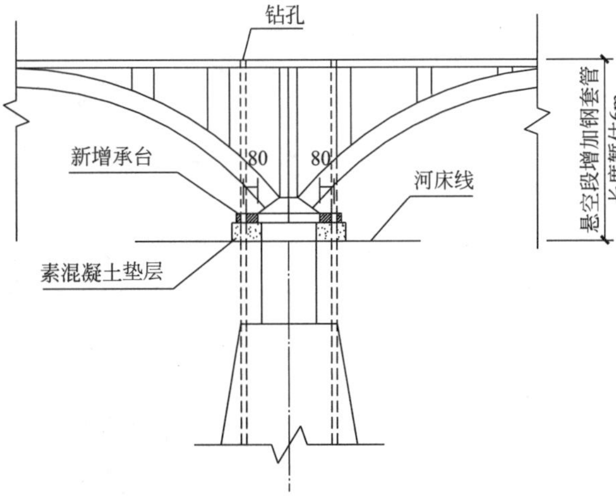 钻孔 新增承台 80 80 河床线 素混凝土垫层 悬空段增加钢套管长度暂估6m
解决方式	桥墩承重功能失效，需要对桥墩及基础进行加固至满足桥梁使用的承载能力要求。项目采用新做承台、桥面引孔静压钢管桩加固
2	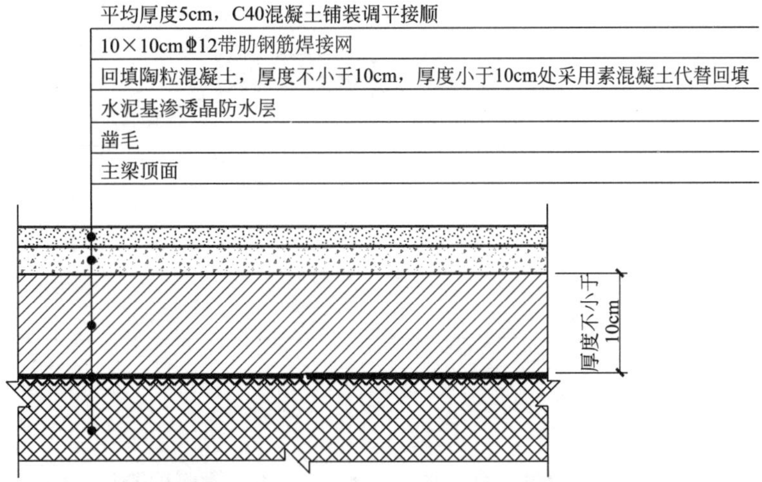 平均厚度5cm，C40混凝土铺装调平接顺 10×10cmΦ12带肋钢筋焊接网 回填陶粒混凝土，厚度不小于10cm，厚度小于10cm处采用素混凝土代替回填 水泥基渗透晶防水层 凿毛 主梁顶面 厚度不小于10cm

续表

<table>
<tr><th>序号</th><th colspan="2">关键构件、节点加固亮点</th></tr>
<tr><td>解决方式</td><td colspan="2">考虑桥面下沉严重，采用陶粒混凝土回填接顺高差后，浇筑钢筋混凝土桥面铺装进行加固处理</td></tr>
<tr><td>3</td><td>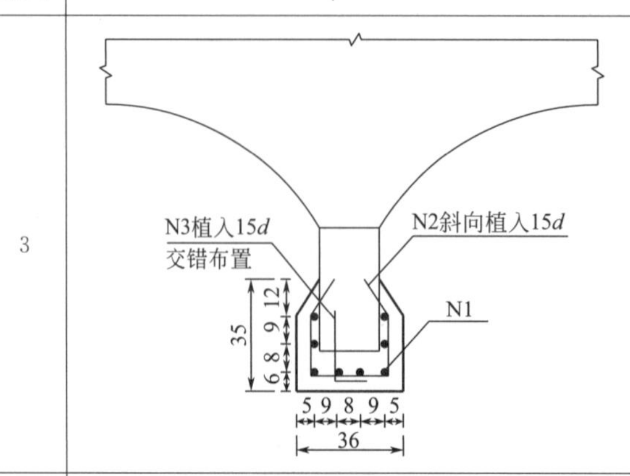
</td><td></td></tr>
<tr><td>解决方式</td><td colspan="2">拱肋开裂、露筋严重的采用C35无收缩自流密实混凝土进行拱底和拱背加大截面处理，解决拱肋承载能力不足的问题，实现拱肋承载力显著提升</td></tr>
<tr><td rowspan="2">4</td><td colspan="2">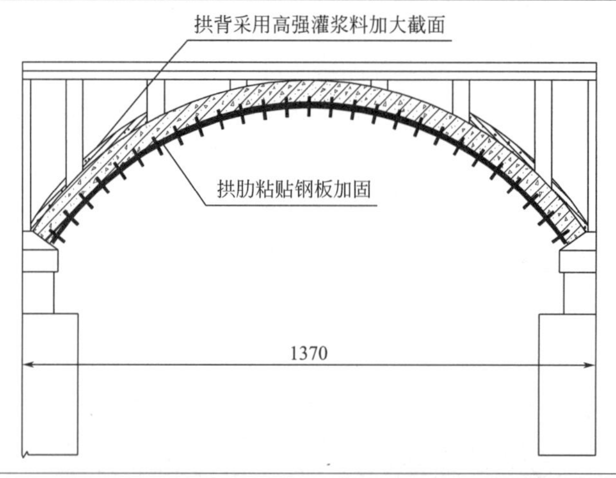
</td></tr>
<tr><td colspan="2"></td></tr>
</table>

续表

序号	关键构件、节点加固亮点
4	
解决方式	对于外观质量一般的拱肋进行拱底粘贴钢板和拱背加大截面加固，以提升拱肋的承载力
5	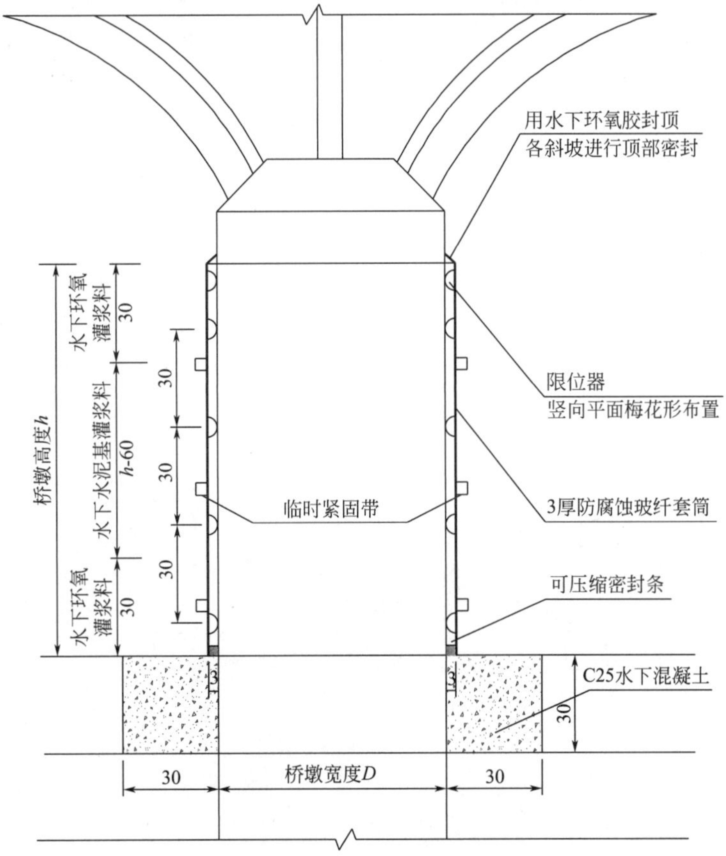

续表

<table>
<tr><th>序号</th><th colspan="2">关键构件、节点加固亮点</th></tr>
<tr><td rowspan="2">5</td><td colspan="2"></td></tr>
<tr><td></td><td></td></tr>
<tr><td>解决方式</td><td colspan="2">针对桥墩仅勾缝脱落的病害，此类型桥墩处理方式采用水下围箍玻纤套筒进行加固处理，本工艺既能水下作业，又可以显著提升砌石桥墩的整体性和耐久性</td></tr>
</table>

7.3.3 实施效果

肇庆市七星岩大桥抢险加固工程自 2019 年 1 月竣工至今，使用情况良好，加固效果得到了各方以及全肇庆市人民的好评，取得了良好的经济效益和社会效益。该桥经加固后集文化、旅游、休闲于一体，为打造七星岩环湖旅游休闲带和水上旅游产品项目建设提供了重要的基础设施保障。

加固后整体效果图

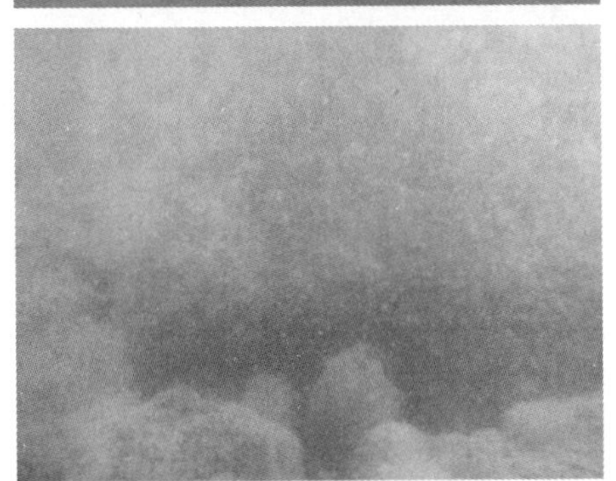

加固前

加固后

7.4 韶关北江桥维修加固工程（连续拱桥）

7.4.1 工程概况

北江桥位于韶关市区国道 G323 上，跨越北江，是一座 11 跨混凝土箱型拱桥。该桥上部结构跨径组合为 2×27m+3×52m+2×55m+2×52m+2×27m，桥面铺装层为沥青混凝土，栏杆为钢筋混凝土栏杆。下部结构为重力式混凝土桥墩，桥墩直接浇注于微风化基岩上。北江桥全长 490m，桥面总宽 20m，桥面净宽 15.8m，两侧各设 2.1m 的人行道板。

由于该桥营运多年，所处地段交通繁忙，为了掌握桥梁目前整体工作状态，并进一步排查险情和隐患，以保证桥梁能正常安全运营，广东建科建筑工程质量检测中心于 2008 年 4 月对北江桥进行了外观检测、无损检测，于 2010 年 8 月 24～26 日，对该桥进行了详尽的检测工作（包括动载试验）。桥梁静动载试验结论表明：北江桥西岸 2 号墩～3 号墩、3 号墩～4 号墩检测桥跨目前的承载能力能满足汽-20 荷载等级的使用要求；北江桥东岸 8 号墩～9 号墩、9 号墩～10 号墩检测桥跨目前的承载能力不能满足汽-20 荷载等级的使用要求。

北江桥历史影像

以该桥现存旧有图纸、韶关市北江桥检测报告、钻探资料及设计人员现场踏勘情况为依据，2010 年 10 月 11 日派遣设计人员对北江桥进行了实地察看，根据检测报告的内容和北江桥病害现状，并结合以往桥梁病害维修加固的设计经验，对北江桥进行加固维修设计。

7.4.2 处理方案

（1）技术特点与难点

① 北江桥 9 号墩拱脚出现拱背与拱腹贯通的超限横向裂缝、9 号墩立墙出现横向开裂、第九跨和第十跨主拱圈均出现裂缝。主要原因为 9 号桥墩基础附近土体扰动、不稳定进而引起桥墩的不均匀沉降、滑动或转动，且长期受超重车影响。本项目需要对特殊跨（9 号墩）的基础、墩身以及左右跨的主拱圈等各个部分进行综合加固处理。

② 除特殊加固桥跨外，其他跨的主拱圈普遍出现较多纵向裂缝、实腹段立墙两侧出现较多竖向裂缝、主拱圈拱顶位置横向裂缝以及混凝土表观出现裂缝、钢筋锈蚀、蜂窝麻面等常规病害，需要对各类病害进行针对性处理。

③ 加固设计过程中需满足委托方的相关要求。

④ 现场很多部位的施工条件受限，设计过程中需结合现场施工的可操作性制定最优的可行方案。

（2）技术原则

通过对桥梁进行维修加固，消除桥梁安全隐患，维持桥梁原有承载能力（原桥荷载等级为汽-20，挂-100），改善桥梁的工作状态，提高桥梁的耐久性，确保桥的运营安全。

（3）技术亮点

序号	关键构件、节点加固亮点
1	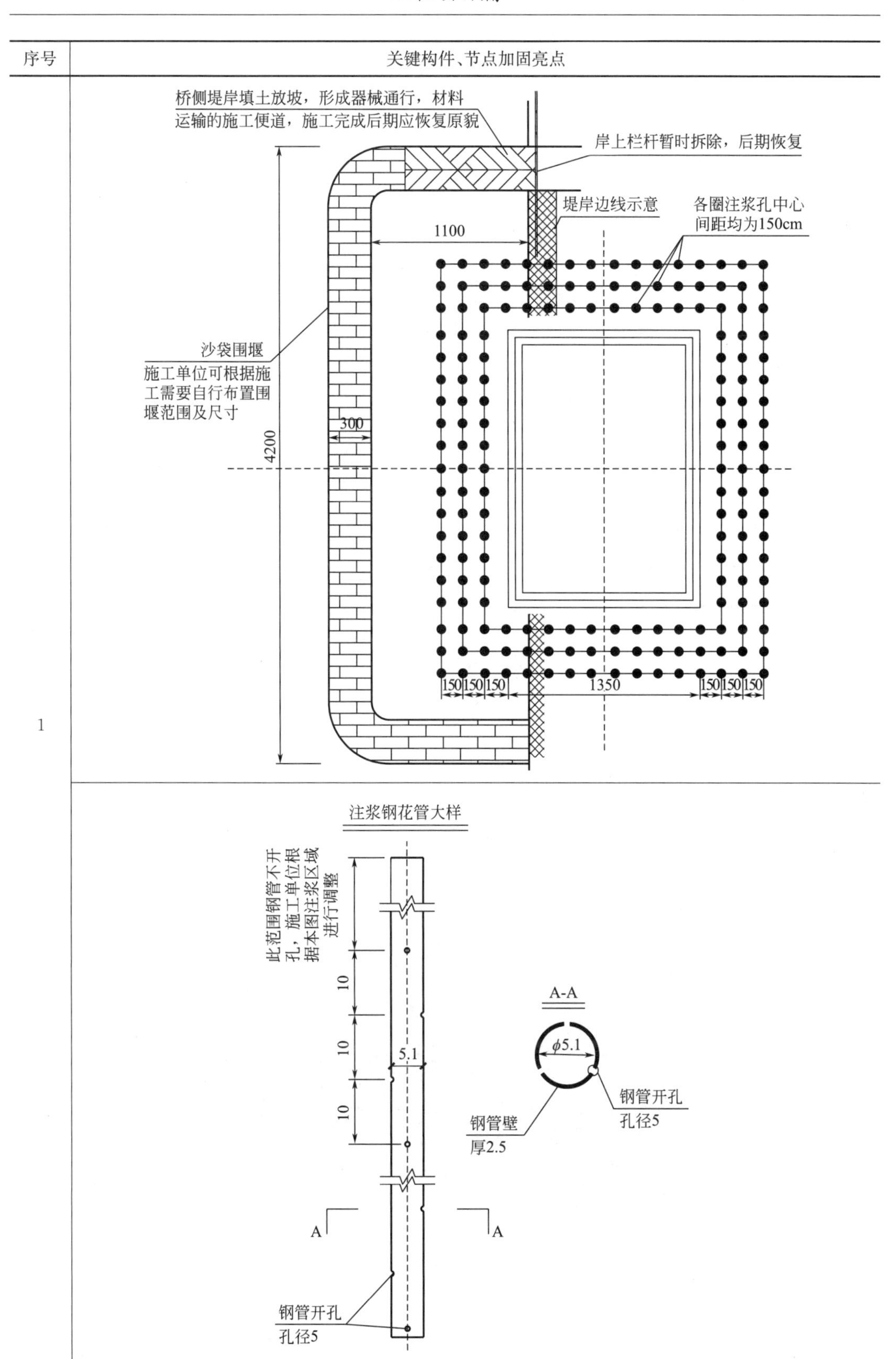

续表

序号	关键构件、节点加固亮点
解决方式	在距离9号墩重力式基础外缘约550cm范围内采用多层钻孔注浆方法对墩身基础土体进行加固。通过上述方式可以稳定墩身基础土体，提高土体承载力，防止桥墩继续不均匀沉降或转动
2	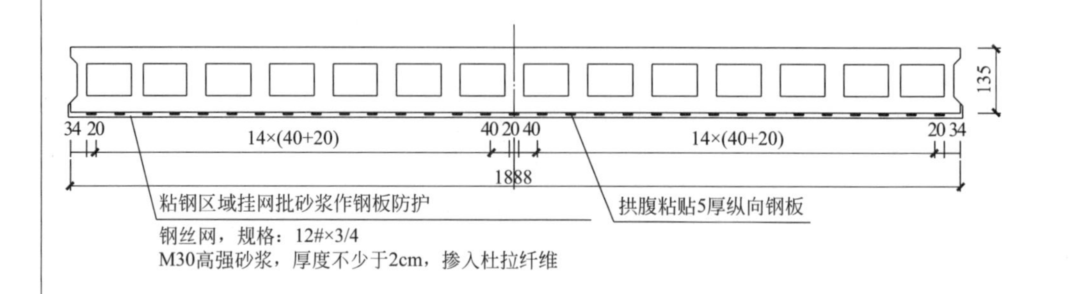 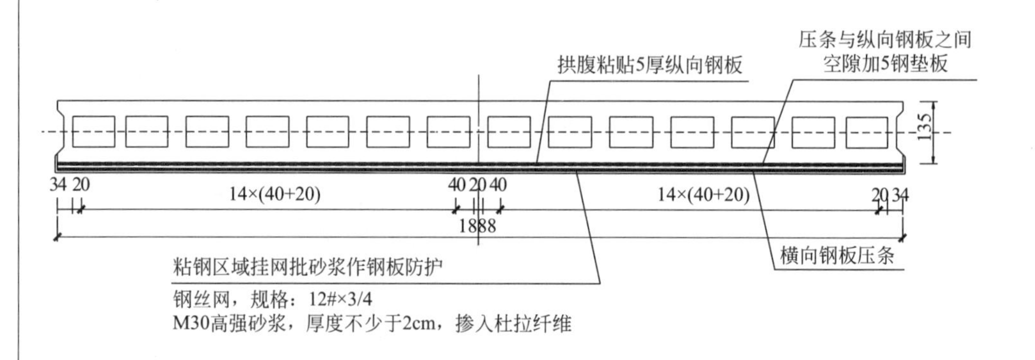 
解决方式	对第九跨、第十跨开裂严重的拱圈位置进行局部粘钢加固，同样对开裂的9号墩墩身进行局部粘钢加固，对截面进行局部补强

续表

序号	关键构件、节点加固亮点
3	该位置凿除保护层，适应接顺加大截面后线形 N1纵向钢筋与相应的外露原钢筋焊接10D 50 植筋15D　N1a　40×10　A 10 植筋15D　6 25×40　N1　A　N1b　41×10　N2 105×10　N2　8 植筋15D　N3植筋10D N3植筋10D　植筋15D 半A-A N2 横向钢筋　1888/2　14　45×20　20 10 N1a 纵向钢筋　N3(抗剪筋) 植筋10D，间距40×40 10.4　12　135 N3(抗剪筋) 植筋10D，间距40×40　N1a 纵向钢筋 横向钢筋 N2　边缘位置植筋注意精心施工，避免破坏原结构
解决方式	对第九跨、第十跨、第十一跨主拱圈拱脚的拱腹及拱背区域均进行挂钢筋网加大截面加固，提高拱圈的整体性及局部承载能力
4	A　B　碳纤维压条(两层) 该位置50m跨碳纤维粘贴方式与25m跨同 50　3×20　20　3×20　20 20 20 10 10　100　10 20 实腹段 立墙中线 A　B

续表

序号	关键构件、节点加固亮点
4	转角须做圆滑处理，半径不少于2.5cm 粘贴两层碳纤维，形成环形围箍 1888 拱板 1868 3×20 20 3×20 立墙底联梁 92 25m跨主拱 
解决方式	对于立墙采用粘贴横向碳纤维方式进行加固，上述方法能够提高主拱圈的横向刚度，限制原有裂缝发展，有利于活荷载作用在横桥向上的有效传递与分摊
5	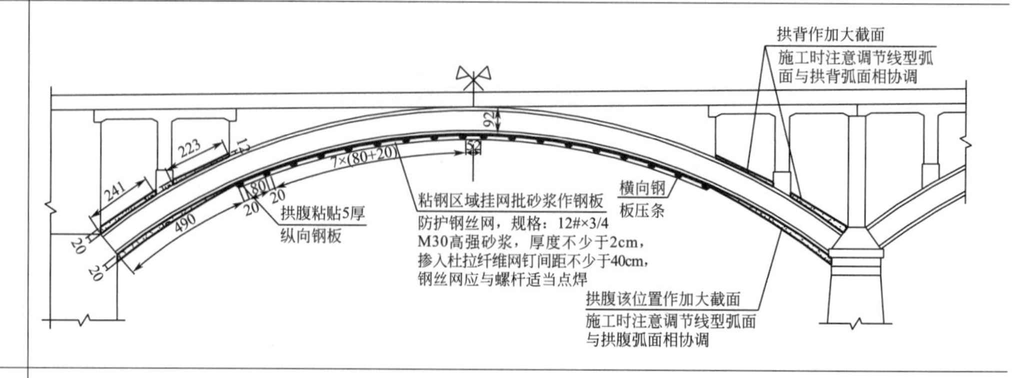
解决方式	主拱圈拱顶位置横向裂缝，应为拱顶截面正弯矩或温度应力引起的开裂，采用在拱顶拱腹侧正弯矩范围内纵向粘贴钢板进行加固，此方法施工相对简便，能够一定程度上提高拱顶截面抗弯承载力，并限制原有裂缝发展

续表

<table>
<tr><th>序号</th><th>关键构件、节点加固亮点</th></tr>
<tr><td>6</td><td>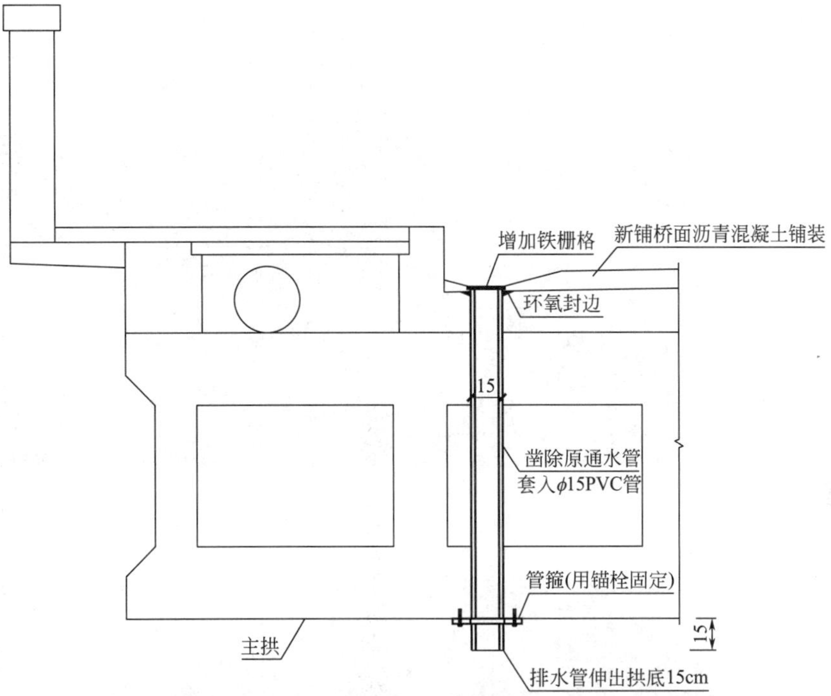

</td></tr>
<tr><td>解决方式</td><td>铲除原桥面沥青铺装，对混凝土板施工缝进行清缝、灌缝、防裂处理，增加防水层后再重铺沥青铺装层；更换原桥型钢伸缩缝橡胶条，并将原桥简易沥青缝改造为型钢伸缩缝；改造并拓宽排水系统管道。主要通过以上三项措施改善桥面积水、拱圈渗水情况</td></tr>
</table>

7.4.3 实施效果

韶关北江桥维修加固工程自竣工以来使用情况良好，加固修缮效果得到了各方乃至全韶关市人民的好评，取得了良好的经济效益和社会效益。北江桥维修加固后确保了桥梁安全运营，保障了当地居民正常的工作生活和交通出行，为韶关市的城市形象建设及经济发展均作出了贡献。

维修加固后整体效果图

维修加固前

维修加固后

7.5 华润佛冈泉涌风电项目S245线现有桥梁加固勘察设计项目

7.5.1 工程概况

华润新能源（清远佛冈）有限公司发电设备的运输需经过X373沿线桥涵，由于存在超载情况，需要对该沿线桥梁维修加固设计。其中仓边桥是一座两跨空腹式双曲拱桥，跨越河流。该桥全长40.2m，跨径组合为2×12m，矢高2.3m。桥面宽8.6m，净宽8.0m。上部结构：主拱圈横向布置7片普通钢筋混凝土拱肋，纵桥向设置6道横系梁，墩顶设置1个拱上腹拱。下部结构：桥墩（台）为浆砌片石重力式及扩大基础。桥面铺装为水泥混凝土。

仓边桥维修加固工程主要是对拱肋承载能力加固。根据当地公路局反馈，该桥所在道路为公路二级汽车荷载，约为桥梁旧规范的汽-20级，该桥拱肋普遍存在露筋锈蚀、开裂病害，偏保守认为该桥现有承载能力满足汽-15级，但不能满足华润佛冈泉涌风电场项目设备运输要求。故业主方迫切要求对该桥进行加固处理以满足风电项目的设备运输。

仓边桥历史影像

7.5.2 处理方案

（1）技术特点与难点

① 本次加固设计为泉涌风电项目设备运输专项服务，现有荷载等级为汽-15级，需提升承载能力至满足128t车辆的通行，承载力提升幅度大。

② 因该桥已运营多年，基础沉降已趋于稳定，且现有资料没有显示桥涵基础有沉降现象，经复核在重车荷载及新增恒载作用下，基底反力在对比原桥设计荷载作用下增加10%，故本次暂不考虑基础的加固，仅对桥墩进行加固处理。

（2）技术原则

① 本次设计的目标为加固后满足运输车辆（车货总重 128t）在交通管制下过桥的要求（沿桥梁中线行驶）。

② 由于本次加固荷载增量不大，本次暂不考虑基础的加固，仅对桥墩进行加固处理。

（3）技术亮点

<table>
<tr><th>序号</th><th>关键构件、节点加固亮点</th></tr>
<tr><td>1</td><td>
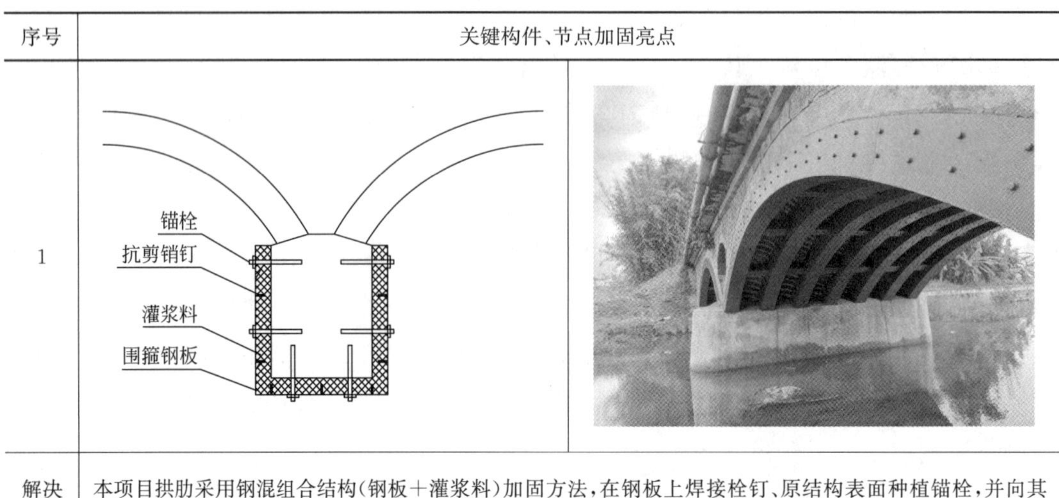

</td></tr>
<tr><td>解决方式</td><td>本项目拱肋采用钢混组合结构(钢板＋灌浆料)加固方法，在钢板上焊接栓钉、原结构表面种植锚栓，并向其浇注灌浆料(新型加固方法)，使得原结构与后加固部分形成整体共同受力的加固技术</td></tr>
<tr><td>2</td><td>
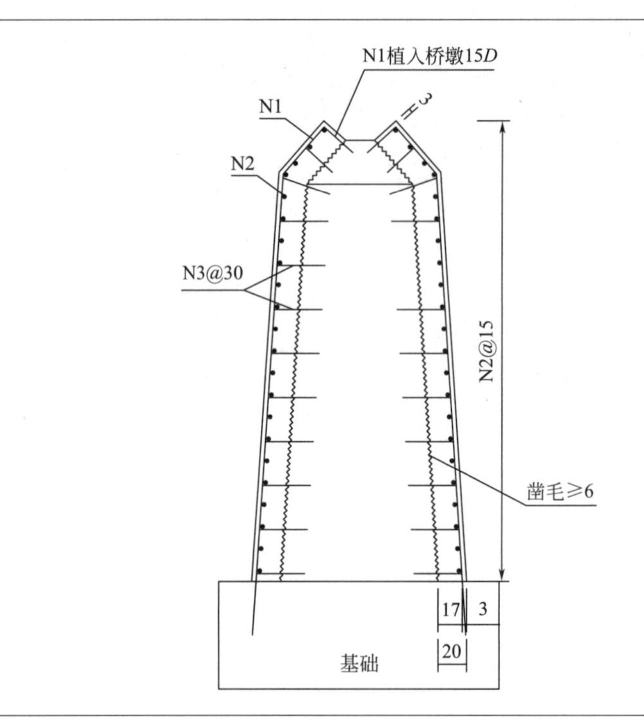

</td></tr>
<tr><td>解决方式</td><td>考虑到该桥加固后荷载增加，采用加大截面的形式对桥墩进行加固，增加桥墩承载能力以及完整性</td></tr>
</table>

7.5.3 实施效果

仓边桥维修加固工程助力佛冈泉涌风电场项目圆满完工，加固效果得到了各方好评，取得了良好的经济效益和社会效益。该桥经加固后现已满足公路二级使用荷载，为佛冈基础设施建设提供了重要的安全保障。

加固后整体效果图

佛冈泉涌风电场项目顺利并网

7.6 中山东明大桥加固工程（连续桥梁）

7.6.1 工程概况

中山市东明大桥位于中山市北区东明路，跨越岐江河与港口镇所辖地相接，大桥全长510m，桥跨布置为6×20m+60m+90m+60m+9×20m，于1997年10月竣工。主桥采用60m+90m+60m三跨预应力混凝土变截面V型刚构连续箱梁，由上下行分离的两个单箱单室箱形截面组成。主桥主墩均为V型刚构，桥墩底部设置桩基承台。大桥设南北引桥，引桥结构形式为20m空心板。引桥桥孔布置为：南岸6×20m，北岸9×20m。东明大桥桥面布置为：0.25m（栏杆）+2.5m（人行道）+0.5m（防撞墙）+11.25m（单向行车道）+0.5m（防撞墙）+1.0m（绿化分隔带）+0.5m（防撞墙）+11.25m（单向行车道）+0.5m（防撞墙）+2.5（人行道）0.25m（栏杆）。大桥设计荷载为汽-超20，挂-120。设计通航水位2.21m，桥下净跨60m，桥下净高8.5m。抗震烈度为7级设防。

中山东明大桥加固工程项目总体分为两个部分，一部分是桥台加固，另一部分则是主梁支座更换。该桥东侧桥台原有裂缝较多，桥台自身刚度较低，台背填土较高（压力大），导致桥台原裂缝有一定程度的扩展并形成了部分新裂缝，主梁存在支座脱空等病害，严重影响该桥运营的安全性。

东明大桥历史影像

7.6.2 处理方案

（1）技术特点与难点

① 工程位于交通要道，交通量较大，无法全封闭交通施工，这对支座顶升更换造成较大的困难。

② 该桥东侧桥台因台背填土高差、超载车辆造成的附加水平力造成裂缝较多和混凝土外鼓隆起，导致该桥台在加固设计时需解决的不利因素较多。

（2）技术原则

① 本次设计对两端桥台全部空心板圆板橡胶支座进行顶升更换处理，从根本上有效解决空心板与圆板橡胶支座出现的局部脱空问题。

② 由于东侧桥台存在严重的承载力问题，需要对该桥台和基础进行加固以满足

后续桥梁安全通行。

（3）技术亮点

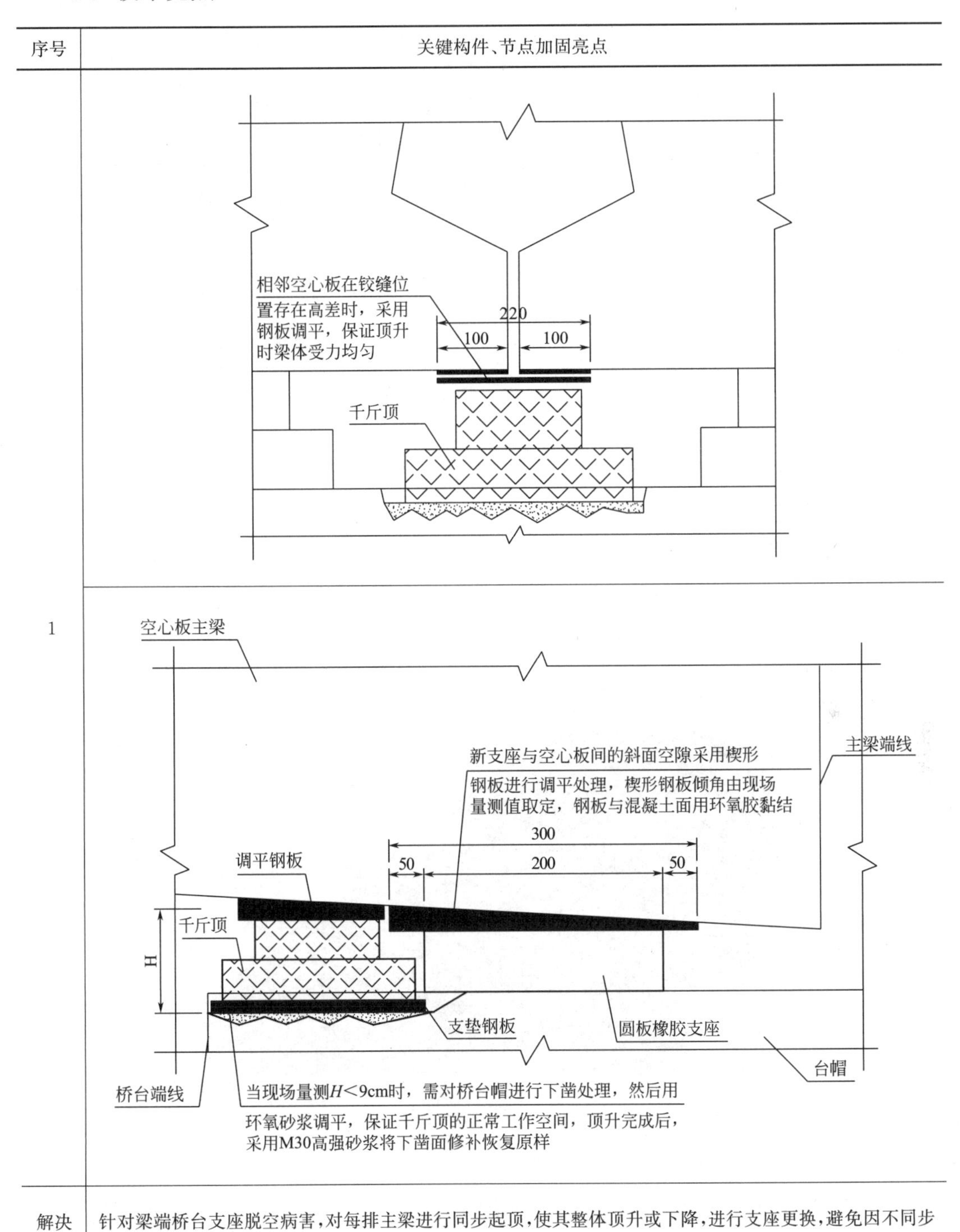

序号	关键构件、节点加固亮点
1	
解决方式	针对梁端桥台支座脱空病害，对每排主梁进行同步起顶，使其整体顶升或下降，进行支座更换，避免因不同步而出现裂缝

续表

<table>
<tr><th>序号</th><th>关键构件、节点加固亮点</th></tr>
<tr><td>2</td><td>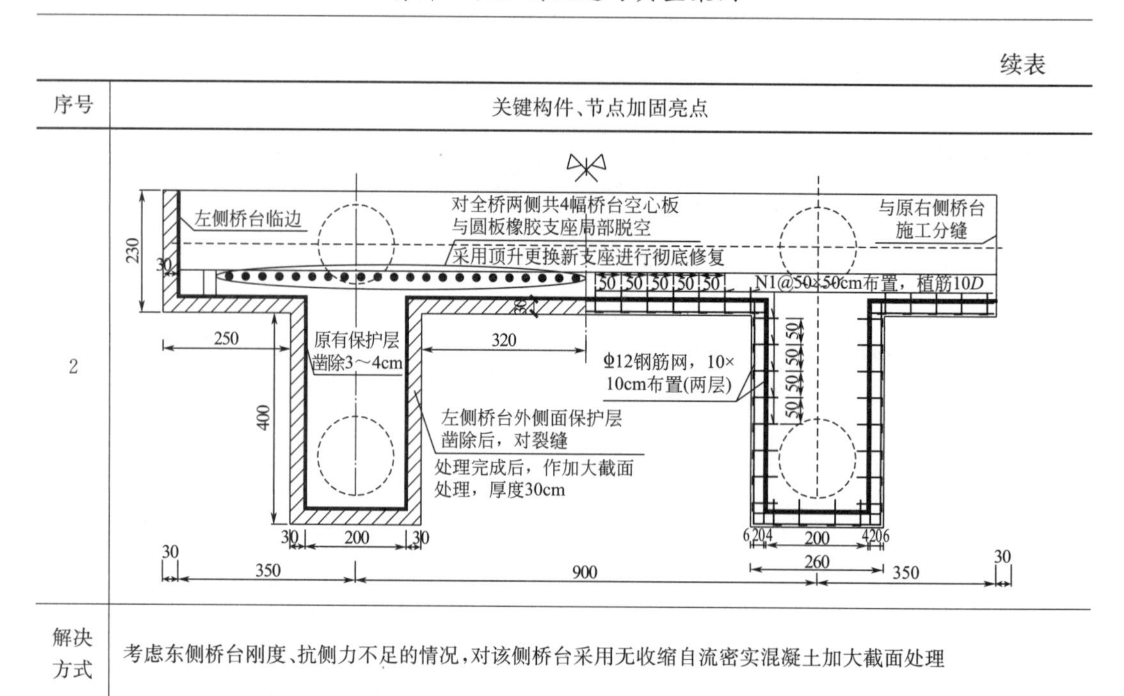
</td></tr>
<tr><td>解决方式</td><td>考虑东侧桥台刚度、抗侧力不足的情况，对该侧桥台采用无收缩自流密实混凝土加大截面处理</td></tr>
</table>

7.6.3 实施效果

中山东明大桥加固工程 2014 年竣工，现使用情况良好，加固效果得到了各方好评，取得了良好的经济效益和社会效益。该桥加固后提高了桥台整体受力性能和构件耐久性，保障了桥面交通通行的安全。

加固后整体效果图

7.7 珠海前山大桥维修加固工程（连续桥梁）

7.7.1 工程概况

前山大桥建成于 1993 年，该桥位于珠海前山港下游跨前山水道入海口，地形平缓开阔，河岸滩涂发育，河岸顺直、水流平稳，河流上、下游均设有拦河水闸。前山大桥东与港区道路环形平交路口及前山立交相接，西与城西区快速道路相连，是连接珠海前山区和南屏区的主要通道之一。桥位横跨前山水道，处于冲积三角平原区，淤积物较厚，最大水深约5m，一般为2～3m。

前山大桥全长556m，桥面全宽35m（中间设中央分隔带宽2m)；每幅桥宽17.5m，其中中央分隔带宽1m（包括防撞栏宽度)，行车道12m（三车道)，非机动车道3m，人行道1.5m；全桥共21跨，分左右两幅桥（两幅桥间为搭板相连，搭板上种植绿化带)，机动车道为双向六车道，非机动车道为双向二车道，两侧设置人行道，中间为绿化带。

桥面采用混凝土铺装层；全桥由主桥、过渡孔及引桥三部分组成，其中主桥为68m＋88m＋68m变截面预应力混凝土连续梁；两端设38m预应力T梁过渡孔与引桥连接；两侧引桥均为8×16m预应力混凝土空心板。其中主桥为三跨预应力混凝土连续梁桥，主梁分三种类型：根部梁、中孔挂梁和边孔挂梁，以半桥为单位。根部梁截面采用单箱三室变高度的箱形截面，箱梁的高度由根部处的5m变化至跨中2.4m，根部1.5m范围设横隔板。梁底按二次抛物线变化。中孔挂梁与边孔挂梁为等高度的预应力混凝土T形梁，预制梁长均为38m，单幅桥横断面由4片T梁组成。各梁就位后，张拉二次束，进行体系转换，形成三跨连续梁。过渡孔为44m单悬臂预应力混凝土T梁，在主桥边孔梁一端设置6m悬臂，悬臂端部设置牛腿，牛腿上放置4个弧形钢板支座。

主桥除与引桥连接的9号、14号桥墩设置帽梁外，其余各墩均不设置帽梁，每半桥均是双柱、双桩结构，在墩顶和水面处设置两横梁。其中主墩直径2.50m、边孔墩直径2.0m、过渡墩孔直径1.5m。基底岩单轴极限抗压强度不低于15000kPa。支座为大吨位盆式支座。前山大桥设计荷载为汽超-20；验算荷载为挂-120；人群荷载3.5kN/m^2；设计车速V＝80～100km/h。

前山大桥建成通车投入运营已有16年，其中深圳市道桥维修中心桥梁检测站于2002年和2005年分别对前山大桥进行了定期检测和特殊检测（荷载试验)，广东省建设工程质量安全监督检测总站对前山大桥分别于2008年7月、2008年12月和2010年10月进行了定期检测、桥面质量无损检测和水下桩基检测。

2002年定期检测报告结论显示：前山大桥存在的具有结构性影响的主要病害是根部梁、中孔挂梁、边孔挂梁之间的二次束锚头锈蚀问题、箱梁顶板开裂、预应力锚头封锚混凝土长期渗水等问题，而且部分锚头已经开始锈蚀，如不进行及时治理将影响桥梁的使用寿命。

2005年前山大桥荷载试验报告结论显示：①前山大桥主桥上部结构满足设计要求；②主桥预应力锚头封闭质量不好、部分二次转换预应力锚头没有封闭，存在锈蚀和渗水现象，存在长期质量隐患；③桥梁伸缩缝设置不合理；④桥梁护栏存在严重安全隐患，前山大桥护栏栏杆已经严重锈蚀，大范围的栏杆锈蚀、局部断管，用于固定栏杆的槽钢基础已经严重锈蚀，局部槽钢顶板已经锈穿。

2008 年定期检测结论显示：①桥面系：前山大桥整体线型良好，尚未发现有明显异常变形，检查中亦未发现结构有异常振动和响声。桥面检测中发现有网裂、碎裂、坑槽、纵向裂缝（贯通）和横向裂缝（贯通）等病害；台背下沉；伸缩缝内有沉积物堵塞，接缝处铺装层有轻微碎边；局部泄水孔阻塞，桥面积水；栏杆局部有松动和残缺；人行道铺装层残缺普遍，局部有塌陷。②上部结构：梁体线条平顺，无异常变形；主梁存在表面网状裂缝、混凝土剥离、钢筋锈蚀，局部梁底混凝土被火熏黑；主桥跨 11 号墩附近局部有纵向裂缝和横向裂缝。翼板局部有小裂缝伴有渗水痕迹，板边缘有混凝土剥离；横隔板混凝土、钢筋锈蚀和竖向裂缝等病害。③下部结构：盖梁存在网裂、混凝土剥离、钢筋锈蚀、渗水、台背植被发育；墩台身存在水平裂缝（半贯通）和竖向裂缝（贯通）、混凝土剥离、钢筋锈蚀和风化；基础局部有冲刷等病害。所有水中墩柱均有钢护筒保护，另外引桥部分桥下有临时建筑。综合全桥各部分及各构件的评定结果，前山大桥全桥技术状况评定为C级（合格状态）。

2008 年桥面质量无损检测报告结论显示：桥面结构混凝土密实，桥面结构钢筋雷达反射信号清晰，钢筋排列整齐，分布均匀，个别地方桥面混凝土有空洞，行车道西往东下行 2.00～4.00m 处结构有脱空现象。

2010 年水下桩基检测结论显示：珠海市前山大桥水中桩基检查未见异常情况，桩基附近河床未见明显掏空现象。

前山大桥历史影像

7.7.2 处理方案

（1）技术特点与难点

① 本工程通过灌缝病害处理和混凝土破损修复、锈蚀等，消除典型病害对桥梁使用功能的损害，延长前山大桥的使用寿命。

② 修复梁体部分破损二次预应力锚头，并适量添加预应力替换部分二次预应力作用，改善前山大桥的受力状况。

③ 对人行道栏杆进行拆除更换，翻新人行道面层，消除安全隐患并改善前山大桥的外观。

④ 更换 9 号、14 号墩处支座和伸缩缝，改善主梁的受力及消除安全隐患，清理其他位置伸缩缝，加长部分伸缩缝，提高桥梁整体性和防水性能。

⑤ 主桥部分桥面铺装凿除重铺，增加防水层，并增铺沥青层，保证整桥的行车舒适性和防水性能，提高整桥耐久性。

⑥ 前山侧和南屏侧引桥均增设一条伸缩缝，消除原桥因伸缩缝设置不合理带来的安全隐患，并重新设置桥面连续，保证引桥桥面的整体性。

⑦ 凿除南屏方向引道、前山方向引道混凝土铺装，并对路基作夯实处理后重新浇筑混凝土铺装，接顺线形，以保证桥梁的整体线形顺畅。

⑧ 通过对部分构件进行加大截面、粘钢板或碳纤维等处理，解决构件的局部破坏问题。

⑨ 在箱体内开设人孔作为检查孔，方便日后的维护及维修。

（2）技术原则

① 满足桥梁路面宽度及荷载要求，但尽量减少上部结构恒载的增加。

② 保证结构有必要的安全储备。

③ 保证结构的耐久性，不因为加固改造工程而降低对耐久性的要求。

④ 保证结构有良好的动力性能和抗震要求。

⑤ 维持原有的桥梁承载能力（汽超-20，挂-120）。

（3）技术亮点

序号	关键构件、节点加固亮点	
1		

续表

<table>
<tr><th>序号</th><th colspan="2">关键构件、节点加固亮点</th></tr>
<tr><td rowspan="2">1</td><td></td><td></td></tr>
<tr><td colspan="2">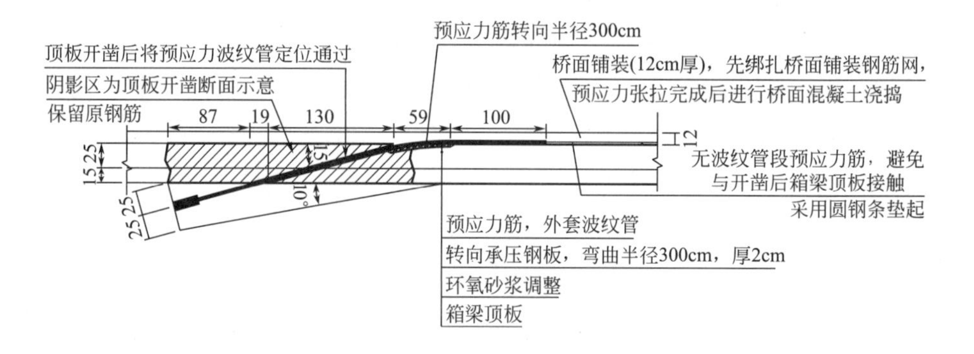
</td></tr>
<tr><td>解决方式</td><td colspan="2">桥面预应力加固体系可以替代原桥锈蚀的二次预应力作用，并增加墩顶负弯矩区的安全储备，防止该桥墩顶负弯矩区横向开裂</td></tr>
<tr><td>2</td><td colspan="2">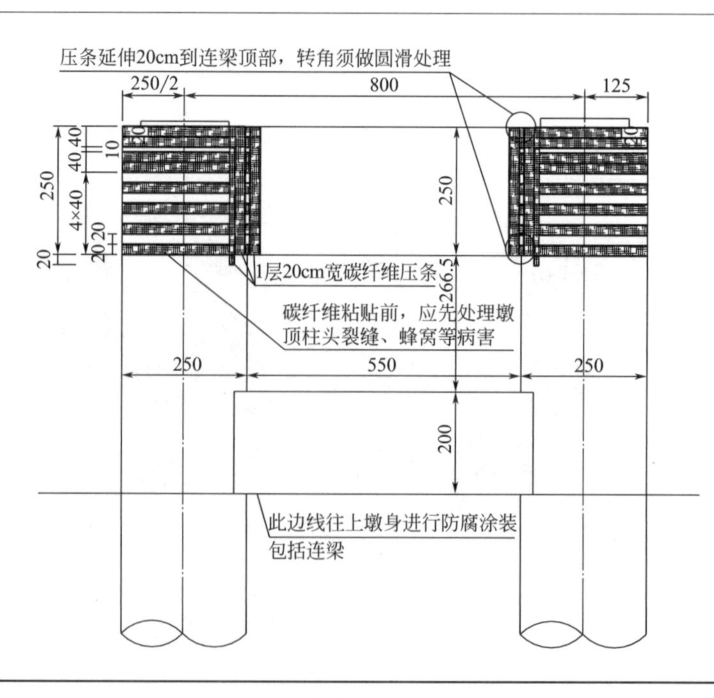
</td></tr>
</table>

续表

序号	关键构件、节点加固亮点
2	
	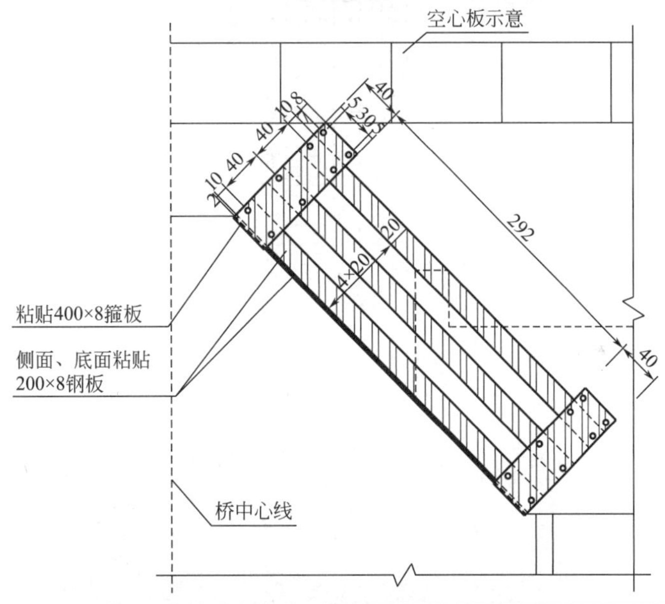

续表

<table>
<tr><th>序号</th><th>关键构件、节点加固亮点</th></tr>
<tr><td rowspan="2">2</td><td>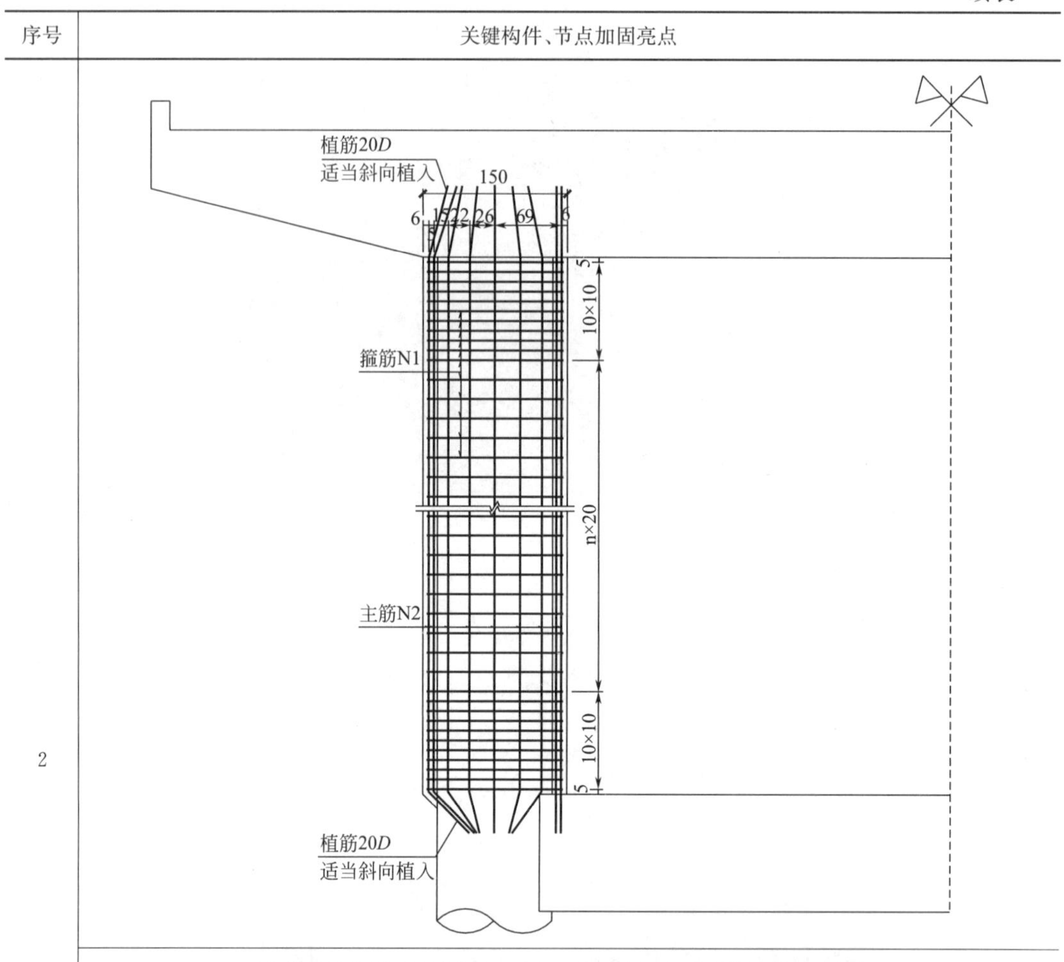
</td></tr>
<tr><td></td></tr>
<tr><td>解决方式</td><td>采用碳纤维布对有蜂窝、裂缝的墩顶柱头进行加固处理，对盖梁进行粘贴钢板处理，对墩柱进行加大截面处理，提高桥墩承载能力和耐久性</td></tr>
</table>

续表

序号	关键构件、节点加固亮点
3	 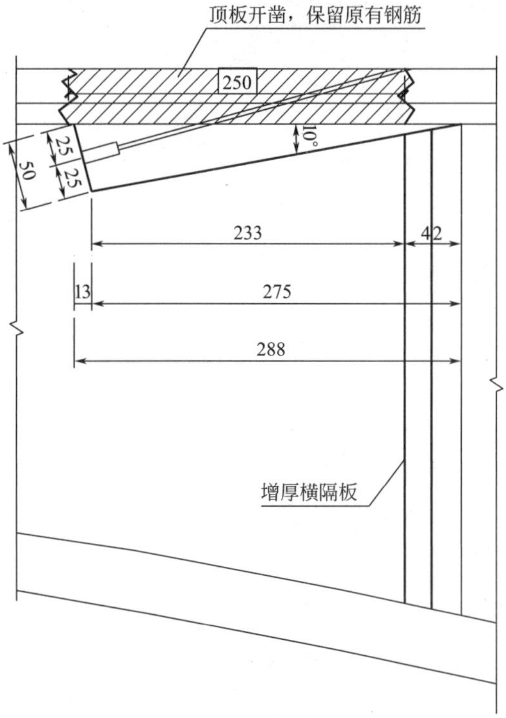
解决方式	横隔板加大截面处理，解决新增锚固块局部应力问题

7.7.3 实施效果

珠海前山大桥维修加固工程施工完成后改善了该桥的工作状态，提高了桥梁的耐久性、安全储备，满足了日益繁重的荷载要求，得到了社会各界的高度认可。

维修加固后整体效果图

维修加固前

维修加固后

三、岩土

1. 地灾治理及边坡抢险加固

1.1 清远海伦湾（花园）项目二期北部道路边坡临时支护工程

1.2 新兴县农村削坡建房风险点整治

2. 岩溶高发育区桩基及支护结构施工特殊技术措施

2.1 广州白云（棠溪）站综合交通枢纽一体化建设工程施工总承包项目土建工程3标（一期）

2.2 广州北站综合交通枢纽开发建设项目

3. 软基处理

3.1 广州华发四季名苑CM桩复合地基处理工程

1. 地灾治理及边坡抢险加固

1.1 清远海伦湾（花园）项目二期北部道路边坡临时支护工程

1.1.1 工程概况

清远市海伦湾（花园）项目二期北部道路边坡支护抢险工程位于广东省清远市市区，项目的北侧为清远市七星岗水厂，东侧为金海湾小区，南侧为待建海伦湾花园。该项目险情范围由上、中、下3个部分组成，自上而下依次为：

上部（最高处）：为七星岗水厂与清远市海伦湾花园之间的重力式挡土墙。局部墙体已发生倒塌，其他段墙体也有裂缝发展，整体处于不稳定状态，需要进行抢修工作。

中部：为海伦湾花园的临时边坡，坡高11.8～13.0m，分2级放坡，每级高度5.5～6.5m，边坡坡率为1∶1，设计采用土钉＋钢筋混凝土喷射面层，土钉采用D22钢筋，长度6～12m，土钉水平间距1.5m，竖向间距1.3m。

底部：为海伦湾花园北部道路的基坑支护，采用分级放坡支护，坡率1∶1.2（局部区域采用桩锚支护形式）。

海伦湾花园临时边坡坡顶挡土墙裂缝

海伦湾花园临时边坡顶部喷混面层裂缝

海伦湾花园临时边坡底部喷混面层裂缝

基坑分级放坡支护段均出现了滑坡

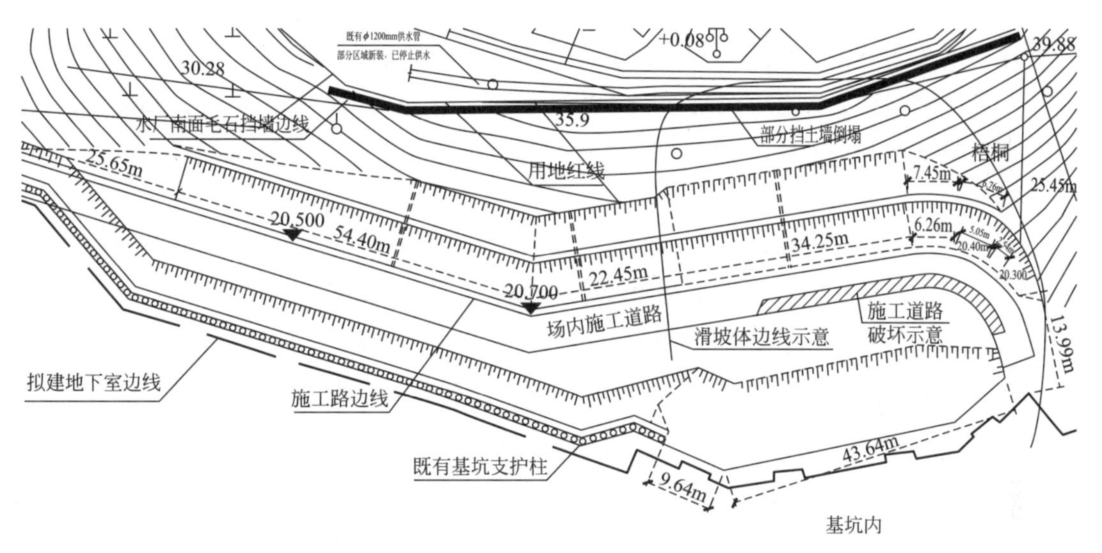

险情位置平面图

险情发生过程：在连日强降雨及七星岗水厂 2 条直径 1.2m 的水管断裂的综合影响下，2020 年 6 月 8 日早上 9 点，七星岗水厂的局部重力式挡土墙出现倒塌；海伦湾花园的中部临时边坡喷混面层出现了不同程度的裂缝，部分泄水孔中直接有土体流出；临时边坡与基坑坑顶之间的路面出现了宽窄不一的地表裂缝；底部基坑的分级放坡支护段均出现了滑坡情况。

根据地勘报告：从七星岗水厂内道路地面从上往下依次为填土、粉质黏土、强风化粉砂岩、强风化炭质灰岩、中风化炭质灰岩。

1.1.2 处理方案

（1）技术特点与难点

① 经综合判断，边坡坡体处于不稳定状态，边坡有进一步发生深层滑移风险，需开展应急响应，采取抢险加固措施。

② 施工时应对坡顶另外供水管采取必要的保护措施，保证供水管正常使用，不

影响群众正常生活用水。

③ 施工中若发现边坡持续变形、监测数据异常，应暂停抢险加固施工，紧急撤离滑坡影响范围人员。

④ 由于本工程为已发生险情的边坡及既有基坑已发生滑坡，若现场实际尺寸与图纸有出入，以现场实际尺寸为准；若出入较大或存在隐患，应及时与设计方联系，各方共同协商处理。

（2）技术原则

① 应急抢险处理首要目的：保护山顶水厂内 1.0m 供水管基础稳固，不再让供水管基础下沉导致水管拉断情况发生，并及时修复已断裂供水管，保证水厂能够正常对市区供水；基坑分级放坡已发生滑坡，在应力释放及土体软化情况下，该处容易诱发边坡深层滑移，需采取临时稳固边坡的应急措施；险情最直接的诱因就是连日降雨以及水厂的水管断裂，秉着“治坡先治水”的原则，在回填前、中、后期，均需对边坡采取覆盖措施，避免雨水或地表水直接渗入边坡坡体；采取应急处理措施后，加密观测，坡体稳定后再对整个坡体进行加固。

② 现场发现地勘资料与实际不符；边坡及基坑范围内的岩土体已被雨水及地表水浸润，其地层参数已发生变化。鉴于以上两点，对该项目进行后续永久性治理前，须先进行地质勘察，为后期的设计工作提供准确的地质参数。

③ 坡顶毛石挡墙处理：水厂范围内的挡土墙年代久远，且局部挡墙已出现了较大的水平位移，有倾覆的可能性。挡土墙内部有部分埋地式水管，无法对既有挡土墙进行锚固法加固、加大截面法加固。故对靠近毛石挡土墙的 1.2m 范围给水管进行迁移，并对水厂范围内出现险情段的挡土墙进行拆除重建。

④ 临时边坡坡体加固方案：该处边坡位置后期拟建一条规划路，现状坡脚线将往坡体内平移。同时考虑边坡坡体已发生滑移，岩土层力学性质发生较大变化。拟采用预应力锚索格构梁＋抗滑桩的支护形式对边坡按永久边坡进行治理。

（3）技术亮点

序号	加固亮点
1	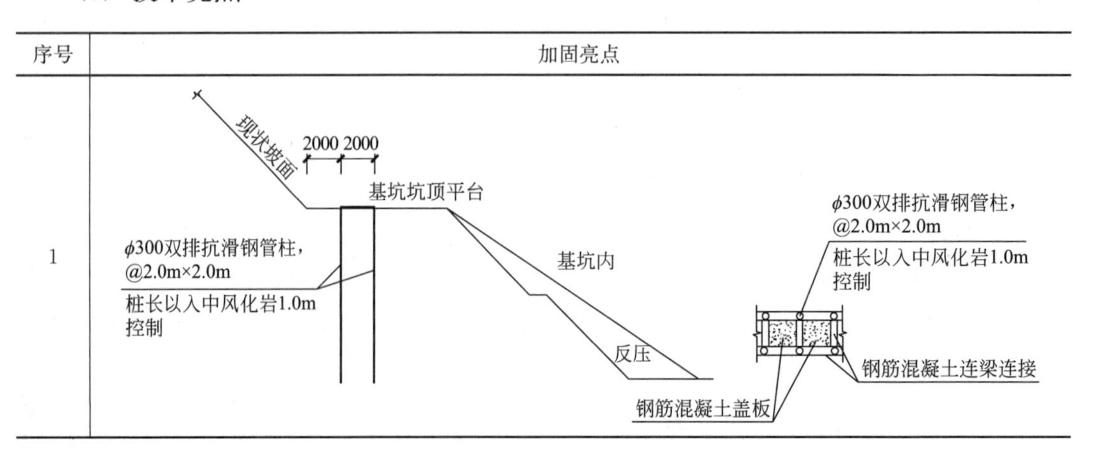

续表

序号	加固亮点
解决方式	底部的基坑，采用土方回填，回填反压至坑顶，回填坡率 1∶2.0。中部临时边坡，采用沙袋分级回填，回填坡率 1∶2.0，分级高度同现状坡高，即第一级边坡高度 6.3～6.5m，第二级边坡高度 6.5m
2	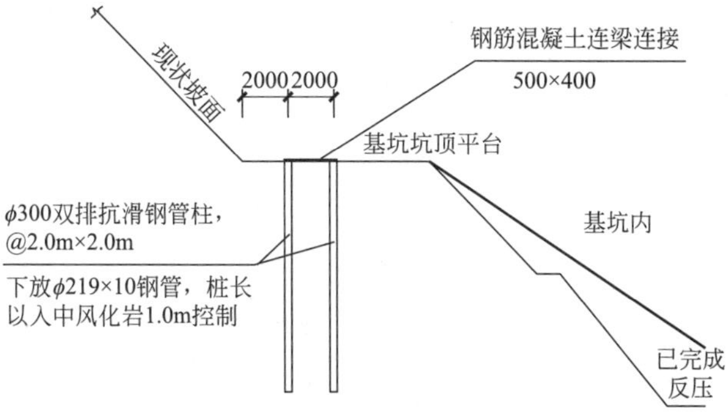 现状坡面 2000 2000 钢筋混凝土连梁连接 500×400 基坑坑顶平台 基坑内 ϕ300双排抗滑钢管柱，@2.0m×2.0m 下放ϕ219×10钢管，桩长以入中风化岩1.0m控制 已完成反压 坡底双排钢管抗滑桩 ϕ300双排抗滑钢管柱，@2.0m×2.0m 下放ϕ219×10钢管，桩长以入中风化岩1.0m控制 钢筋混凝土连梁连接 500×400 素混凝土盖板 200厚
解决方式	临时边坡坡脚平台施工双排钻孔注浆钢管桩，增加滑坡体抗滑能力，防止发生深层滑移
3	
解决方式	边坡范围内，对坡面采用彩条布覆盖；水厂范围内的排水沟，采用 PVC 管将水引至海伦湾项目的场区市政排水系统中
4	钢梁与型钢桩中型钢焊接并采用钢绞线吊住供水管 水厂内道路 ϕ1200供水管 已断水停止使用 既有毛石挡土墙 已局部倒塌 ϕ1000供水管 正在使用 现状坡面 ϕ168双排型钢桩，@2.0m×2.0m 下放14型钢，桩长以入中风化岩0.5m控制 坡顶水厂内双排桩剖面 ϕ168双排型钢柱，@2.0m×2.0m 下放14型钢，桩长以入中风化岩0.5m控制 1.0m 供水管 钢梁与型钢桩中型钢焊接并采用钢绞线吊住供水管

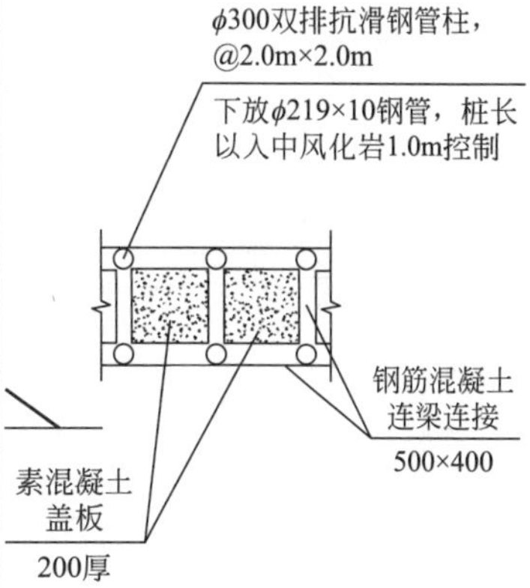

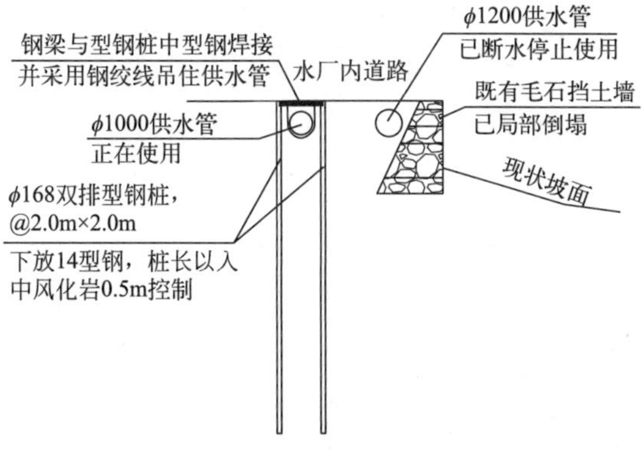

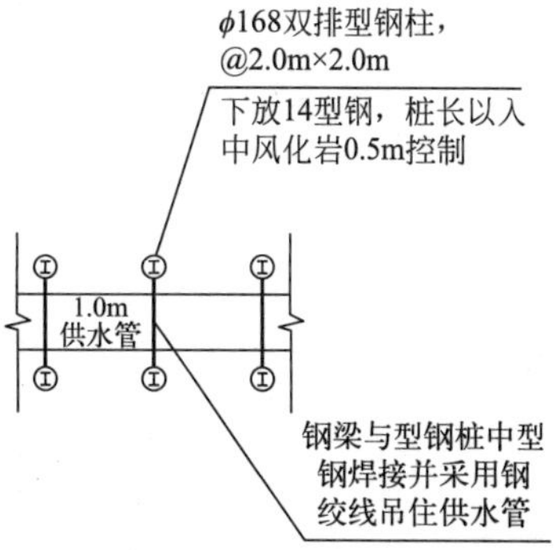

续表

序号	加固亮点
解决方式	土体内打入双排钢管桩作为供水管基础，不再让供水管基础下沉导致水管拉断情况发生，并及时修复已断裂供水管，保证水厂能够正常对市区供水
5	钢梁与型钢桩中型钢焊接并采用钢绞线吊住供水管 水厂内道路 ϕ1200供水管 已断水停止使用 既有毛石挡土墙 已局部出现险情 ϕ1000供水管 正在使用 ϕ168双排型钢桩，@2.0m×2.0m 桩长以入中风化岩0.5m控制 2000 2000 基坑坑顶平台 基坑内 ϕ300双排抗滑钢管桩，@2.0m×2.0m 桩长以入中风化岩1.0m控制 反压
解决方式	应急抢险加固后效果
6	钢梁与型钢桩中型钢焊接并采用钢绞线吊住供水管 水厂内道路 分层回填土方并夯实恢复水厂内道路 钢筋混凝土挡墙 ϕ1000供水管 正在使用 压顶梁 ϕ168双排型钢桩，@2.0m×2.0m 桩长以入中风化岩0.5m控制 格构梁 格构梁 格构梁 格构梁 冠梁 腰梁 腰梁 抗滑桩 坡顶重新施工钢筋混凝土挡墙、分层回填土方夯实并恢复水厂内道路 ϕ300双排抗滑钢管桩，@2.0m×2.0m 0m控制
解决方式	支护结构按永久边坡设计，采用预应力锚索＋格构梁＋抗滑桩的支护形式对边坡进行处理

1.1.3 实施效果

采用坡底沙包反压及双排钢管抗滑桩的组合形式对边坡进行临时处理，坡顶采用双排型钢桩对水管进行基础托换，完成后，沉降位移等因素已经全面稳定，水厂能够正常对市区供水。经过三个月复测，发现边坡及沉降稳定，水管等无下沉断裂，确保水厂的正常运营、边坡的安全。

后期进一步用预应力锚索格构梁＋抗滑桩的支护形式对边坡进行处理，达到边坡坡体加固的效果。

边坡支护加固实景（施工中）

1.2 新兴县农村削坡建房风险点整治

1.2.1 工程概况

项目类型：本项目所治理边坡为村民切削山坡建房所形成的人工边坡，削坡最大高度约 10.8m，坡率约 1∶0.5，坡脚距房屋最近距离约 1.0m，坡面有崩塌、滑移、掉块现象。

治理规模：云浮市新兴县稔村镇、新城镇、水台镇、簕竹镇

合同工期：180 天

合同造价：177.6 万元

建设内容：簕竹镇边坡治理、稔村镇边坡治理、新城镇边坡治理、水台镇边坡治理。

1.2.2 处理方案

（1）技术特点与难点

① 部分坡度较小，危险源距离居民楼太近。

② 施工场地窄、场地空间有限，施工过程中需结合场地的可操作性制定最优的可行方案。

（2）技术原则

降低居民楼后方边坡滑坡、崩塌等地质灾害风险。

（3）技术亮点

<table>
<tr><th>序号</th><th>关键构件、节点加固亮点</th></tr>
<tr><td rowspan="2"></td><td>
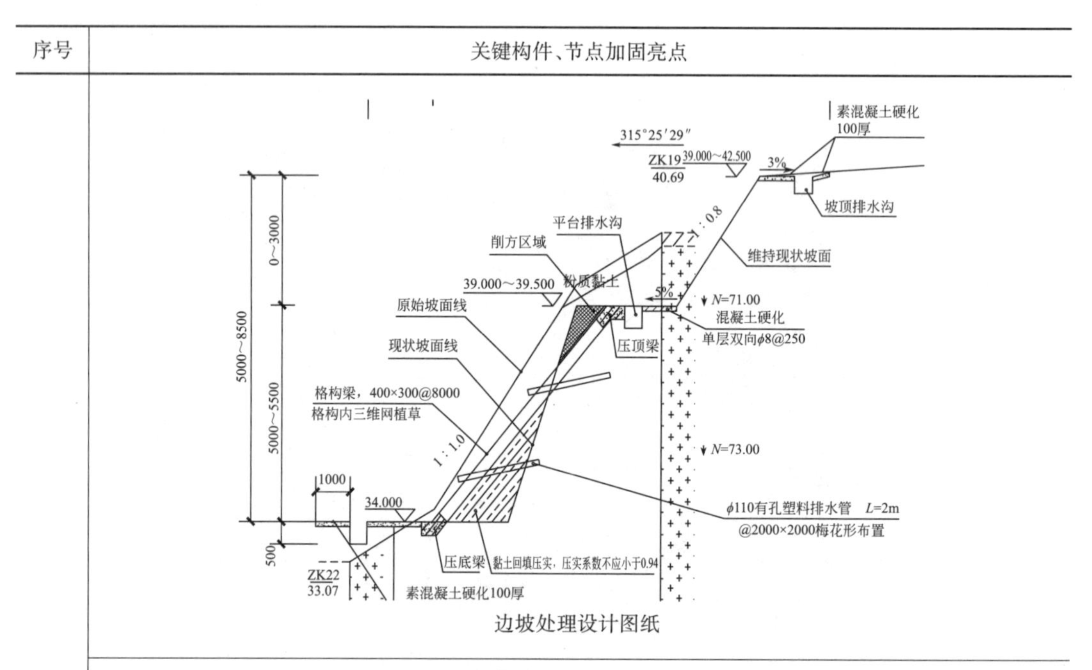

边坡处理设计图纸
</td></tr>
<tr><td>

施工过程照片
</td></tr>
<tr><td>解决方式</td><td>根据现场实际情况，为降低边坡滑坡、崩塌等地质灾害风险，设计采用削缓原有坡度、上下设置压梁及排水沟、坡面设置格构梁（格内植草）等方法施工</td></tr>
</table>

1.2.3 实施效果

本项目采用轨……降低居民楼后方边坡滑坡、崩塌等地质灾害风险。边……采用的削坡、设置排水沟等方式对改变村貌及为村民……一定的作用。

修缮前　　修缮后

2. 岩溶高发育区桩基及支护结构施工特殊技术措施

2.1 广州白云（棠溪）站综合交通枢纽一体化建设工程施工总承包项目土建工程3标（一期）

2.1.1 工程概况

本工程为广州白云（棠溪）站综合交通枢纽一体化建设工程施工总承包项目。位于广州市中心城区西北部，白云区西南部，为新市街、棠景街和石井街交汇处，南距广州流花火车站约5km，东距白云新城约2km，与铁路广州白云站工程相邻，包括综合交通枢纽配套场站工程、周边配套市政道路工程、地铁预留工程三个子项目。总占地面积达80.31hm²，总建筑面积为57.27万m²，建设市政道路长度约14.45km。该项目基坑最大开挖深度为18.4m，采用地连墙+锚索支护方式，桩基础为人工挖孔灌注桩、嵌岩桩。

土建工程施工，包括场地内溶（土）洞处理、基坑支护结构施工。

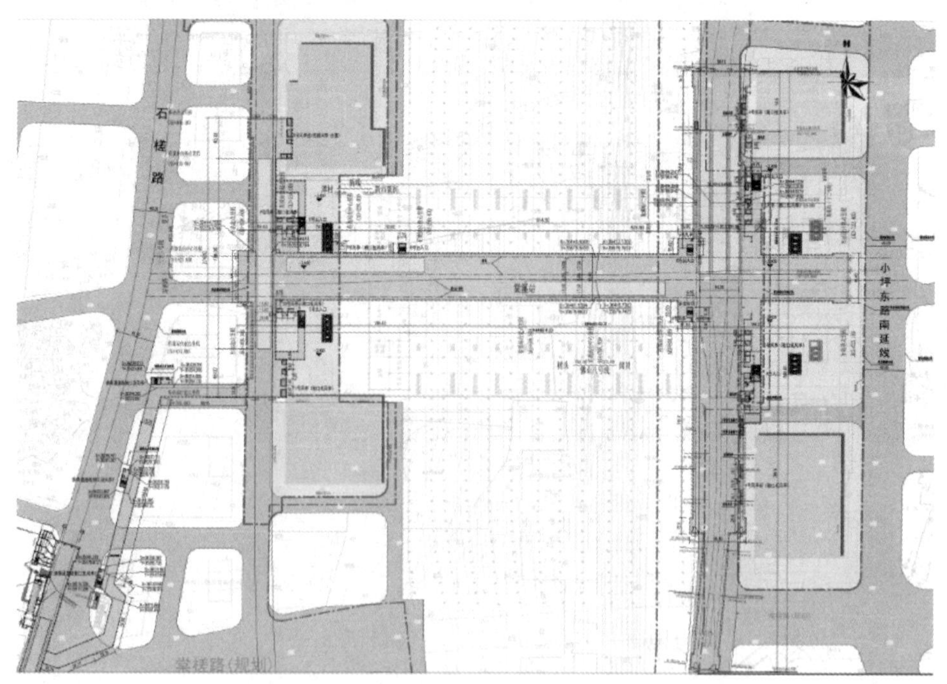

场地位置

2.1.2 处理方案

（1）技术特点与难点

① 灰岩地区溶土洞发育强烈，桩基施工难度大，风险高，需要预处理。

② 场地内溶土洞发育不均、复杂，注浆施工难度大，要求高，需为后续支护结构施工、桩基施工提供良好施工条件。

③ 灰岩地区地连墙施工难度大，需要控制混凝土灌注方量、成槽机械的安全。

（2）技术原则

① 溶土洞注浆处理次序根据实际情况制定灌注顺序，应遵循先外围后内部、先大洞后小洞、先下部后上部、隔一跳一的施工顺序。

先外后内：根据施工部署先对场地中溶洞分布外侧的溶洞进行注浆加固，后对场地内部溶洞进行注浆处理。

先大后小：优先处理洞高大于3m的溶洞。

先下后上：对多层溶洞，先灌注下层溶洞，再灌注上层溶洞，注浆管自下而上按溶洞竖向分布情况，依次提升。

隔一跳一：对于超前钻揭露有连续溶洞分布的区域，采用隔一跳一施工方法。

② 场地内溶土洞发育不均，需根据该特征采用不同的预处理方案。

（3）技术亮点

<table>
<tr><th>序号</th><th colspan="3">关键工艺控制亮点</th></tr>
<tr><td rowspan="9">1</td><td colspan="3">泵送砂浆施工工艺技术参数一览表</td></tr>
<tr><td>分类</td><td>项目</td><td>洞高大于或等于3m且未充填、半充填溶洞</td></tr>
<tr><td rowspan="4"></td><td>孔径</td><td>土层200mm，岩层130mm</td></tr>
<tr><td>孔斜</td><td>≤1%</td></tr>
<tr><td>孔深</td><td>不小于超前钻揭露最底层溶洞底0.5m</td></tr>
<tr><td>安放导管</td><td>高出地表面不少于50cm</td></tr>
<tr><td rowspan="3">灌注M10砂浆</td><td>砂浆配合比</td><td>（重量比）试验配合比为水泥∶砂∶水＝1∶4.8∶0.8
砂浆配合比由商品砂浆拌合站提供</td></tr>
<tr><td>注浆压力</td><td>6～8MPa</td></tr>
<tr><td>终灌标准</td><td>直到灌满、达到设计压力为止</td></tr>
<tr><td>解决方式</td><td colspan="3">溶土洞灌注砂浆施工工艺：洞高较大，未填充或半填充情况，利用高压混凝土泵通过导管直接将砂浆注入土、溶洞中，直至达到设计要求，再通过排气孔利用花管进行补浆，二次充填固结洞体顶底板四周未充填密实的部位，使充填物和洞壁胶结形成密实的整体</td></tr>
<tr><td>2</td><td colspan="3">袖阀管为外径50～60mm，材料为一次性使用的塑料管，注浆段开射浆孔，注浆段以上为实管。射浆孔间距33cm（即每米3组）钻一组（6～8个孔），射浆孔呈梅花形布设，开射浆孔段外为长5～8cm的橡皮袖阀包裹</td></tr>
<tr><td>解决方式</td><td colspan="3">袖阀管注浆施工工艺：洞内全填充情况，该工艺对洞内填充砂、粉土、淤泥等均能达到较好的注浆加固效果，能进行定深、定量、分序、分段、间歇、重复注浆，集中了劈裂注浆法、压（挤）密注浆法与渗入注浆法的优点</td></tr>
</table>

续表

<table>
<tr><th>序号</th><th>关键工艺控制亮点</th></tr>
<tr><td>3</td><td>场地岩溶发育，锚索施工遇溶洞时采取钢套筒跟进成孔等措施，遇溶洞后，先进行溶洞灌注处理，待处理完毕再进行钻进</td></tr>
<tr><td>解决方式</td><td>锚索施工套管跟进工艺：支护结构锚索施工中遇溶土洞情况，锚索锚固段必须注浆密实，保证锚固段摩擦力的发挥</td></tr>
<tr><td>4</td><td>
<table>
<tr><th>分类</th><th>项目</th><th>溶洞灌浆量大</th></tr>
<tr><td rowspan="5">双液注浆</td><td>浆液配比</td><td>水灰比为 1∶1、玻美度 Be=30～40，实际操作时，根据各土层的情况控制双液混合后凝结时间控制在 30s～2min，由此调节 A、B 液的注入比例</td></tr>
<tr><td>注浆压力</td><td>0.5～1.0MPa</td></tr>
<tr><td>注浆速度</td><td>20～30L/min</td></tr>
<tr><td>注浆时间</td><td>按分段（0.5m）5～10min 控制</td></tr>
<tr><td>注浆结束标准</td><td>当注浆压力逐步升高，达到设计终压，并继续注浆 10min 以上，且有一定的注浆量，吸浆量在 20～30L/min 以下时，即可结束该孔注浆</td></tr>
</table>
</td></tr>
<tr><td>解决方式</td><td>双液注浆施工工艺：对于花管注浆、袖阀管注浆灌注的水泥浆超过 120m³，仍未灌满或达不到注浆压力，采用水泥、水玻璃双液进行注浆</td></tr>
<tr><td>5</td><td>

</td></tr>
<tr><td>解决方式</td><td>导墙：确保槽段位置的准确，为成槽机械提供施工导向和为下放钢筋笼定位，方便控制标高，防止槽壁坍塌</td></tr>
<tr><td>6</td><td>
新配泥浆配合比
<table>
<tr><th>项目</th><th colspan="2">性能指标</th><th>检验方法</th></tr>
<tr><td>比重/(g/cm³)</td><td colspan="2">1.05～1.15</td><td>泥浆比重称</td></tr>
<tr><td>黏度</td><td colspan="2">25～40s</td><td>500mg/700mL 漏斗法</td></tr>
<tr><td>胶体率</td><td colspan="2">>98%</td><td>量杯法</td></tr>
<tr><td>失水率</td><td colspan="2"><30mg/30min</td><td>失水量仪</td></tr>
<tr><td>泥皮厚度</td><td colspan="2"><1mm/30min</td><td>失水量仪</td></tr>
<tr><td rowspan="2">静切力</td><td>1min</td><td>20～30mg/cm²</td><td rowspan="2">静切力计</td></tr>
<tr><td>10min</td><td>50～100mg/cm²</td></tr>
<tr><td>稳定性</td><td colspan="2">≤0.02g/cm³</td><td></td></tr>
<tr><td>pH 值</td><td colspan="2">8～10</td><td>pH 试纸</td></tr>
</table>
</td></tr>
</table>

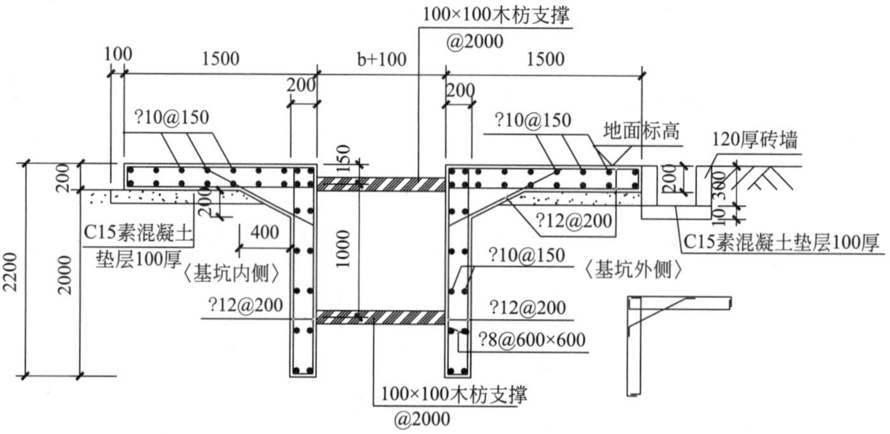

续表

<table>
<tr><th>序号</th><th>关键工艺控制亮点</th></tr>
<tr><td>6</td><td>
成槽过程中循环泥浆指标
<table>
<tr><th>项目</th><th>性能指标</th><th>检验方法</th></tr>
<tr><td>比重/(g/cm^3)</td><td>＜1. 25</td><td>泥浆比重称</td></tr>
<tr><td>黏度</td><td>25～40s</td><td>500mg/700mL 漏斗法</td></tr>
<tr><td>失水率</td><td>＜30mg/30min</td><td>失水量仪</td></tr>
<tr><td>pH 值</td><td>8～10</td><td>pH 试纸</td></tr>
</table>
清基厚槽底泥浆指标
<table>
<tr><th>项目</th><th>性能指标</th><th>检验方法</th></tr>
<tr><td>比重/(g/cm^3)</td><td>＜1. 2</td><td>泥浆比重称</td></tr>
<tr><td>黏度</td><td>＜30s</td><td>500mg/700mL 漏斗法</td></tr>
<tr><td>pH 值</td><td>10～12</td><td>pH 试纸</td></tr>
</table>
废弃泥浆指标
<table>
<tr><th>项目</th><th>性能指标</th><th>检验方法</th></tr>
<tr><td>比重/(g/cm^3)</td><td>＞14</td><td>泥浆比重称</td></tr>
<tr><td>黏度</td><td>＞50s</td><td>500mg/700mL 漏斗法</td></tr>
<tr><td>pH 值</td><td>＞14</td><td>pH 试纸</td></tr>
</table>
</td></tr>
<tr><td>解决方式</td><td>泥浆配比控制：地下连续墙成槽过程中，为保持开挖沟槽壁的稳定、悬浮岩屑和冷却润滑钻头，要不间断地向槽中供给优质泥浆。泥浆的配合比及性能指标的确定，除通过槽壁稳定的检算外，还须在成槽过程中根据实际地质情况进行调整</td></tr>
<tr><td>7</td><td>
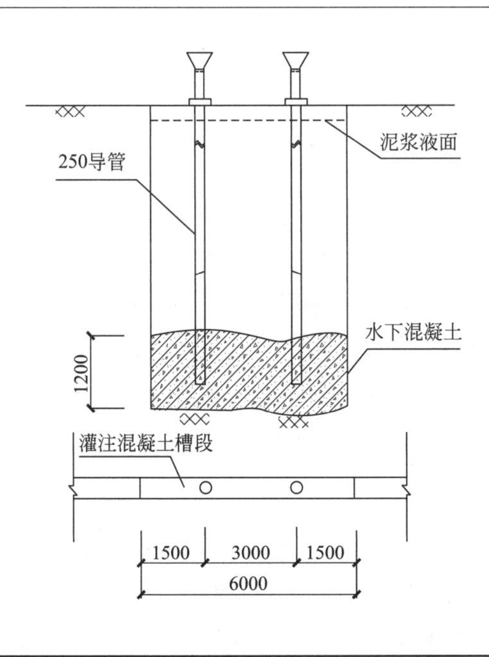

</td></tr>
</table>

续表

<table>
<tr><th>序号</th><th>关键工艺控制亮点</th></tr>
<tr><td>7</td><td>
<table>
<tr><th>项目</th><th>性能指标</th></tr>
<tr><td>坍落度</td><td>18～22cm</td></tr>
<tr><td>混凝土初凝时间</td><td>＞8h</td></tr>
<tr><td>混凝土灌注的上升速度</td><td>＞2m/h</td></tr>
<tr><td>每槽段灌注时间</td><td>＜6h</td></tr>
<tr><td>导管底端埋入混凝土面深度</td><td>宜 2～4m,且不大于 6m 并不小于 1m</td></tr>
<tr><td>灌注间歇时间</td><td>宜＜15min,且不大于 30min</td></tr>
</table>
</td></tr>
<tr><td>解决方式</td><td>地连墙水下混凝土灌注质量控制:混凝土坍落度、初凝时间、每槽段灌注时间、导管埋入深度、灌注间歇时间等方面监控,保障每幅墙混凝土灌注质量</td></tr>
</table>

2.1.3 实施效果

场地初勘、详勘及施工勘察钻孔未封堵，注浆过程中多处出现一孔注浆，其他钻孔冒浆现象，说明灰岩溶洞裂隙的连通性较好。场地溶洞注浆后，经过钻芯法抽检，原裂隙、溶洞部位充填了固结的水泥块，岩石与水泥块胶结较好，界线清晰。人工挖孔嵌岩桩施工时，孔内仅出现小裂隙渗水，没有出现孔内涌水现象，用一般泵抽水可解决施工问题，说明通过注浆达到了预期目的，注浆效果明显。基坑支护在基坑施工过程中保持良好，支护结构稳定，未出现较大的位移与沉降，确保工程如期按质完成。

2.2 广州北站综合交通枢纽开发建设项目

2.2.1 工程概况

广州北站安置区工程项目地点位于广东省广州市花都区芙蓉大道以东，曙光路以西。本项目一共分为 A、B、C、D 四个地块，地下建筑面积约 333945m^2。A 地块基坑，总面积约 74000m^2，支护周长约 1160m，开挖深度 9.2～14.5m。勘察揭露溶土洞：基岩为灰岩，发育剧烈，见洞率为 55.4%，线岩溶率为 47.3%，洞高在 0.40～12.20m，平均洞高 3.46m；土洞主要分布于冲积粉质黏土层底部，基岩面附近，见洞率约为 18%，洞顶埋深 11.80～27.50m，平均 19.8m，洞高 1.29～13.88m，平均 5.81m。

本工程重点是完成 A 地块的基坑支护施工，支护桩身范围内溶洞要先进行灌浆处理后，才能施工支护桩。支护结构采用 ϕ1800@1550 大直径三重管搅拌旋喷桩内嵌 ϕ1300@3100-C30 素混凝土加劲桩，配合加强墩的支护方式，大直径三重搅拌旋喷桩

广州北站安置区鸟瞰

桩端穿过砂层至中、微风化岩面，桩长约 15～18m。素混凝土加劲桩桩端进入中风化 0.5m，桩长约 15.5～18m。

2.2.2 处理方案

（1）技术特点与难点

① 支护桩在溶土洞中施工会出现跑浆、漏浆，充盈系数大，超灌混凝土方量不可控。

② 支护桩在溶土洞中施工会引起周边塌孔、塌方，可能诱发事故。

③ 采用钢套管在溶土洞中施工支护桩成本较高。

（2）技术原则

① 对现场超前钻揭露的土溶洞采用注浆处理措施以达到工期可控、造价可控的目标。

② 土溶洞处理开始作业后，现场需 24h 不间断轮流 3 个台班配套机械作业，进行施工过程跟进记录及突发情况汇报。

③ 溶洞处理时应遵循先外围后内部、先大洞后小洞、先下部后上部、隔一跳一的施工顺序。

先大后小：先对半充填或无充填的单层洞高或多层串珠状超过 10m 特大溶洞，采用双浆液封堵，然后再采用袖阀管分段间歇注浆工艺相结合进行处理；对于半充填和无充填的高度不大于 10m 的土（溶）洞采用袖阀管分次间歇注浆的施工工艺进行处理；对全充填的土（溶）洞，当填充物为软塑状或流塑状黏土或松散粉砂时，采用袖阀管连续注浆工艺进行处理。

先外后内：根据施工部署先对场地外侧的溶洞进行注浆加固，后对场地内部溶洞进行注浆处理。

先下后上：对多层溶洞，先灌注下层溶洞，再灌注上层溶洞，注浆管自下而上按溶洞竖向分布情况，依次提升。

隔一跳一：对于超前钻揭露有连续溶洞分布的区域，采用隔一跳一施工方法。

（3）技术亮点

序号	关键工艺控制亮点
1	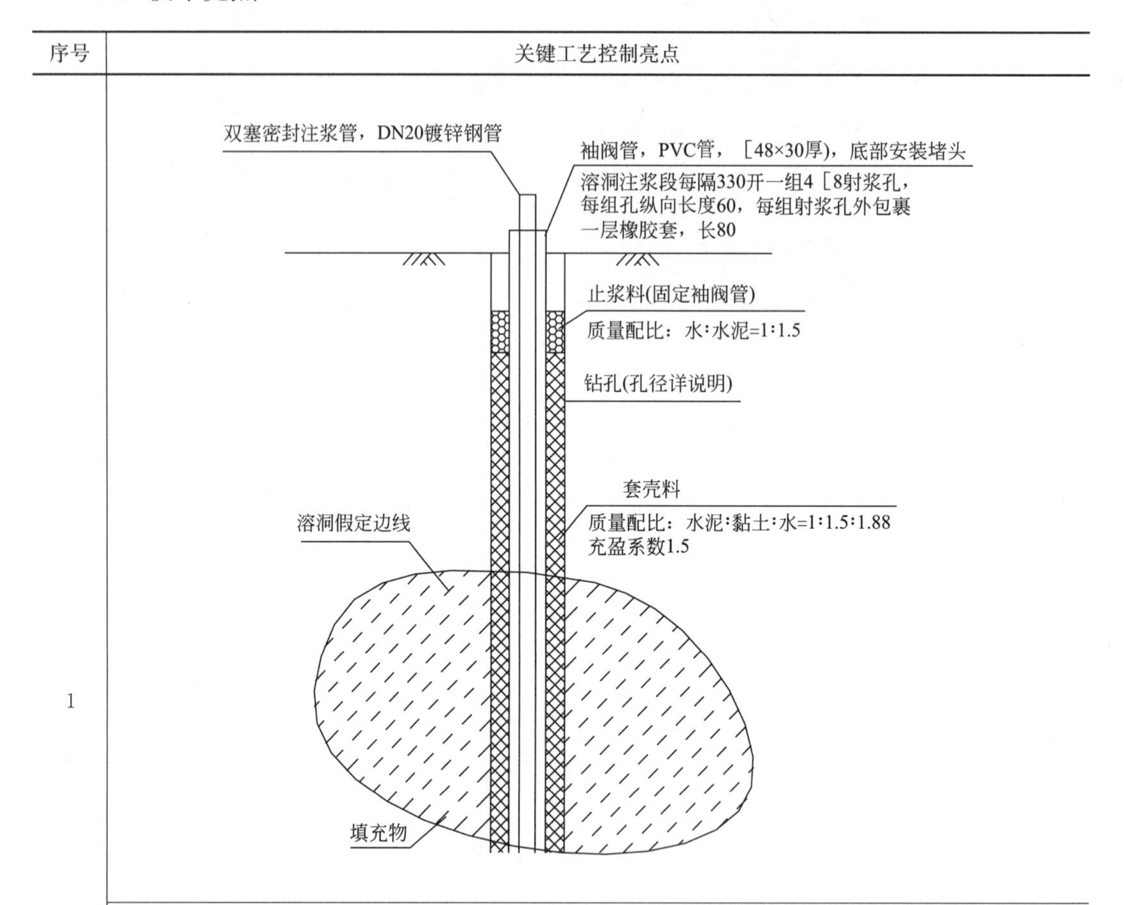

序号	填充浆液材料要求
1	袖阀管注浆浆液质量配合比为水：水泥＝1：1，注浆压力为0.2～1.2MPa
2	双液注浆配比：水泥浆液（A液）质量配合比为水：水泥＝1：1，水玻璃溶液（B液）为水玻璃原液：水＝1：0.5（体积比），水玻璃波美度 Be＝38～43，两种浆液暂定A：B＝1：1（体积比）
3	袖阀管注浆所用水泥浆及双液浆配比可根据现场施工需要在配比波动范围内进行调配
备注：强度等级为32.5的普通硅酸盐水泥	

解决方式	袖阀管注浆法施工工艺控制：基本施工工序可分为泥浆护壁成孔、浇注套壳料、下袖阀管及固管止浆、注浆

续表

<table>
<tr><th>序号</th><th>关键工艺控制亮点</th></tr>
<tr><td>2</td><td>
<table>
<tr><th>序号</th><th>注浆原则</th></tr>
<tr><td>1</td><td>对半充填和无充填的且高度≤10m 的土(溶)洞采用袖阀管分段间歇注浆的施工工艺进行处理。一次注浆完成后，等浆液有一定强度后，再钻袖阀管注浆孔进行袖阀管二次注浆，再依次进行下次注浆</td></tr>
<tr><td>2</td><td>对半充填或无充填的单层洞高超过 10m 特大溶洞，采用双浆液和袖阀管注浆相结合的工艺进行处理。先采用双浆液封堵，等浆液有一定强度后，再钻袖阀管注浆孔进行袖阀管注浆</td></tr>
<tr><td>3</td><td>对于全充填的土(溶)洞，当填充物为软塑状或流塑状黏土或松散粉砂时，采用袖阀管注浆工艺进行预处理。注浆收孔标准为注浆压力为 1.2MPa 或地面冒浆</td></tr>
<tr><td>4</td><td>袖阀管和花管注浆时，当注浆量超过预估量单孔一次注浆量超过 80m³ 应改用双液注浆</td></tr>
</table>
</td></tr>
<tr><td>解决方式</td><td>针对不同溶洞充填情况采取不同注浆工艺要求，统筹工期及灌注质量</td></tr>
<tr><td>3</td><td>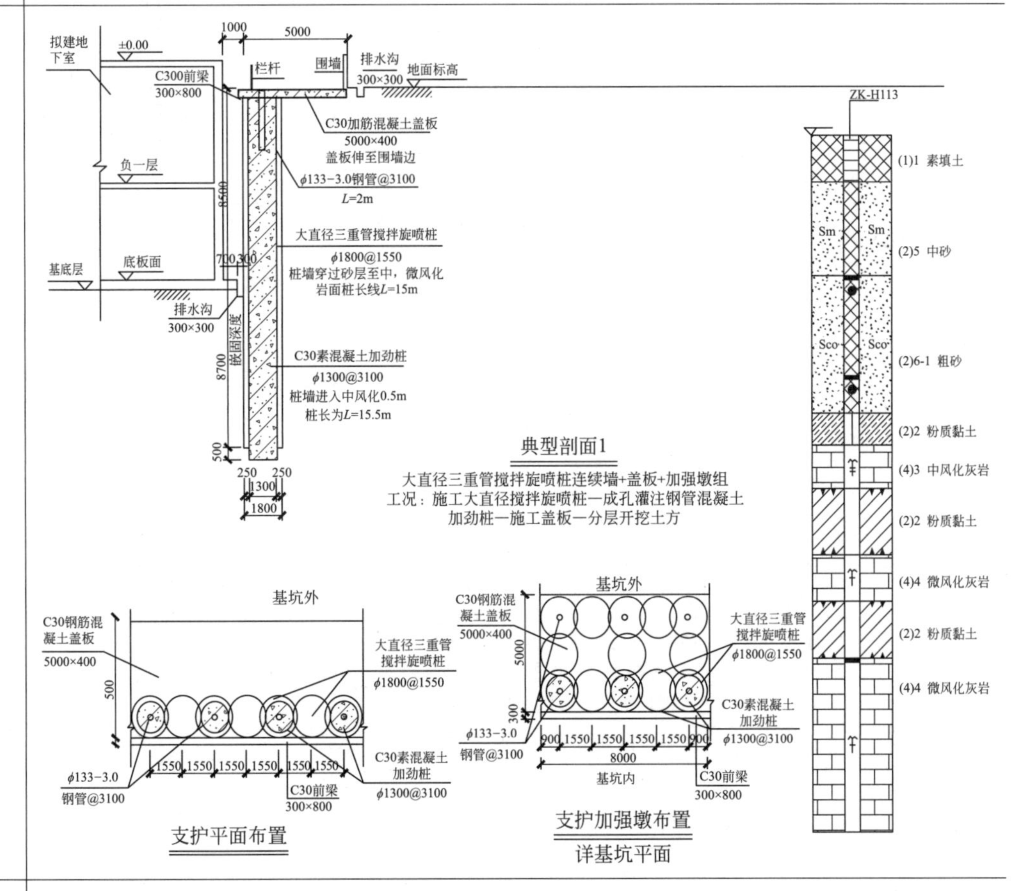</td></tr>
<tr><td>解决方式</td><td>支护结构施工：支护结构采用 ϕ1800@1550 大直径三重管搅拌旋喷桩内嵌 ϕ1300@3100-C30 素混凝土加劲桩，配合加强墩的支护方式，达到挡土止水目的</td></tr>
</table>

续表

<table>
<tr><th>序号</th><th>关键工艺控制亮点</th></tr>
<tr><td>4</td><td>
<table>
<tr><th>项目</th><th>性能指标</th></tr>
<tr><td>引孔</td><td>桩位偏差小于 50mm,垂直度偏差小于 1.5%</td></tr>
<tr><td>水泥用量</td><td>200kg/m</td></tr>
<tr><td>水泥浆液</td><td>水灰比为 1.0～1.5</td></tr>
<tr><td>水泥浆搅拌</td><td>搅拌后不得超过 4h</td></tr>
<tr><td>高压管、水泥浆管及空压管</td><td>管路良好</td></tr>
<tr><td>清水泵、空压机、注浆泵</td><td>压力满足设计要求</td></tr>
</table>
</td></tr>
<tr><td>解决方式</td><td>旋喷桩施工工艺控制:严格按检查项目进行性能指标控制</td></tr>
<tr><td rowspan="2">5</td><td>
浇注水下混凝土
<table>
<tr><th>序号</th><th>内容</th></tr>
<tr><td>1</td><td>水下混凝土用的水泥、集料、水、外掺剂以及混凝土的配合比设计、拌合、运输等必须符合规范的规定</td></tr>
<tr><td>2</td><td>混凝土运至浇注地点时,核对其出厂合格证、配合比、强度等并检查其均匀性和坍落度。如不符合要求,易造成浇灌不畅或堵管,故不得使用</td></tr>
<tr><td>3</td><td>水下混凝土浇注必须连续进行,单桩浇灌时间不宜超过 8h</td></tr>
<tr><td>4</td><td>导管采用直径不小于 250mm 的管节组成,接头应具备装卸方便,连接牢固,并带有密封圈,保证不漏水不透水,目的是避免水进入导管,导致混凝土离析堵管。导管的支承应保证在需要减慢或停止混凝土流动时使导管能迅速升降</td></tr>
<tr><td>5</td><td>导管在任何时候必须保证在无气泡和水泡的情况下充满混凝土直到漏斗底部。出料口必须埋在已浇注的混凝土中 2m 以上,并应不大于 8m</td></tr>
<tr><td>6</td><td>浇注过程中,随时测量并记录导管埋置深度和混凝土的表面高度,并将孔内溢出的泥浆引流至泥浆池集中处理,防止周围的环境污染</td></tr>
</table>
</td></tr>
<tr><td>
浇注方法
<table>
<tr><th>序号</th><th>内容</th></tr>
<tr><td>1</td><td>混凝土灌注前、清孔完毕后,迅速安放混凝土漏斗与隔水胶球,并将导管提离孔底 0.5m。混凝土初灌量必须保证能埋住导管 0.8～1.3m</td></tr>
<tr><td>2</td><td>每次灌注,必须按规定测量坍落度并在孔口随机取样留置试块,试块上标明桩号、日期、混凝土标号等,并放入标养室内养护 28d</td></tr>
<tr><td>3</td><td>灌注过程中,导管埋入深度宜保持在 3～8m 之间,最小埋入深度不得小于 2m。浇灌混凝土时随浇随提,严禁将导管提出混凝土面或埋入过深,一次提拔不得超过 6m,测量混凝土面上升高度由机长或班长负责</td></tr>
<tr><td>4</td><td>桩身实际浇注混凝土的数量不得小于桩身的计算体积的 1.15 倍</td></tr>
<tr><td>5</td><td>为了保证桩顶质量符合设计要求,混凝土实际浇灌高度应高出桩顶≥1m,保证桩顶混凝土达到设计要求,且要保证混凝土中不夹泥浆</td></tr>
</table>
</td></tr>
<tr><td>解决方式</td><td>混凝土加劲桩施工工艺控制:从成孔、混凝土浇筑进行控制。
旋挖成孔的混凝土加劲桩与搅拌旋喷桩之间的咬合作用应能保证二者相互作用,共同受力</td></tr>
</table>

2.2.3 实施效果

（1）土（溶）洞注浆施工效果评价

经过钻芯法抽检，原裂隙、溶洞部位充填了固结的水泥块，岩石与水泥块胶结较好，界线清晰，达到了预期目的，注浆效果明显。

（2）基坑支护施工效果评价

基坑支护在地下基础施工过程中一直保持良好，旋喷桩做止水帷幕止水效果良好，内嵌的C30素混凝土加劲桩对旋喷桩起到了加强作用，基坑后续沉降几乎为零，有效解决了旋喷桩水平位移较大问题，确保工程如期按质完成。

3. 软基处理

3.1 广州华发四季名苑 CM 桩复合地基处理工程

3.1.1 工程概况

工程位于白云山西北侧，东侧临近白云大道北，西邻岭南新世界。8 号住宅楼建筑层数为 32 层，设置 1 层地下室，采用框剪结构，剪力墙较均匀分布在建筑平面内，采用筏板基础+CM 桩复合地基，要求复合地基承载力特征值大于 500kPa。

8 号住宅楼地基复杂，表现为：石灰岩地层，基岩面起伏较大，钻孔揭露有溶洞和土洞，见洞率约为 25%，岩溶较发育；基底下土层为流塑状淤泥（层厚 5.1～17.4m，平均厚度 12.2m），天然含水量率为 67%～76%，孔隙比为 1.57～1.96，为高灵敏度、高压缩性、低强度和低渗透性土层；原基础方案为灌注桩基础，试桩阶段灌注混凝土时因溶洞内地下水作用，混凝土灌方量远远超出预估量。

本项目由清远市敏捷房地产开发有限公司开发，广州市番禺城市建筑设计院有限公司进行主体结构设计，广东建科建筑工程技术开发有限公司进行 CM 桩复合地基设计及施工。

场区地理位置图

3.1.2 处理方案

（1）技术特点与难点

① 基础选型及论证难度大：上部主体结构达32层，地基承载力较大，原结构设计人员更青睐桩基础直接传力方案；CM复合地基+筏板基础在控制承载力和变形方面有多大把握，技术上是否可行，需要典型工程案例辅助论证；两种方案在经济上需要横向比较，给业主提供相对准确的信息，进行最后决策。

② 上部结构荷载作用在大筏板上，基底附加应力随着深度的加大而减小。CM复合地基在竖向上利用了桩的有效工作长度不同，设计成M桩短，C桩长，从而在竖向形成三个刚度梯度，成为三层地基。基底力的分布特征与竖向三刚度梯度地基契合，效应与抗力沿竖向进行计算，理论上比较完善可控，但变形计算参数取值在三维空间如何考虑提高，业内并没有统一认识。

③ 本工程岩面上覆层普遍为稍密-密实状的砂砾层或卵石层，对C桩和M桩施工机械钻头磨损程度大且进尺比较难。

（2）技术原则

① 本工程岩面上覆土普遍为稍密-密实状的砂砾层或卵石层，施工时如遇到开口溶洞一定要对开口溶洞进行填堵处理以避免出现塌陷漏斗，而影响基础稳定性。

② 为了稳定淤泥，限制其流动性，提高土层承载强度和降低其压缩性，采用加大水泥土桩置换率的方法。

③ 加大M桩桩径，采用大直径水泥土桩代替小直径水泥土桩，一根1300mm直径的水泥土桩的置换面积约等同7根500mm直径的水泥土桩。大直径水泥土桩的水泥掺量相较于小直径水泥土桩并无增加，且施工速度和小直径水泥土桩接近，实质上缩短了工期、降低了造价。而且大直径水泥土桩的水化热能改善桩周土的状态，有利于提高桩侧摩阻力和桩间土承载力。

④ 提高M桩桩身强度。单桩承载力取值往往由桩身强度值控制，提高桩身强度能提高M桩单桩承载力取值。

⑤ 提高抗变能力。复合地基中沉降主要为加固层变形量及下卧层变形量。复合地基附加应力随深度而减小。本工程风化岩面距基底约为15m，设计C桩桩端落至岩面，下卧层变形量可忽略不计，主要控制加固层变形量。采用大置换率高强复合地基，桩和土形成的复合土体的压缩模量将大大提高，且C、M桩对桩间土具有较大的阻止土体侧向变形的作用，在垂直荷载作用下，由于土体侧向变形的限制，减少了侧向变形，也就减小了垂直变形，故大置换率高强复合地基抵抗垂直变形的能力大大加强。

（3）技术亮点

序号	关键构件、节点加固亮点
1	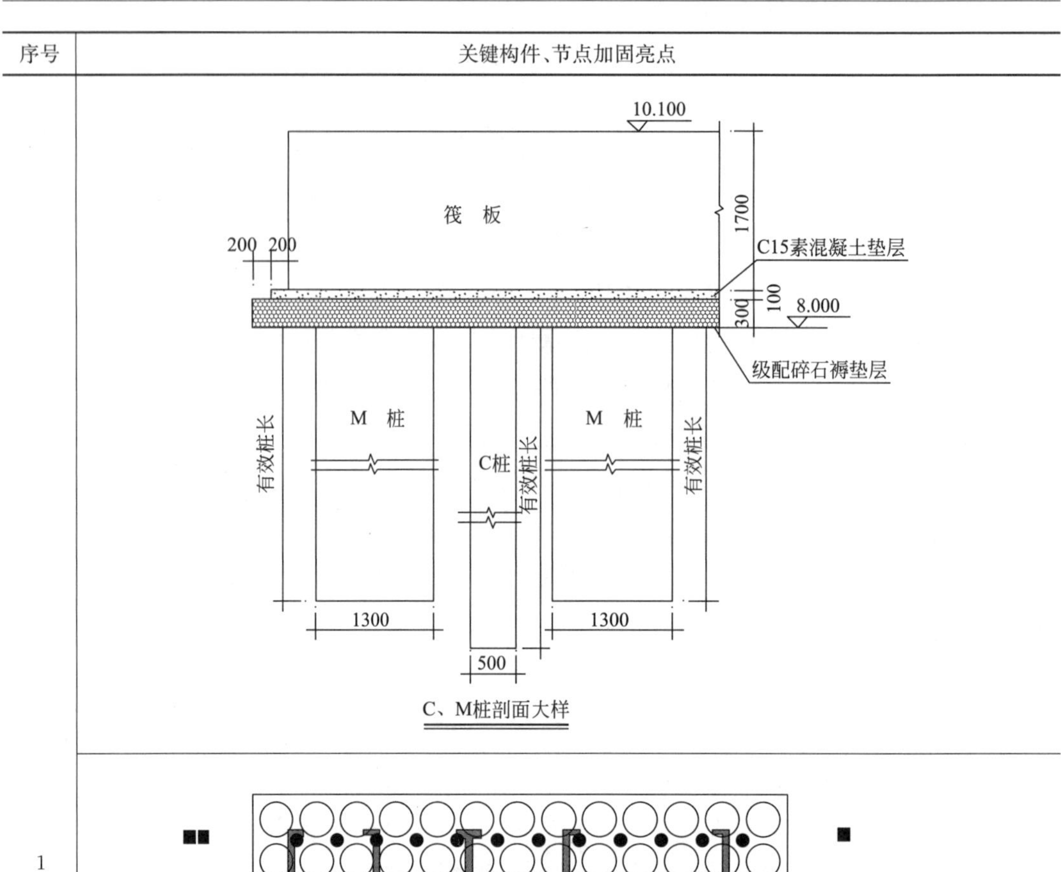 C、M桩剖面大样 8号楼C、M桩及管桩基础布置平面图

续表

序号	关键构件、节点加固亮点
解决方式	C桩采用C25素混凝土，成桩直径 D=500mm，以风化岩面为桩端持力层，有效桩长为13～17m，平均有效桩长约为14.5m，单桩承载力特征值取435kN；M桩成桩直径 D=1300mm，有效桩长以穿透淤泥层进入较好土层1m为准，平均有效桩长在13.5m，水泥用量为每米喷入强度等级为32.5的复合硅酸盐水泥430kg，单桩承载力特征值取900kN。级配砂石垫层厚度 h=300mm。 基础面积约为870m^2，共布置295根C桩、335根M桩，桩间距为1.6m，CM桩置换率约为58%，处理后承载力大于500kPa。采用分层总和法计算角点沉降约为25mm
2	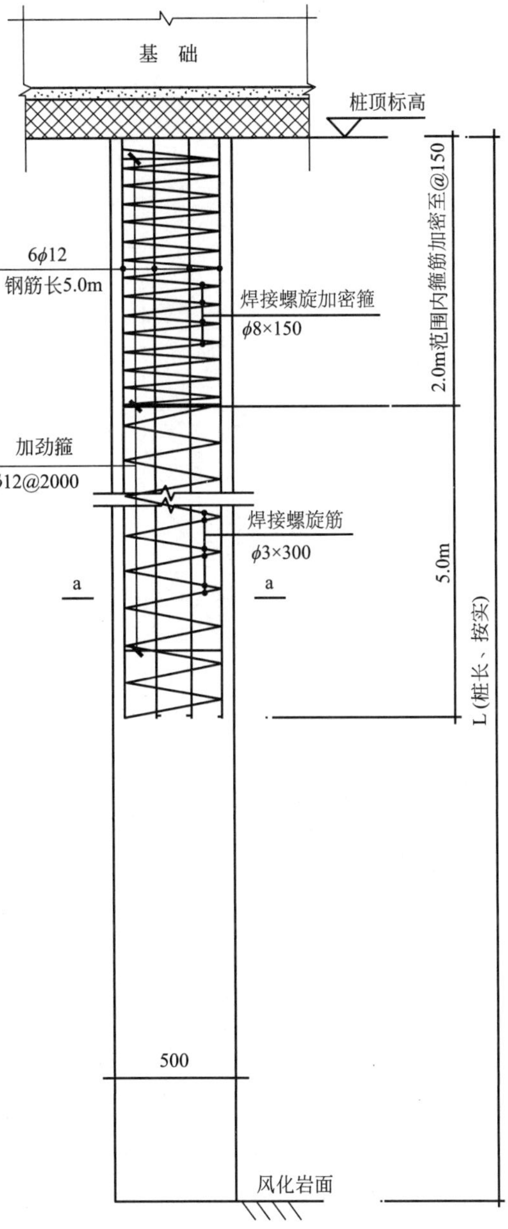 基础 桩顶标高 6ϕ12 钢筋长5.0m 焊接螺旋加密箍 ϕ8×150 2.0m范围内箍筋加密至@150 加劲箍 ϕ12@2000 焊接螺旋筋 ϕ3×300 a a 5.0m L(桩长、按实) 500 风化岩面 C桩剖面大样

续表

序号	关键构件、节点加固亮点
解决方式	C桩施工采用长螺旋压灌桩，混凝土灌注时对桩端岩面产生较大冲击力，可以保证桩端薄溶洞顶板被击穿，避免桩端承载力不足。为避免桩头在开挖土方时被挖断，放置适量钢筋
3	（见下表）

样品编号	钻芯构件名称、位置（取样深度）	试件规格（直径×高）/m	个别强度/MPa	强度代表值/MPa	龄期/d	设计强度等级	备注
17-1309 0122	M201＃桩 1＃孔 1/1/7、1/2/7(0.00-0.44)	80.0×82	2.5	2.4	77	1.5MPa	9-F
		80.0×82	2.3				
		80.0×83	2.4				
17-1309 0123	M201＃桩 1＃孔 4/1/5(4.54-4.95)	80.0×82	3.0	3.4	77	1.5MPa	9-F
		80.0×82	2.5				
		80.0×82	4.8				
17-1309 0124	M201＃桩 1＃孔 7/3/5、7/4/5(9.89-10.37)	80.0×82	2.6	3.2	77	1.5MPa	9-F
		80.0×82	3.9				
		80.0×82	3.1				
17-1309 0125	M201＃桩 2＃孔 1/1/6、1/2/6(0.00-0.46)	80.0×82	2.2	3.4	77	1.5MPa	9-F
		80.0×83	2.7				
		80.0×83	2.4				
17-1309 0126	M201＃桩 2＃孔 5/1/9、5/2/9、5/3/9(5.93-6.39)	80.0×83	2.6	3.7	77	1.5MPa	9-F
		80.0×82	2.8				
		80.0×83	5.7				
17-1309 0127	M201＃桩 2＃孔 8/3/3(11.11-11.51)	80.0×83	3.9	6.0	77	1.5MPa	9-F
		80.0×83	6.0				
		80.0×82	8.0				
17-1309 0128	M205＃桩 1＃孔 1/1/7、1/2/7(0.00-0.50)	80.0×83	4.0	3.4	78	1.5MPa	9-F
		80.0×83	2.3				
		80.0×82	4.0				
17-1309 0129	M205＃桩 1＃孔 5/3/6、5/4/6(6.74-7.22)	80.0×82	5.5	5.4	78	1.5MPa	9-F
		80.0×82	5.0				
		80.0×82	5.6				

序号	关键构件、节点加固亮点
解决方式	对工程M桩进行抽芯检测，每根M桩选取两个钻芯孔，每孔截取3组芯样试件进行抗压强度检测。设计要求90d龄期的水泥土试块抗压强度平均值大于2MPa，检测结果显示桩身强度在不足90d龄期时已大于2.4MPa
4	（见下表）

工程名称	敏捷东城水岸1号地下室(8＃楼)			测试点	C桩48、49＃桩，M桩51、70＃桩		
开始时间	2013年10月7日15时59分			信息摘要	压板：2.26×2.26-5.11m²		
压力/kN	0	1278	1916	2555	3194	3833	4471	5110
位移/mm	0.00	2.60	3.32	3.93	4.51	5.15	5.97	7.20

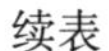

续表

序号	关键构件、节点加固亮点
4	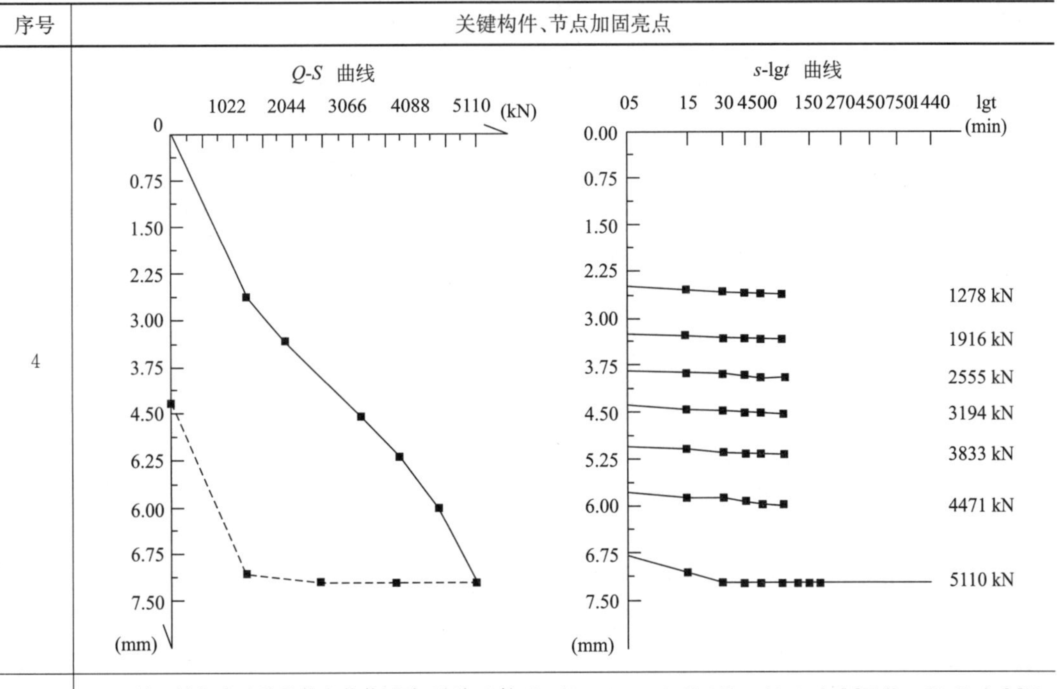
解决方式	C、M桩四桩复合地基承载力载荷试验，选取C桩C48($L=14.4$m)、C49($L=14.4$m)、M51($L=13.7$m)、M70($L=13.6$m)进行第一组多桩复合地基载荷试验。*Q-s* 曲线为缓变型，*s*-lg*t* 曲线为平缓型。承载力特征值对应沉降量为3.93mm，极限荷载作用下，桩顶最大沉降量为7.2mm，卸载后残余沉降量为4.31mm，回弹量为2.89mm，回弹率为40.14%。 本项目共进行三组CM桩复合地基载荷试验，其中两组CM桩复合地基载荷试验的结果反映承载力特征值对应的相对变形值(s/b)不超过0.2%，小于规范规定值1%，极限荷载值对应的相对变形值不超过0.4%。第三组CM桩复合地基按特征值为625kPa进行加载，载荷试验的结果反映承载力特征值对应的相对变形值(s/b)约为0.2%，变形量极小
5	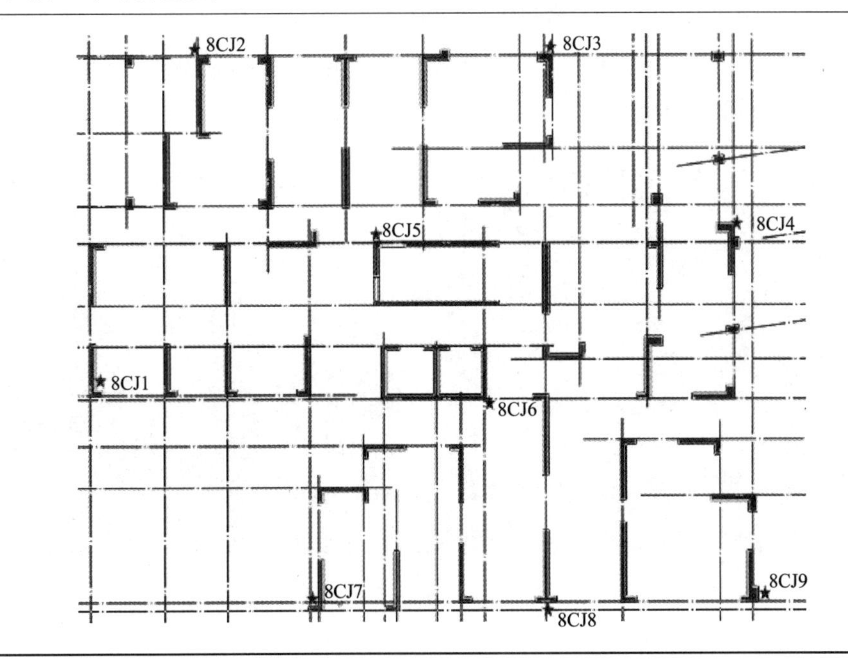

续表

序号	关键构件、节点加固亮点
5	（见下表）
解决方式	本项目采用加大置换率固结淤泥的方法将 40kPa 的淤泥成功处理至 500kPa，且通过沉降监测得到建筑物平均、稳定沉降约为 10mm

测点	2015-7-18(第 16 次)				2015-10-26(第 17 次)			
	天气情况	高程/m	本次下沉/mm	累计下沉/mm	天气情况	高程/m	本次下沉/mm	累计下沉/mm
8CJ1	晴	6.77946	−0.14	−9.34	晴	6.77924	−0.22	−9.56
8CJ2	晴	6.69831	−0.11	−8.54	晴	6.69781	−0.50	−9.04
8CJ3	晴	6.77622	−0.38	−8.66	晴	6.77587	−0.35	−9.01
8CJ4	晴	6.72107	−0.22	−8.84	晴	6.72055	−0.52	−9.36
8CJ5	晴	6.61462	−0.25	−9.52	晴	6.61442	−0.20	−9.72
8CJ6	晴	6.68491	−0.13	−9.28	晴	6.68475	−0.16	−9.44
8CJ7	晴	6.81524	−0.36	−8.94	晴	6.81472	−0.52	−9.46
8CJ8	晴	6.73505	−0.28	−8.83	晴	6.73428	−0.77	−9.60
8CJ9	晴	6.71358	−0.26	−8.77	晴	6.71317	−0.41	−9.18
8CJ10	晴	6.70777	−0.35	−9.17	晴	6.70725	−0.52	−9.69
8CJ11	晴	6.67438	−0.14	−9.14	晴	6.67403	−0.35	−9.49

3.1.3 实施效果

8 号住宅楼经实践验证，技术可行，经济性满足业主要求。后续 2～3 号楼采用刚性桩复合地基、4～8 号楼采用 C、M 三维高强复合地基，均满足工程要求。

广州华发四季名苑 C、M 桩复合基础处理工程自 2014 年 7 月完工使用至今情况良好，建筑物沉降控制优异，C、M 复合地基及溶洞处理效果得了各方好评，取得了良好的经济效益和社会效益。

整体效果图

专业技术篇

- 混凝土结构加固技术
- 砖混结构加固技术
- 基础加固技术
- 桥梁加固技术

1. 混凝土结构加固技术

1.1　混凝土构件增大截面加固法
1.2　外包型钢加固法
1.3　粘贴钢板加固法
1.4　粘贴纤维复合材加固法
1.5　置换混凝土加固法
1.6　植筋技术
1.7　锚栓技术
1.8　裂缝修补技术

1. 混凝土结构加固技术

1.1 混凝土构件增大截面加固法

适用范围	钢筋混凝土受弯构件和受压构件的加固
设计规定	1. 采用本方法时，按现场检测结果确定的原构件混凝土强度等级不应低于 C13； 2. 当被加固构件界面处理及其黏结质量符合规范规定时，可按整体截面计算； 3. 采用增大截面加固钢筋混凝土结构构件时，其正截面承载力应按现行国家标准《混凝土结构设计规范》GB 50010—2010(2015 年版)的基本假定进行计算； 4. 采用增大截面法对混凝土结构进行加固时，应采取措施卸除或大部分卸除作用在结构上的活荷载
构造规定	1. 新增截面采用现浇混凝土、自密实混凝土或喷射混凝土浇筑，也可采用掺有细石混凝土的水泥基灌浆料灌注； 2. 设计文件应对所采用的界面处理方法和处理质量提出要求； 3. 新增混凝土厚度、加固用钢筋直径应符合规范要求； 4. 新增钢筋连接构造及锚固应满足规范要求
受弯构件加大截面加固大样图	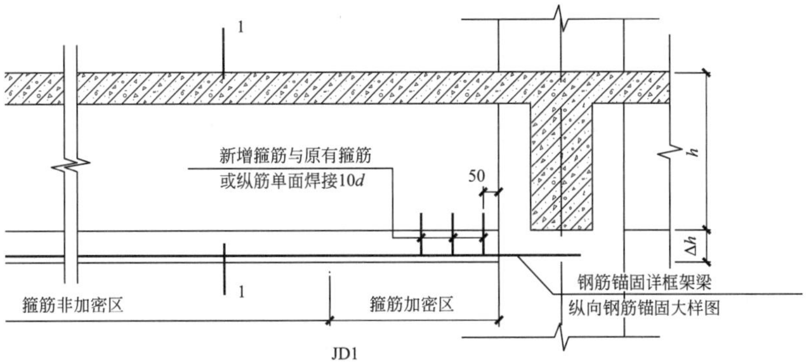 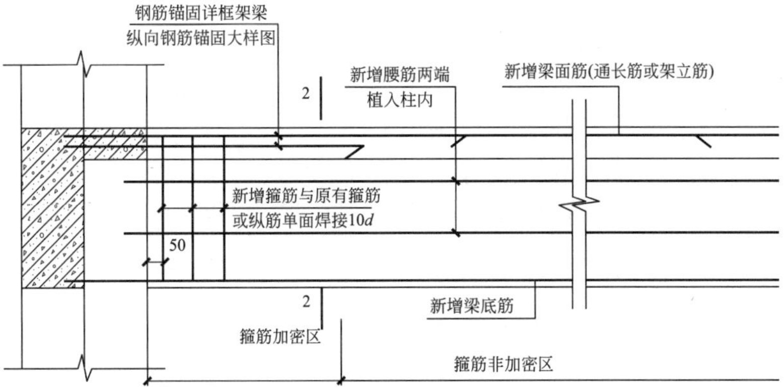 新增箍筋与原有箍筋或纵筋单面焊接10d 50 h Δh 1 箍筋非加密区 箍筋加密区 钢筋锚固详框架梁纵向钢筋锚固大样图 JD1 钢筋锚固详框架梁纵向钢筋锚固大样图 2 新增腰筋两端植入柱内 新增梁面筋(通长筋或架立筋) 新增箍筋与原有箍筋或纵筋单面焊接10d 50 新增梁底筋 箍筋加密区 箍筋非加密区 JD2

续表

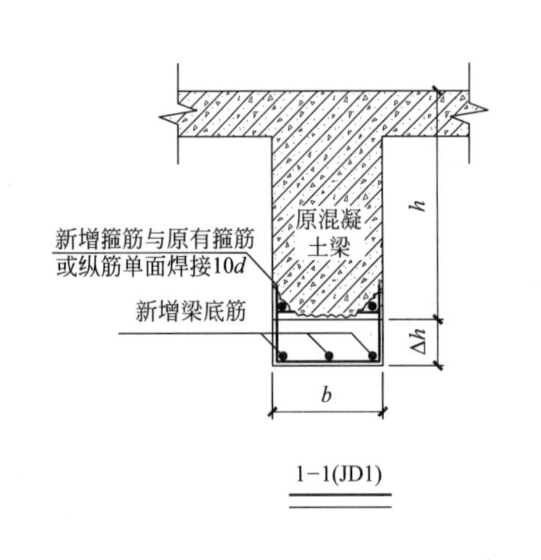

1-1(JD1)

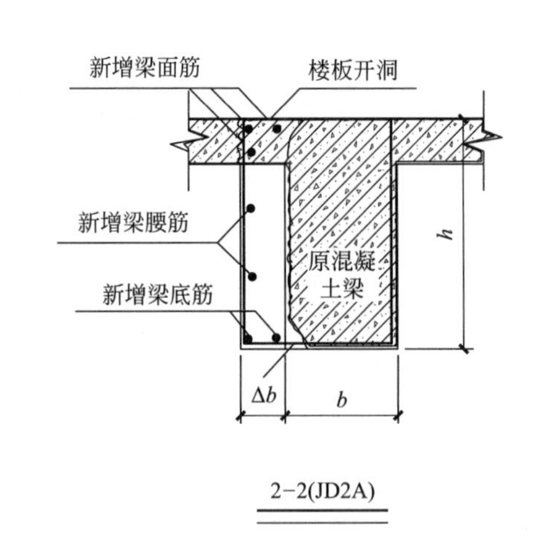

2-2(JD2A)

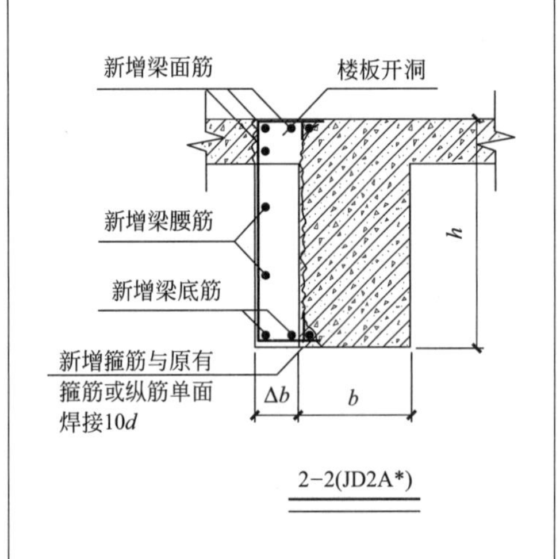

2-2(JD2A*)

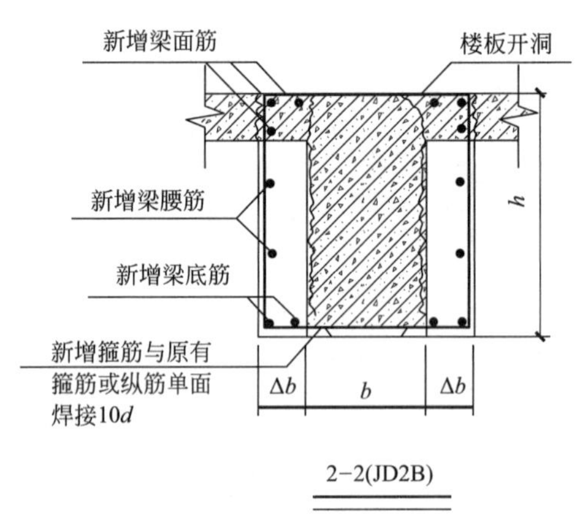

2-2(JD2B)

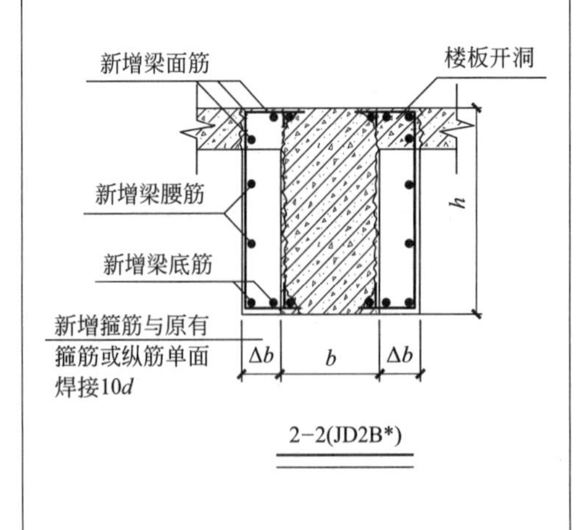

2-2(JD2B*)

续表

受弯构件加大截面加固大样图	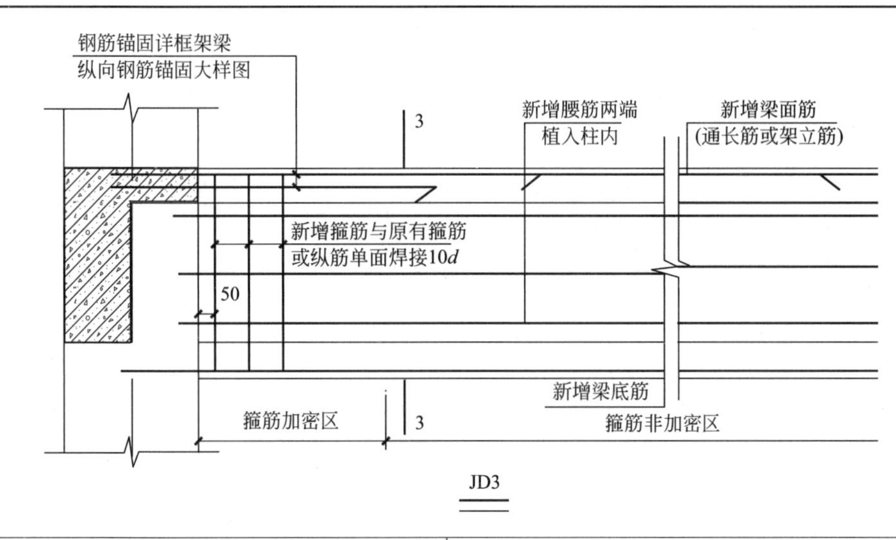 JD3
	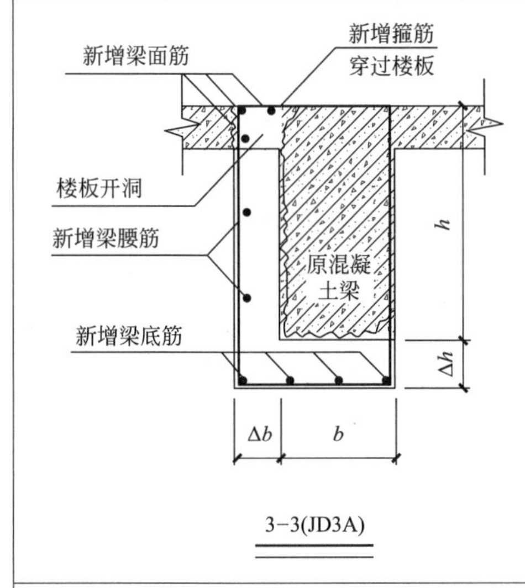 3-3(JD3A) 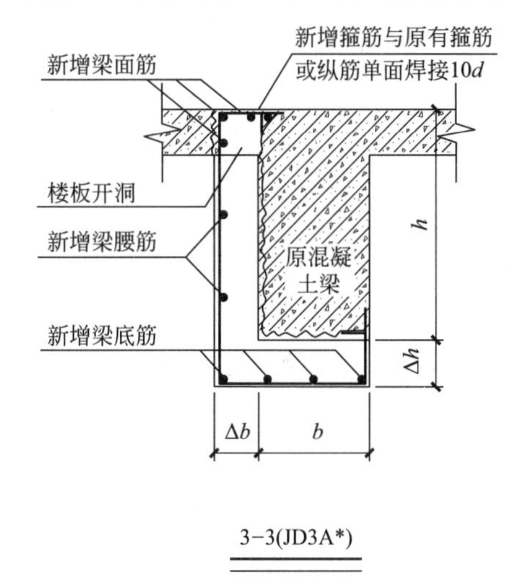 3-3(JD3A*)
	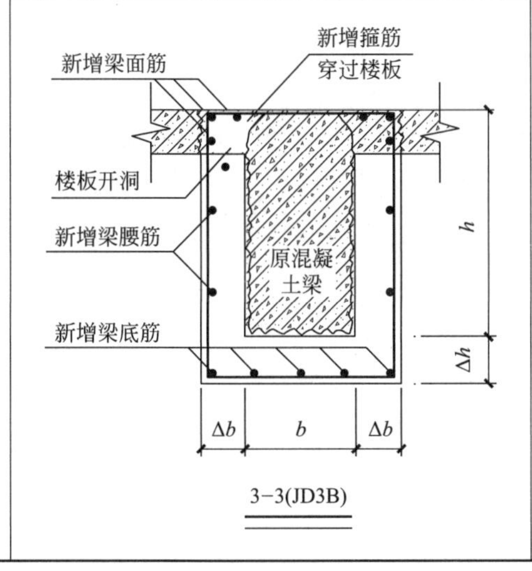 3-3(JD3B)

续表

受弯构件加大截面加固大样图

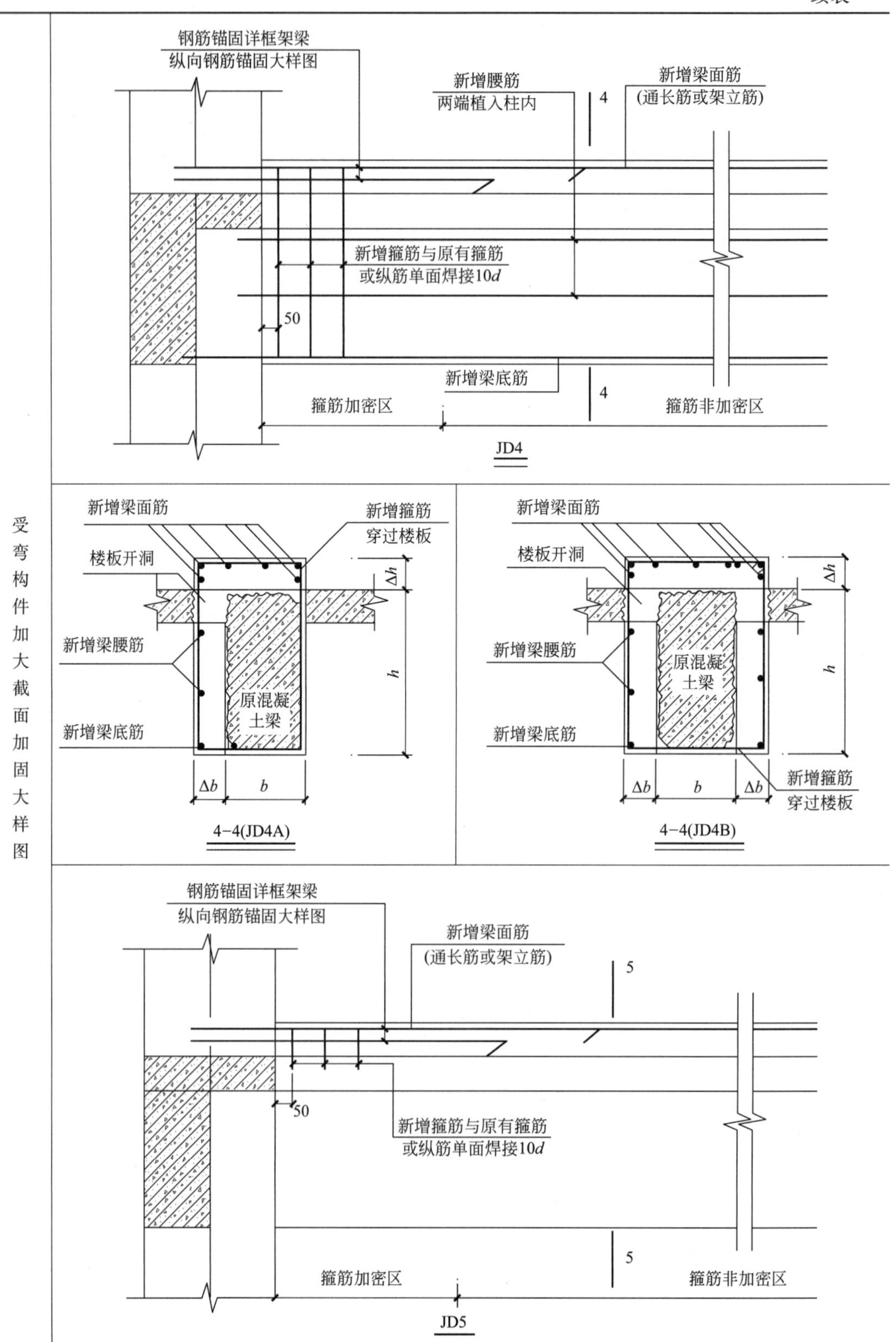

续表

<table>
<tr>
<td>受弯构件加大截面加固大样图</td>
<td colspan="2">
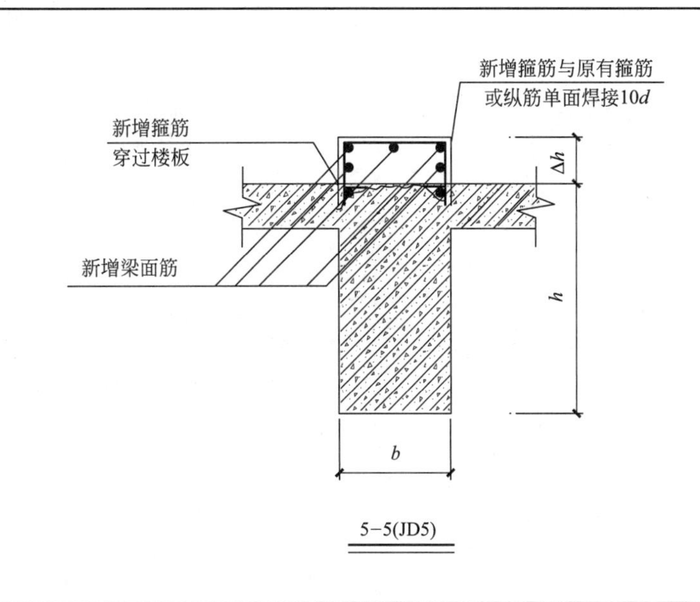

5-5(JD5)
</td>
</tr>
<tr>
<td rowspan="2">受弯构件加大截面加固节点连接大样图</td>
<td>
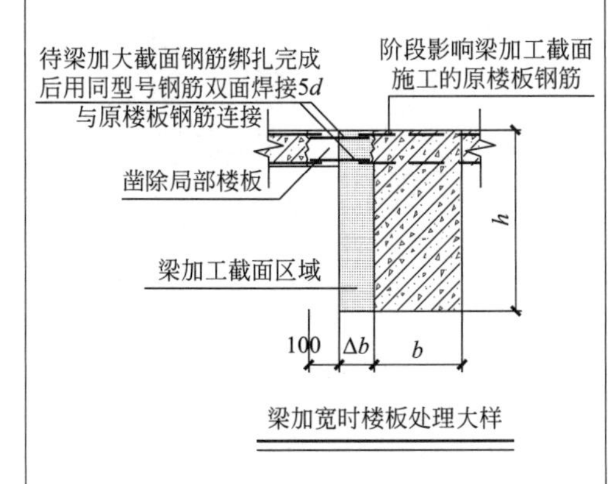

梁加宽时楼板处理大样
</td>
<td>
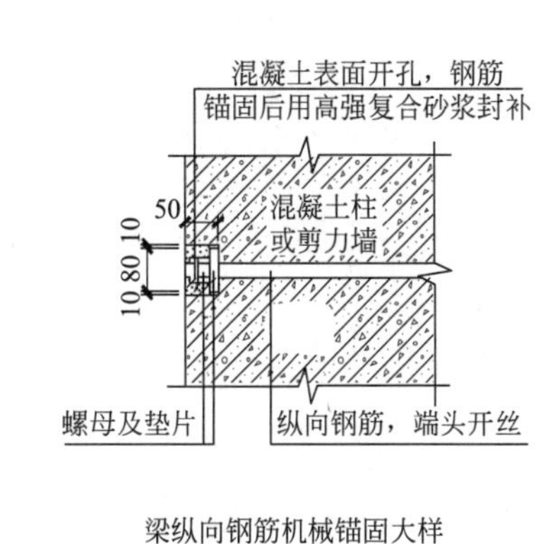

梁纵向钢筋机械锚固大样
</td>
</tr>
<tr>
<td>
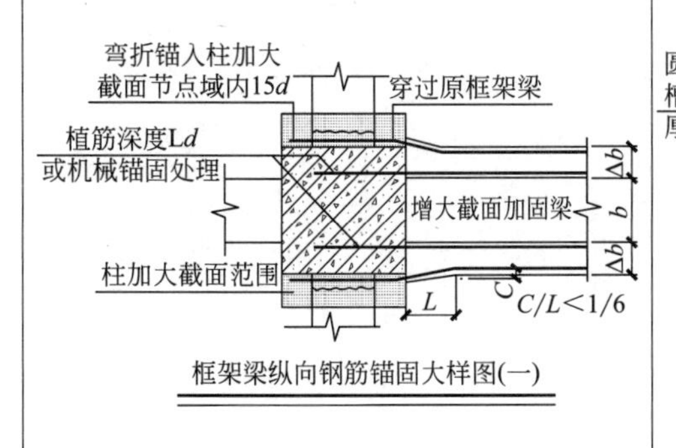

框架梁纵向钢筋锚固大样图(一)
</td>
<td>
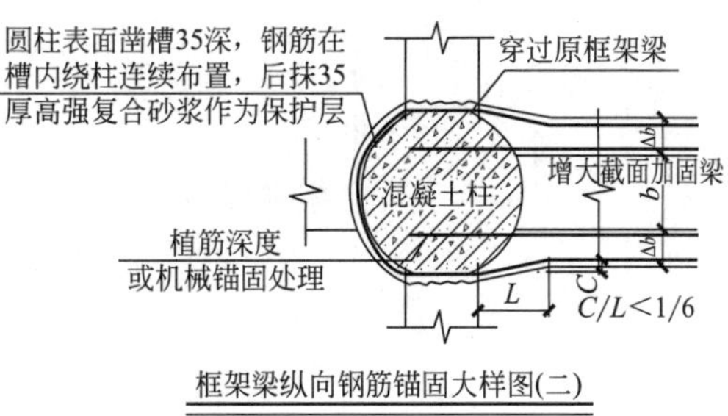

框架梁纵向钢筋锚固大样图(二)
</td>
</tr>
</table>

续表

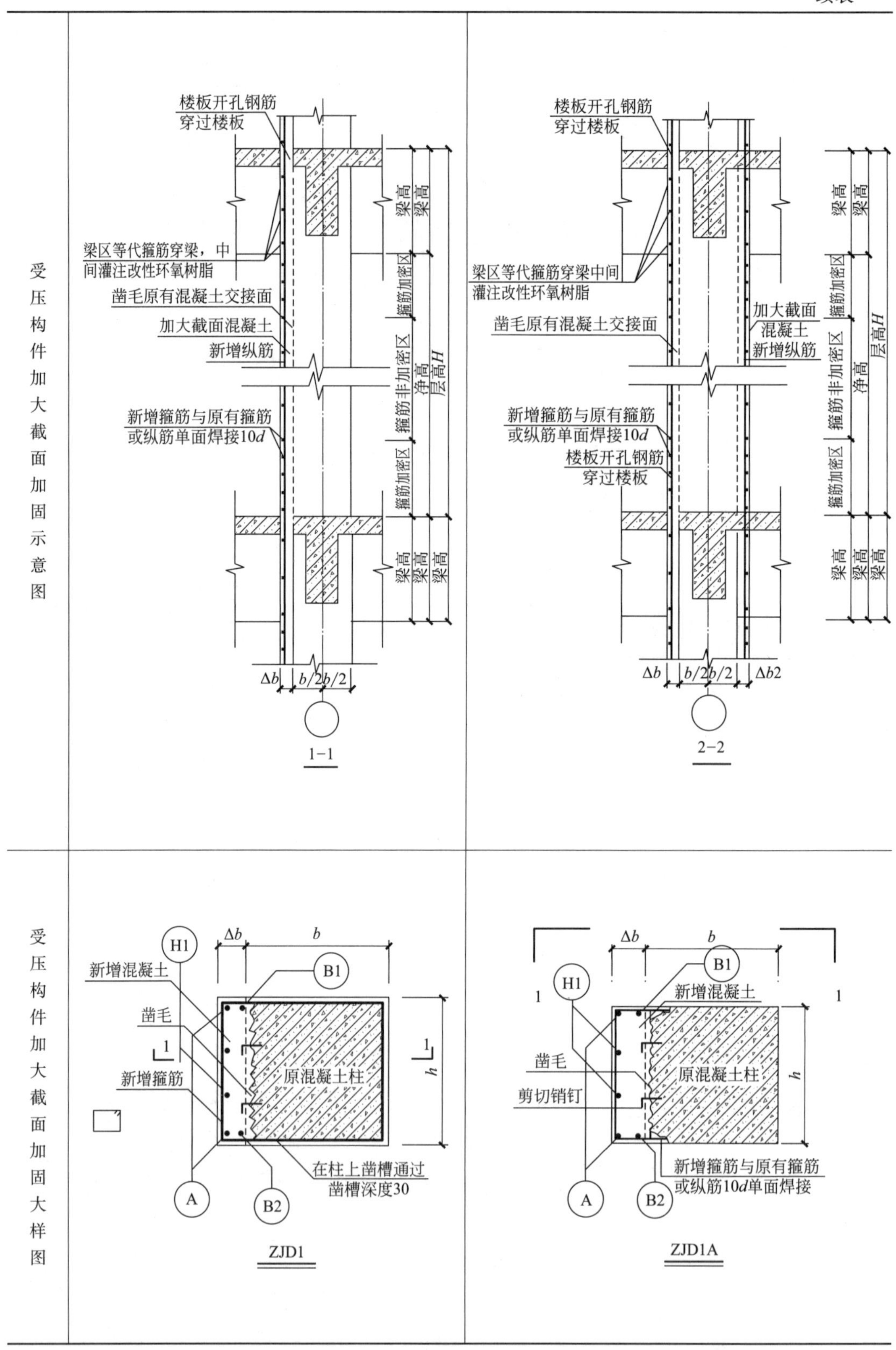
受压构件加大截面加固示意图
楼板开孔钢筋穿过楼板
梁区等代箍筋穿梁，中间灌注改性环氧树脂
凿毛原有混凝土交接面
加大截面混凝土
新增纵筋
新增箍筋与原有箍筋或纵筋单面焊接10d
梁高
箍筋加密区
箍筋非加密区
净高
层高H
Δb
b/2
1-1
梁区等代箍筋穿梁中间灌注改性环氧树脂
加大截面混凝土
Δb2
2-2
受压构件加大截面加固大样图
H1
Δb
b
新增混凝土
B1
凿毛
1
新增箍筋
原混凝土柱
h
A
B2
在柱上凿槽通过凿槽深度30
ZJD1
剪切销钉
新增箍筋与原有箍筋或纵筋10d单面焊接
ZJD1A

续表

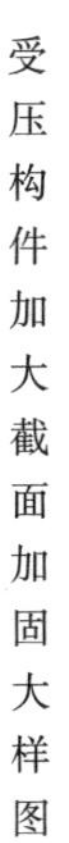

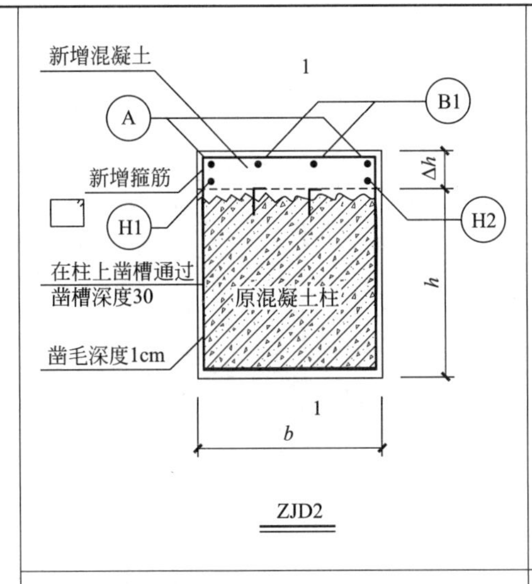

ZJD2

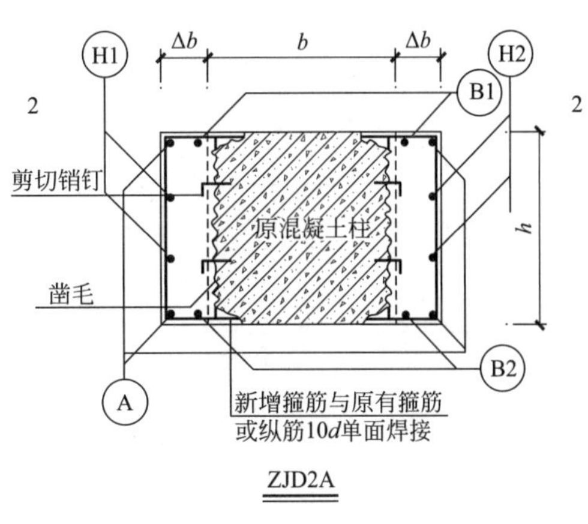

ZJD2A

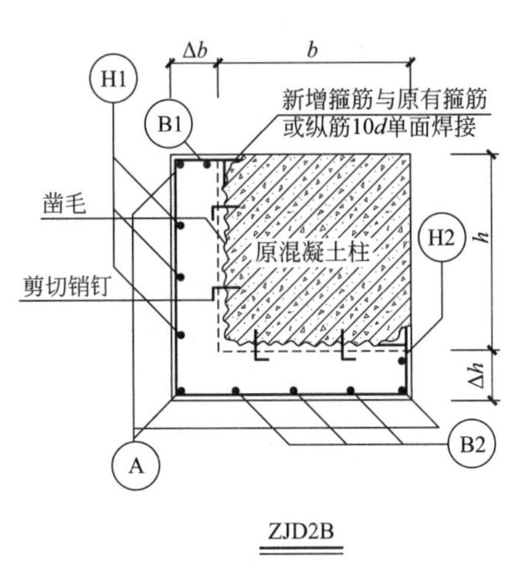

ZJD2B

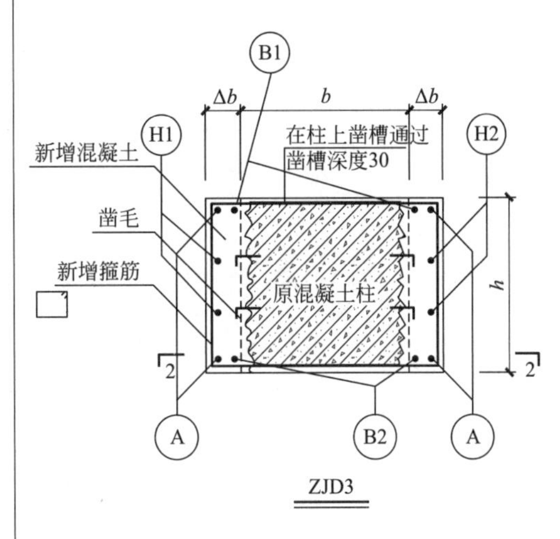

ZJD3

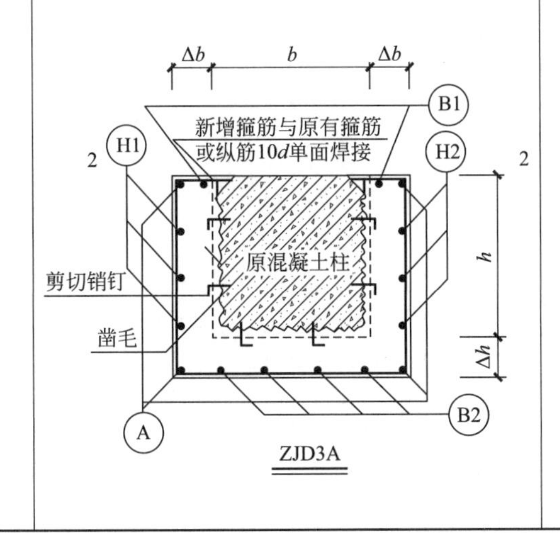

ZJD3A

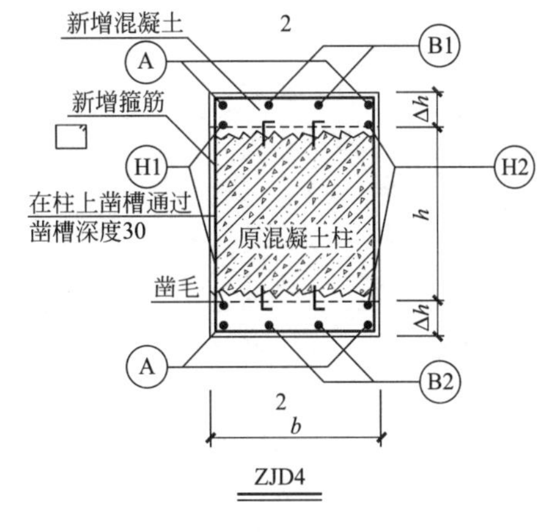

ZJD4

续表

受压构件加大截面加固大样图	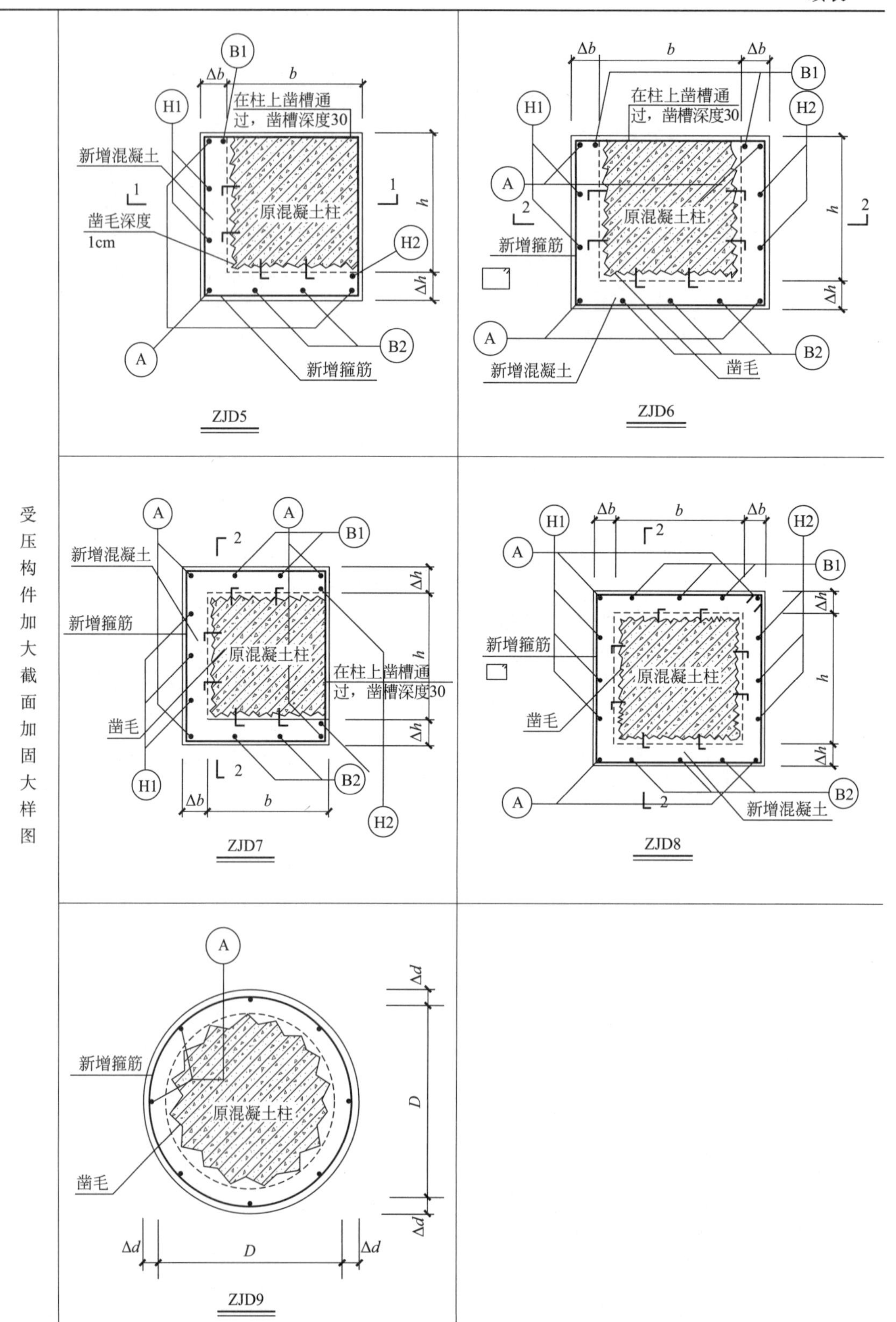

续表

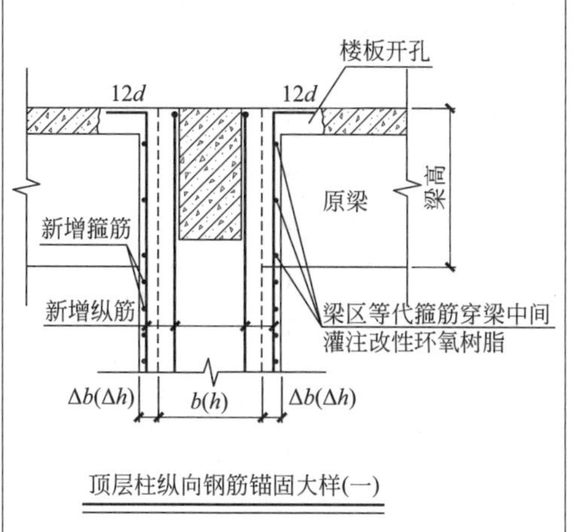

顶层柱纵向钢筋锚固大样(一)

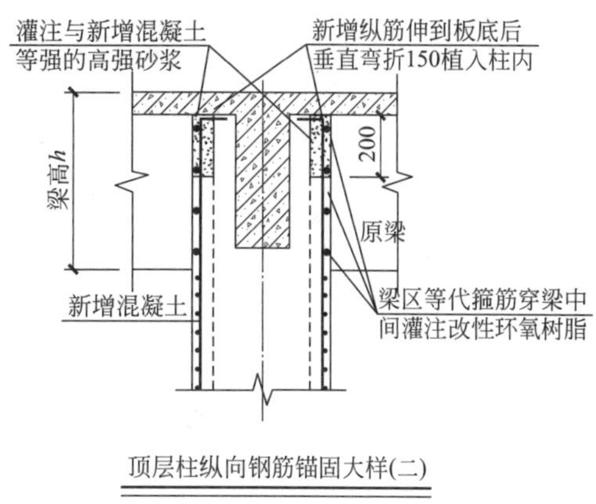

顶层柱纵向钢筋锚固大样(二)

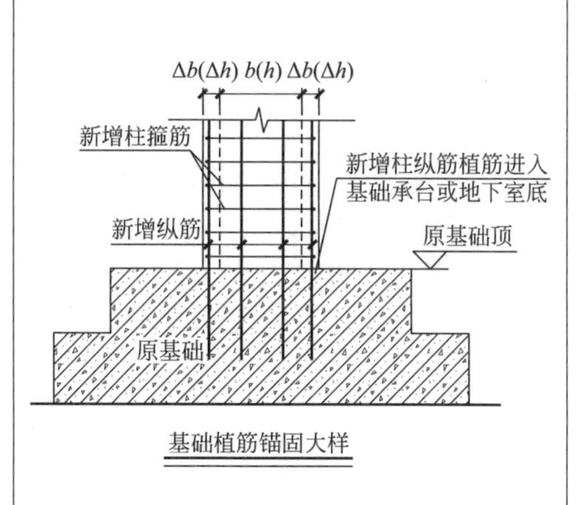

基础植筋锚固大样

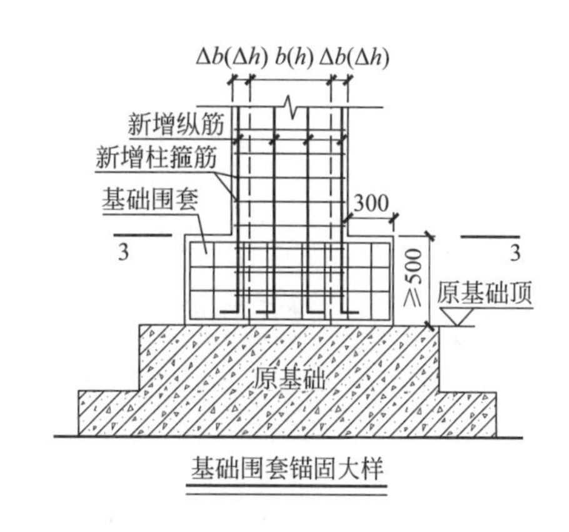

基础围套锚固大样

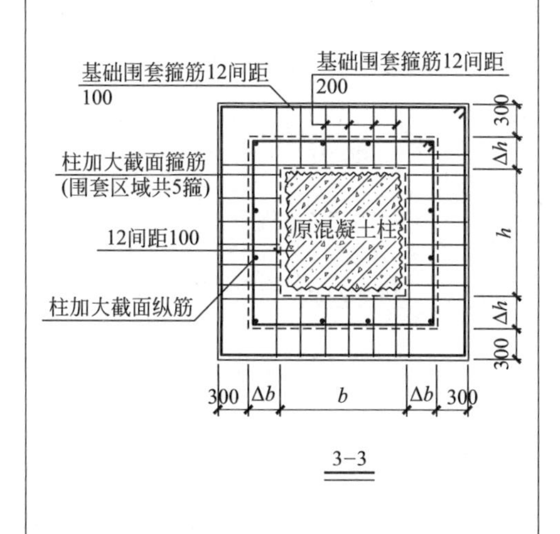

3-3

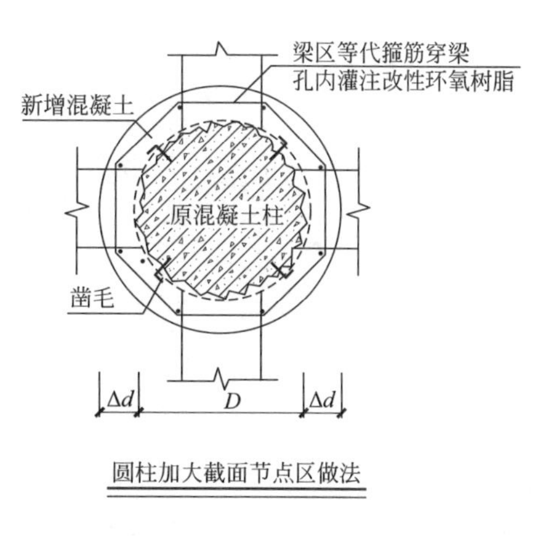

圆柱加大截面节点区做法

续表

<table>
<tr>
<td>受压构件加大截面加固连接大样图</td>
<td>
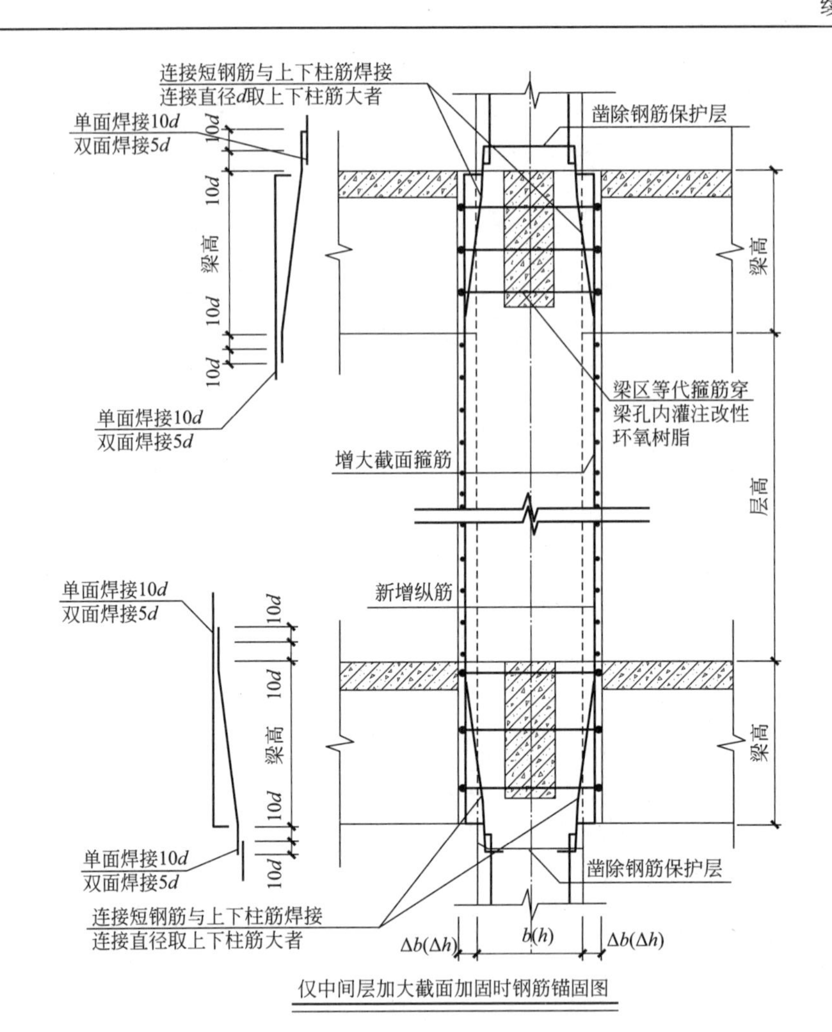

仅中间层加大截面加固时钢筋锚固图
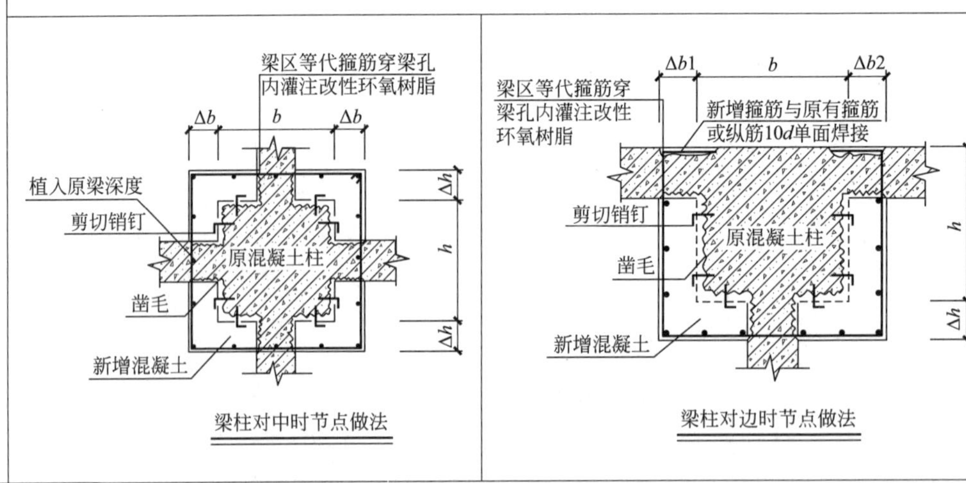

梁柱对中时节点做法　　梁柱对边时节点做法
</td>
</tr>
<tr>
<td>施工流程</td>
<td>清理、修整原结构、构件→安装新增钢筋(包括种植箍筋)并与原钢筋、箍筋连接→界面处理→安装模板→浇筑混凝土→养护及拆模→施工质量检验</td>
</tr>
</table>

续表

隐蔽验收项目	1. 界面处理及涂刷结构界面胶(剂)的质量; 2. 新增钢筋(包括植筋)的品种、规格、数量和位置; 3. 新增钢筋或植筋与原构件钢筋的连接构造及焊接质量; 4. 植筋质量; 5. 预埋件的规格、位置

1.2 外包型钢加固法

适用范围	适用于需要大幅度提高截面承载能力和抗震能力的钢筋混凝土柱或梁的加固
设计规定	1. 干式外包钢加固法。当柱完好,需提高设计荷载时,可按原柱与型钢构架共同承担荷载计算,原柱与型钢构架所承受荷载,按各自截面刚度比例分配,柱加固后总承载力为型钢构架承载力与原柱承载力之和;当原柱尚能工作,但需降低原设计承载力时,原柱承载力降低程度应由可靠性鉴定结果进行确定,其不足部分由型钢构架承担;当原柱存在不适于继续承载的损伤或严重缺陷时,可不考虑原柱的作用,其全部荷载由型钢骨架承担;型钢构架承载力应按现行国家标准《钢结构设计标准》GB 50017—2017 规定的格构式柱进行计算,并乘以与原柱协同工作的折减系数 0.9;型钢构架上下端应可靠连接、支承牢固。 2. 当工程允许使用结构胶黏剂,且原柱状况适于采取加固措施时,宜选用外粘型钢加固法,该方法属复合截面加固法,其加固后的承载力和截面刚度可按整截面计算。 3. 采用外包型钢加固法对钢筋混凝土结构进行加固时,应采取措施卸除或大部分卸除作用在原结构上的活荷载
构造规定	1. 采用外粘型钢加固法时,应优先选用角钢。角钢的厚度不应小于 5mm,角钢的边长,对梁和桁架,不应小于 50mm,对柱不应小于 75mm。沿梁、柱轴线方向应每隔一定距离用扁钢制作的箍板或缀板与角钢焊接。当有楼板时,U 形箍板或其附加的螺杆应穿过楼板,与另加的条形钢板焊接或嵌入楼板后予以胶锚。箍板与缀板均应在胶粘前与加固角钢焊接。当钢箍板需穿过楼板或胶锚时,可采用半重叠钻孔法,将圆孔扩成矩形扁孔;待箍板穿插安装、焊接完毕后,再用结构胶注入孔中予以封闭、锚固。箍板或缀板截面不应小于 40mm×4mm,其间距不应大于 $20r$(r 为单根角钢截面的最小回转半径),且不应大于 500mm;在节点区,其间距应适当加密。 2. 外粘型钢的两端应有可靠的连接和锚固。对柱的加固,角钢下端应锚固于基础;中间应穿过各层楼板,上端应伸至加固层的上一层楼板底或屋面板底;当相邻两层柱的尺寸不同时,可将上下柱外粘型钢交汇于楼面,并利用其内外间隔嵌入厚度不小于 10mm 的钢板焊成水平钢框,与上下柱角钢及上柱钢箍相互焊接固定。对梁的加固,梁角钢(或钢板)应与柱角钢相互焊接。必要时,可加焊扁钢带或钢筋条,使柱两侧的梁相互连接;对桁架的加固,角钢应伸过该杆件两端的节点,或设置节点板将角钢焊在节点板上。 3. 外粘型钢加固梁、柱时,应将原构件截面的棱角打磨成半径 r 大于等于 7mm 的圆角。外粘型钢的注胶应在型钢构架焊接完成后进行。外粘型钢的胶缝厚度宜控制在 3~5mm;局部允许有长度不大于 300mm、厚度不大于 8mm 的胶缝,但不得出现在角钢端部 600mm 范围内。 4. 采用外包型钢加固钢筋混凝土构件时,型钢表面(包括混凝土表面)应抹厚度不小于 25mm 的高强度等级水泥砂浆(应加钢丝网防裂)作防护层,也可采用其他具有防腐蚀和防火性能的饰面材料加以保护。若外包型钢构架的表面防护按钢结构的涂装工程(包括防腐涂料涂装和防火涂料涂装)设计时,应符合现行国家标准《钢结构设计标准》GB 50017—2017 及《钢结构工程施工质量验收标准》GB 50205—2020 的规定

续表

柱外包钢加固示意图	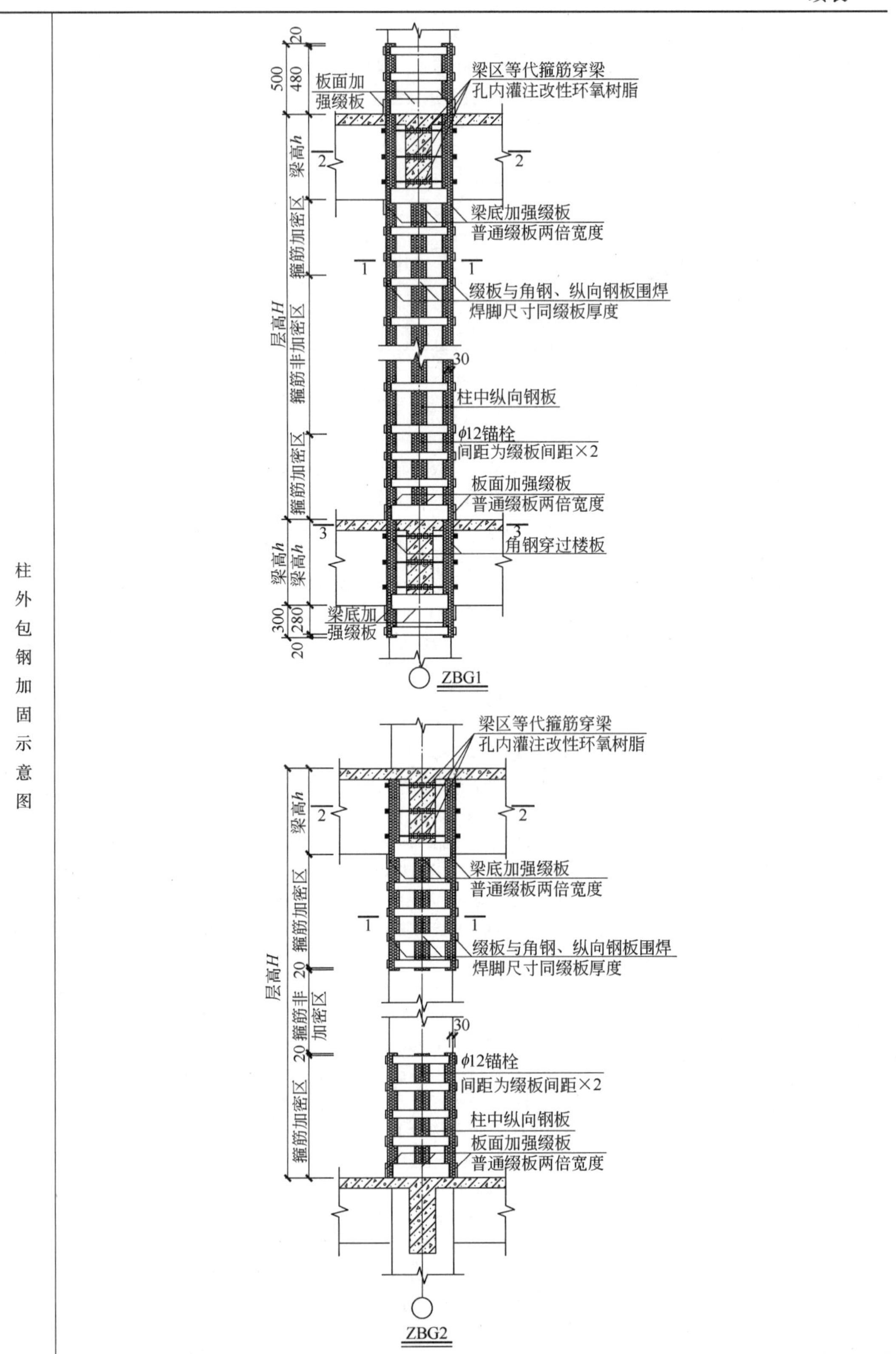

续表

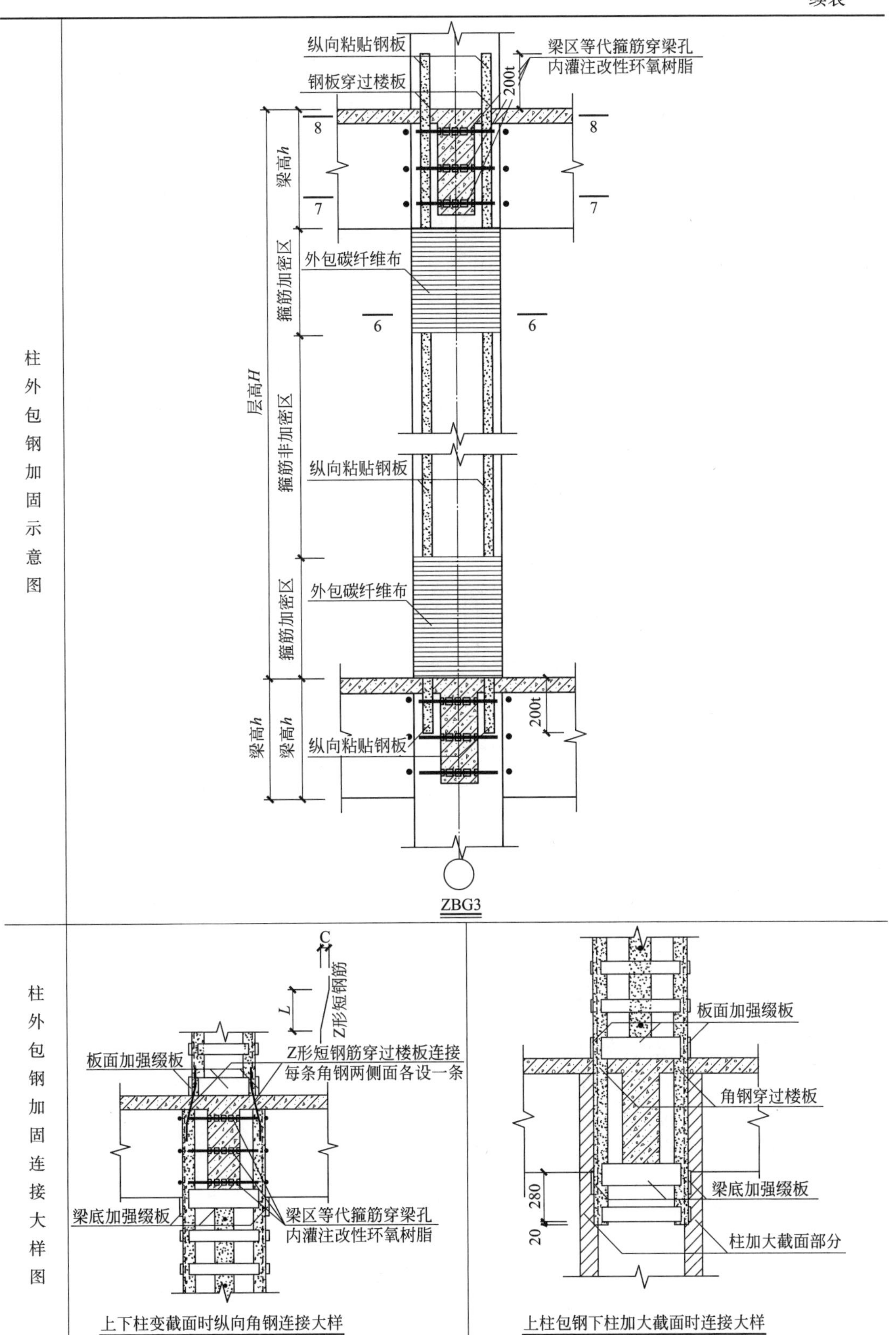
柱外包钢加固示意图
纵向粘贴钢板
钢板穿过楼板
梁区等代箍筋穿梁孔
内灌注改性环氧树脂
200t
8
8
梁高h
7
7
箍筋加密区
外包碳纤维布
6
6
层高H
箍筋非加密区
纵向粘贴钢板
箍筋加密区
外包碳纤维布
梁高h
梁高h
纵向粘贴钢板
200t
ZBG3
柱外包钢加固连接大样图
C
L
Z形短钢筋
板面加强缀板
Z形短钢筋穿过楼板连接
每条角钢两侧面各设一条
梁底加强缀板
梁区等代箍筋穿梁孔
内灌注改性环氧树脂
上下柱变截面时纵向角钢连接大样
板面加强缀板
角钢穿过楼板
梁底加强缀板
280
20
柱加大截面部分
上柱包钢下柱加大截面时连接大样

续表

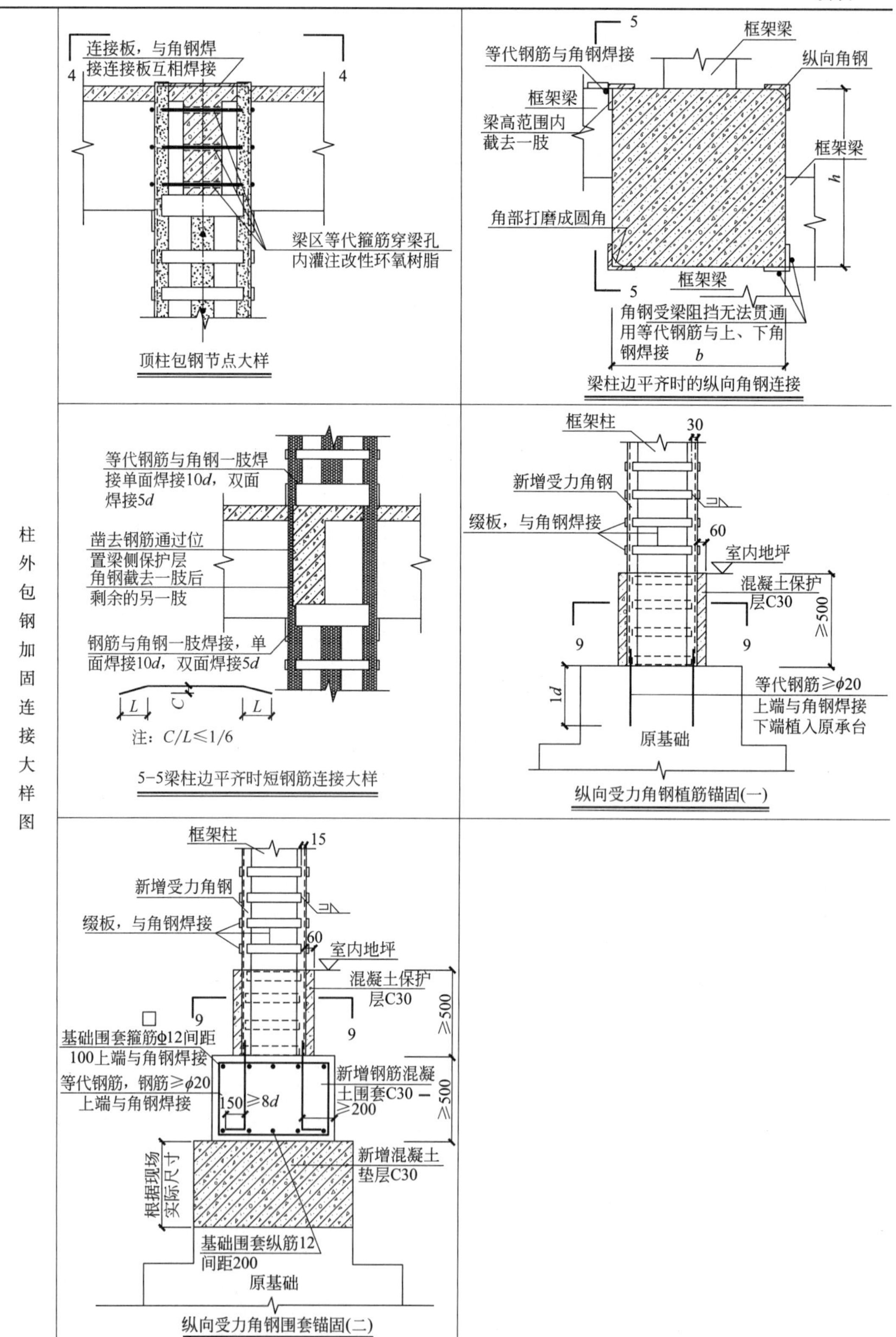

柱外包钢加固连接大样图
连接板，与角钢焊接连接板互相焊接
4
4
梁区等代箍筋穿梁孔内灌注改性环氧树脂
顶柱包钢节点大样
5
框架梁
等代钢筋与角钢焊接
纵向角钢
框架梁
梁高范围内截去一肢
框架梁
h
角部打磨成圆角
框架梁
5
角钢受梁阻挡无法贯通用等代钢筋与上、下角钢焊接
b
梁柱边平齐时的纵向角钢连接
等代钢筋与角钢一肢焊接单面焊接10d，双面焊接5d
凿去钢筋通过位置梁侧保护层
角钢截去一肢后剩余的另一肢
钢筋与角钢一肢焊接，单面焊接10d，双面焊接5d
L
C
L
注：C/L≤1/6
5-5梁柱边平齐时短钢筋连接大样
框架柱
30
新增受力角钢
缀板，与角钢焊接
60
室内地坪
混凝土保护层C30
≥500
9
9
1d
等代钢筋≥ϕ20上端与角钢焊接下端植入原承台
原基础
纵向受力角钢植筋锚固(一)
框架柱
15
新增受力角钢
缀板，与角钢焊接
60
室内地坪
混凝土保护层C30
9
9
≥500
基础围套箍筋ϕ12间距100上端与角钢焊接
等代钢筋，钢筋≥ϕ20上端与角钢焊接
150
≥8d
新增钢筋混凝土围套C30
≥200
≥500
根据现场实际尺寸
新增混凝土垫层C30
基础围套纵筋12间距200
原基础
纵向受力角钢围套锚固(二)

续表

受压构件正截面加固大样图

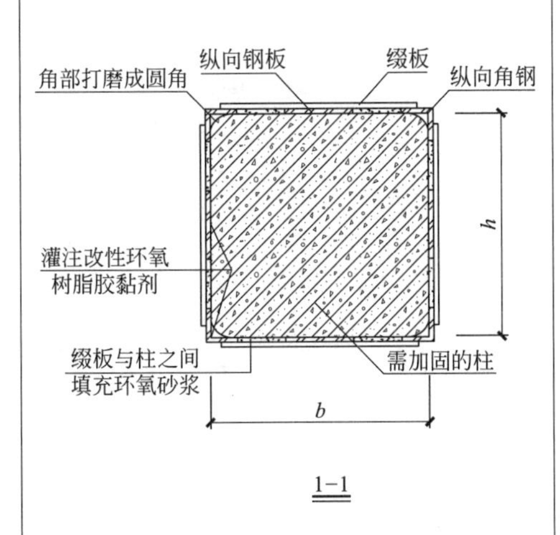

1-1

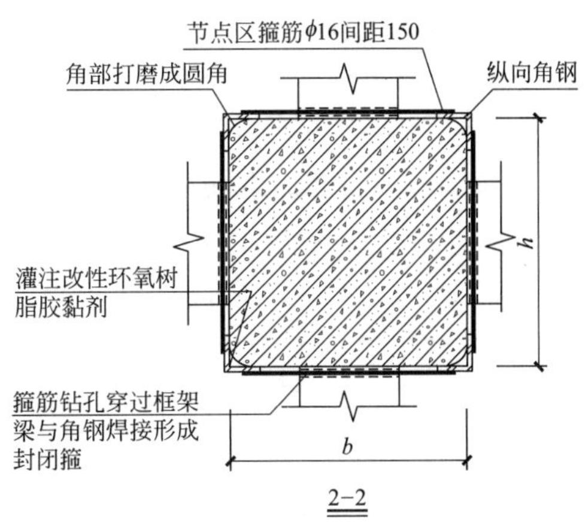

2-2

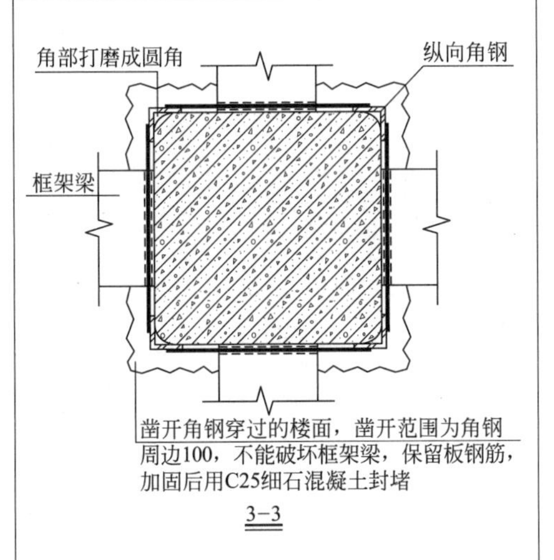

3-3

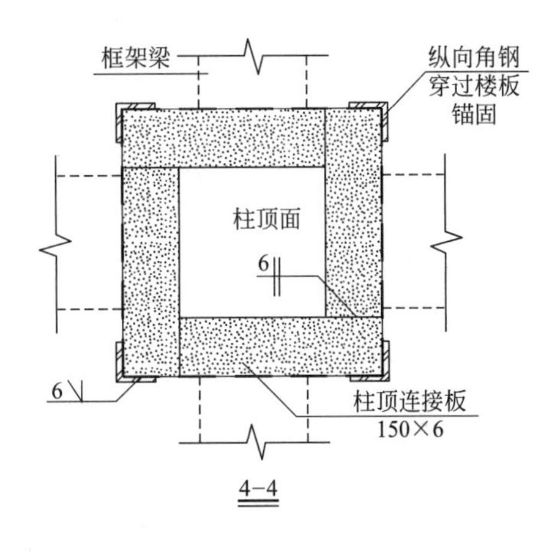

4-4

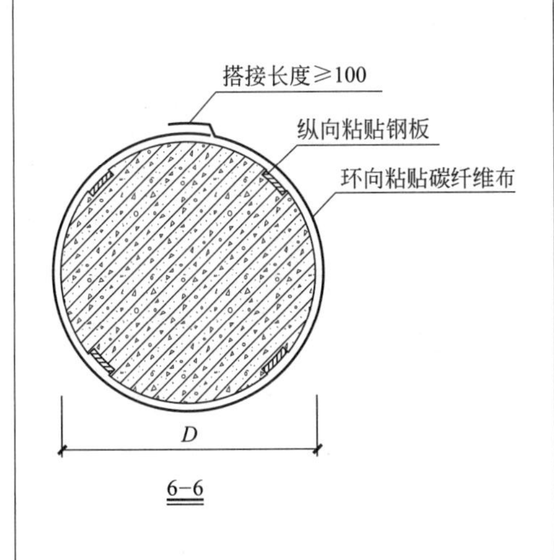

6-6

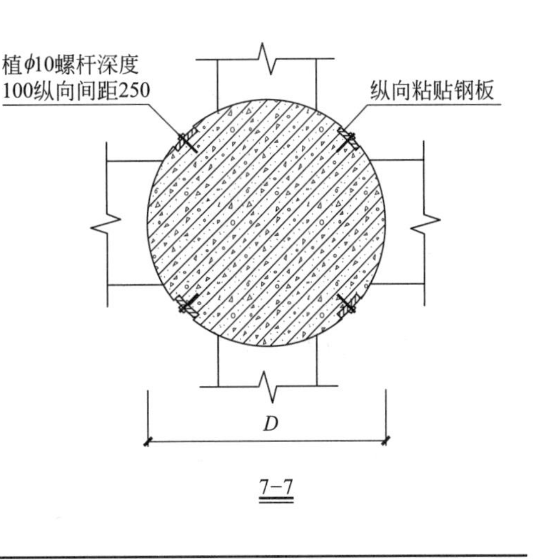

7-7

续表

<table>
<tr><td>受压构件正截面加固大样图</td><td>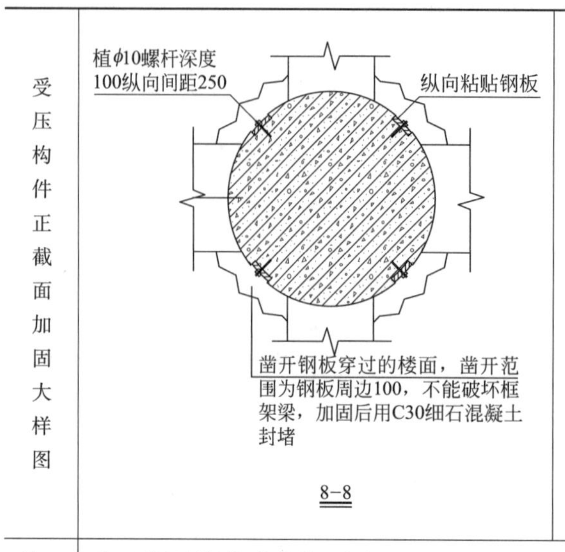
</td><td>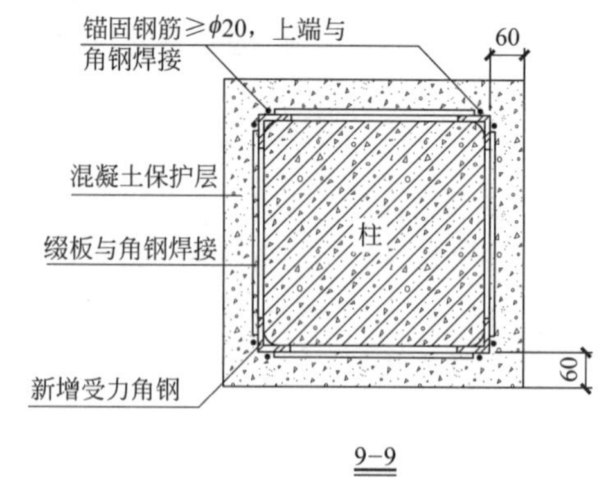
</td></tr>
<tr><td>施工流程</td><td colspan="2">清理、修整原结构、构件并画线定位→制作型钢骨架→界面处理→型钢骨架安装及焊接→注胶施工（包括注胶前准备工作）→养护→施工质量检验→防护面层施工</td></tr>
<tr><td>施工质量检验</td><td colspan="2">1. 主控项目：外粘型钢的施工质量检验，应在检查其型钢肢安装、缀板焊接合格的基础上，进行胶黏强度检验、注胶饱满度探测。
2. 一般项目：被加固构件注胶（或注浆）后的外观应无污渍、无胶液（或浆液）挤出的残留物；注胶孔（或注浆孔）和排气孔的封闭应平整；注胶嘴（或注浆嘴）底座及其残片应全部铲除干净</td></tr>
</table>

1.3 粘贴钢板加固法

适用范围	本方法适用于对钢筋混凝土受弯、大偏心受压和受拉构件的加固。本方法不适用于素混凝土构件，包括纵向受力钢筋一侧配筋率小于 0.2%的构件加固
设计规定	1. 被加固的混凝土结构构件，其现场实测混凝土强度等级不得低于 C15，且混凝土表面的正拉黏结强度不得低于 1.5MPa。 2. 粘贴钢板加固钢筋混凝土结构构件时，应将钢板受力方式设计成仅承受轴向应力作用。 3. 粘贴在混凝土构件表面上的钢板，其外表面应进行防锈蚀处理。表面防锈蚀材料对钢板及胶黏剂应无害。 4. 采用规范规定的胶黏剂粘贴钢板加固混凝土结构时，其长期使用的环境温度不应高于 60℃；处于特殊环境（如高温、高湿、介质侵蚀、放射等）的混凝土结构采用本方法加固时，除应按国家现行有关标准的规定采取相应的防护措施外，尚应采用耐环境因素作用的胶黏剂，并按专门的工艺要求进行粘贴。 5. 采用粘贴钢板对钢筋混凝土结构进行加固时，应采取措施卸除或大部分卸除作用在结构上的活荷载。 6. 当被加固构件的表面有防火要求时，应按现行国家标准《建筑设计防火规范》GB 50016—2014（2018 年）规定的耐火等级及耐火极限要求，对胶黏剂和钢板进行防护
构造规定	1. 粘钢加固的钢板宽度不宜大于 100mm。采用手工涂胶粘贴的钢板厚度不应大于 5mm；采用压力注胶黏结的钢板厚度不应大于 10mm，且应按外粘型钢加固法的焊接节点构造进行设计。 2. 对钢筋混凝土受弯构件进行正截面加固时，均应在钢板的端部（包括截断处）及集中荷载作用点的两侧，对梁设置 U 形钢箍板，对钢箍板应设置横向钢压条进行锚固。

续表

<table>
<tr><td>构造规定</td><td>3. 当粘贴的钢板延伸至支座边缘仍不满足延伸长度的规定时，应采取下列锚固措施：对梁，应在延伸长度范围内均匀设置U形箍且应在延伸长度的端部设置一道加强箍。U形箍的粘贴高度应为梁的截面高度；梁有翼缘(或有现浇楼板)，应伸至其底面。U形箍的宽度，对端箍不应小于加固钢板宽度的2/3，且不应小于80mm；对中间箍不应小于加固钢板宽度的1/2，且不应小于40mm。U形箍的厚度不应小于受弯加固钢板厚度的1/2，且不应小于4mm。U形箍的上端应设置纵向钢压条；压条下面的空隙应加胶粘钢垫块填平。对板，应在延伸长度范围内通长设置垂直于受力钢板方向的钢压条。钢压条一般不宜少于3条；钢压条应在延伸长度范围内均匀布置，且应在延伸长度的端部设置一道。压条的宽度不应小于受弯加固钢板宽度的3/5，钢压条的厚度不应小于受弯加固钢板厚度的1/2。
4. 当采用钢板对受弯构件负弯矩区进行正截面承载力加固时，应采取下列构造措施：支座处无障碍时，钢板应在负弯矩包络图范围内连续粘贴；在端支座无法延伸的一侧，柱顶加贴L形钢板或柱中部加贴L形钢板；支座处虽有障碍，但梁上有现浇板时，允许绕过柱位，在梁侧4倍板厚范围内，将钢板粘贴于板面上；当梁上负弯矩区的支座处需采取加强的锚固措施时，柱顶加贴L形钢板或柱中部加贴L形钢板。
5. 当加固的受弯构件粘贴不止一层钢板时，相邻两层钢板的截断位置应错开不小于300mm，并应在截断处加设U形箍(对梁)或横向压条(对板)进行锚固。
6. 当采用粘贴钢板箍对钢筋混凝土梁或大偏心受压构件的斜截面承载力进行加固时，其构造应符合下列规定：宜选用封闭箍或加锚的U形箍；若仅按构造需要设箍，也可采用一般U形箍；受力方向应与构件轴向垂直；封闭箍及U形箍的净间距不应大于现行国家标准《混凝土结构设计规范》GB 50010—2010规定的最大箍筋间距的0.70倍，且不应大于梁高的0.25倍；箍板的粘贴高度为梁的截面高度，梁有翼缘(或有现浇楼板)，应伸至其底面；一般U形箍的上端应粘贴纵向钢压条予以锚固；钢压条下面的空隙应加胶粘钢垫板填平；当梁的截面高度(或腹板高度)h大于等于600mm时，应在梁的腰部增设一道纵向腰间钢压条。
7. 当采用粘贴钢板加固大偏心受压钢筋混凝土柱时，其构造应符合下列规定：柱的两端应增设机械锚固措施；柱上端有楼板时，粘贴的钢板应穿过楼板，并应有足够的延伸长度</td></tr>
<tr><td>受弯构件跨中粘贴钢板大样图</td><td>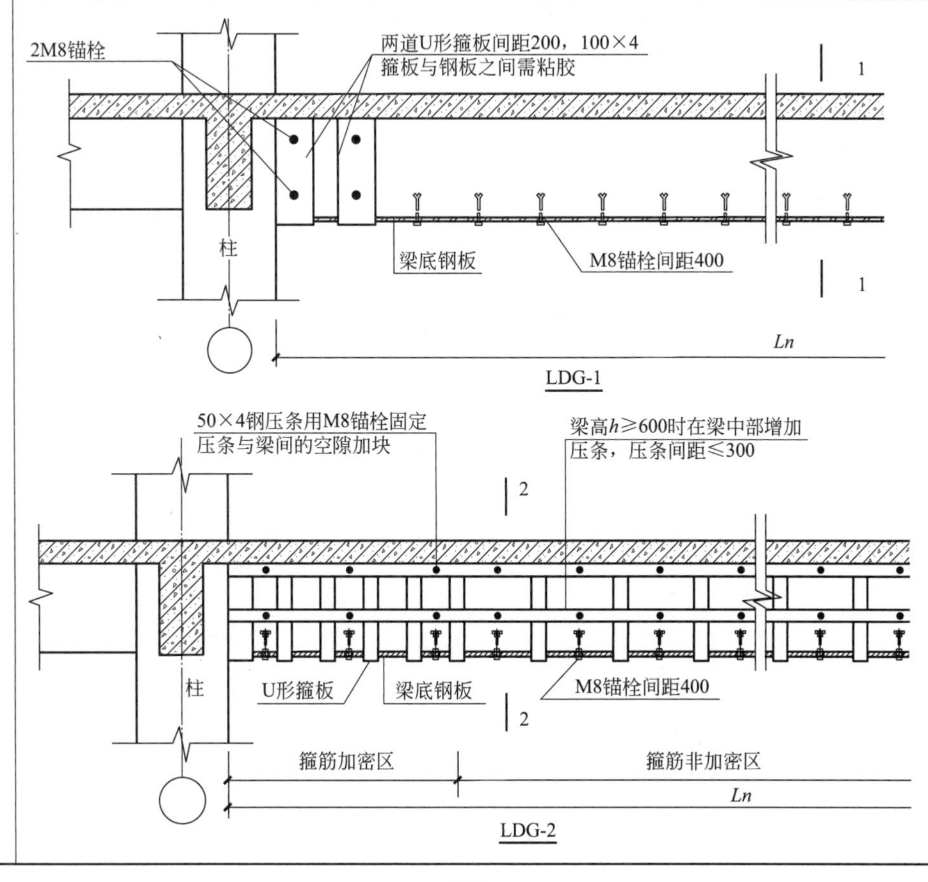
</td></tr>
</table>

续表

受弯构件跨中粘贴钢板大样图

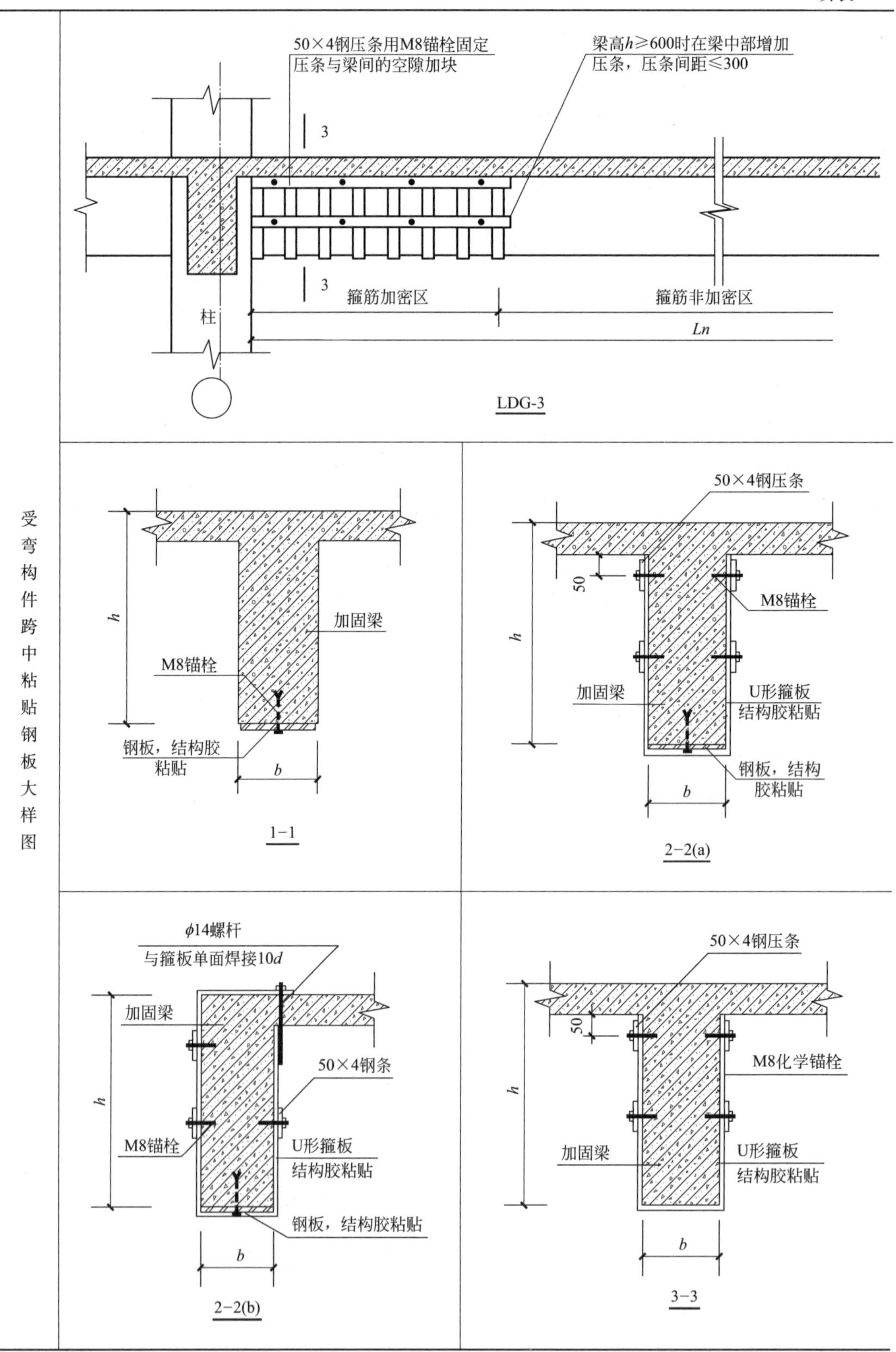

续表

受弯构件支座粘贴钢板大样图	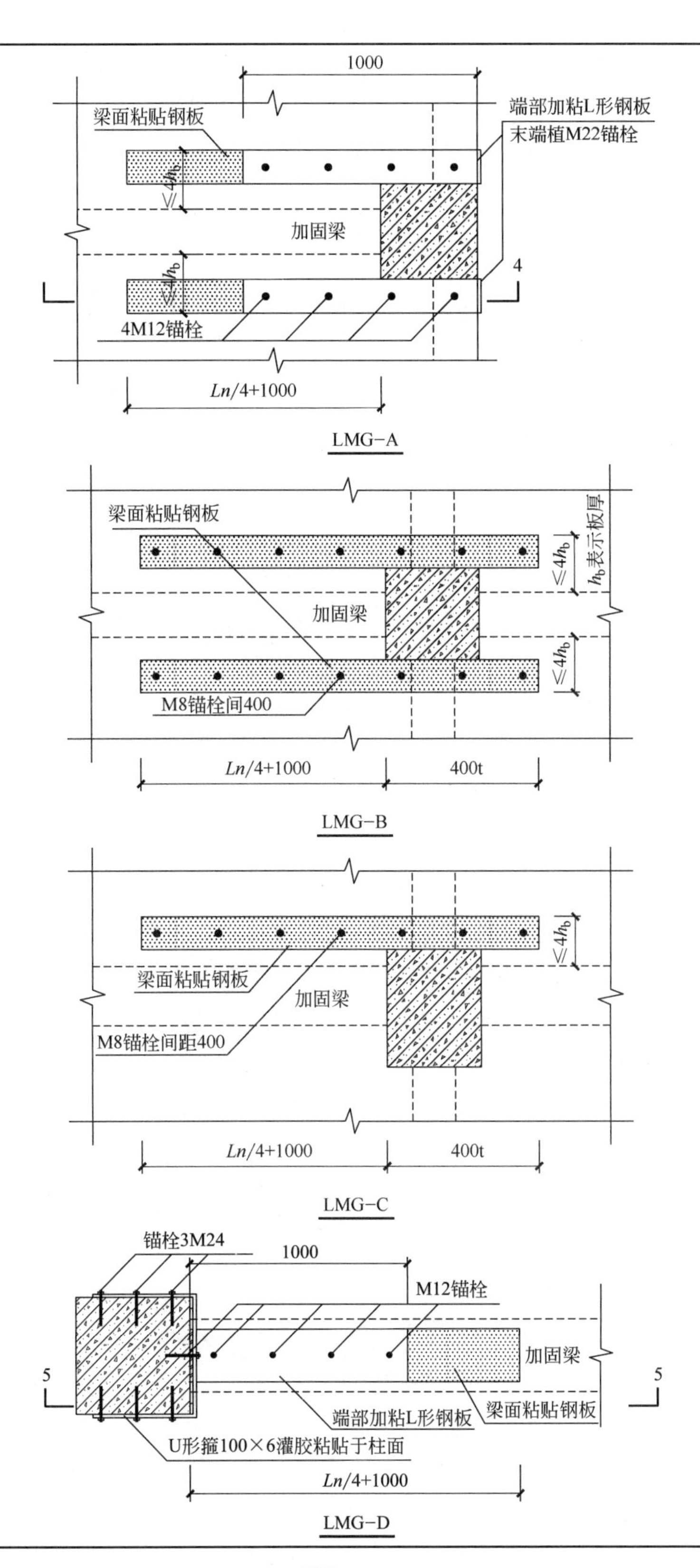

续表

受弯构件支座粘贴钢板大样图

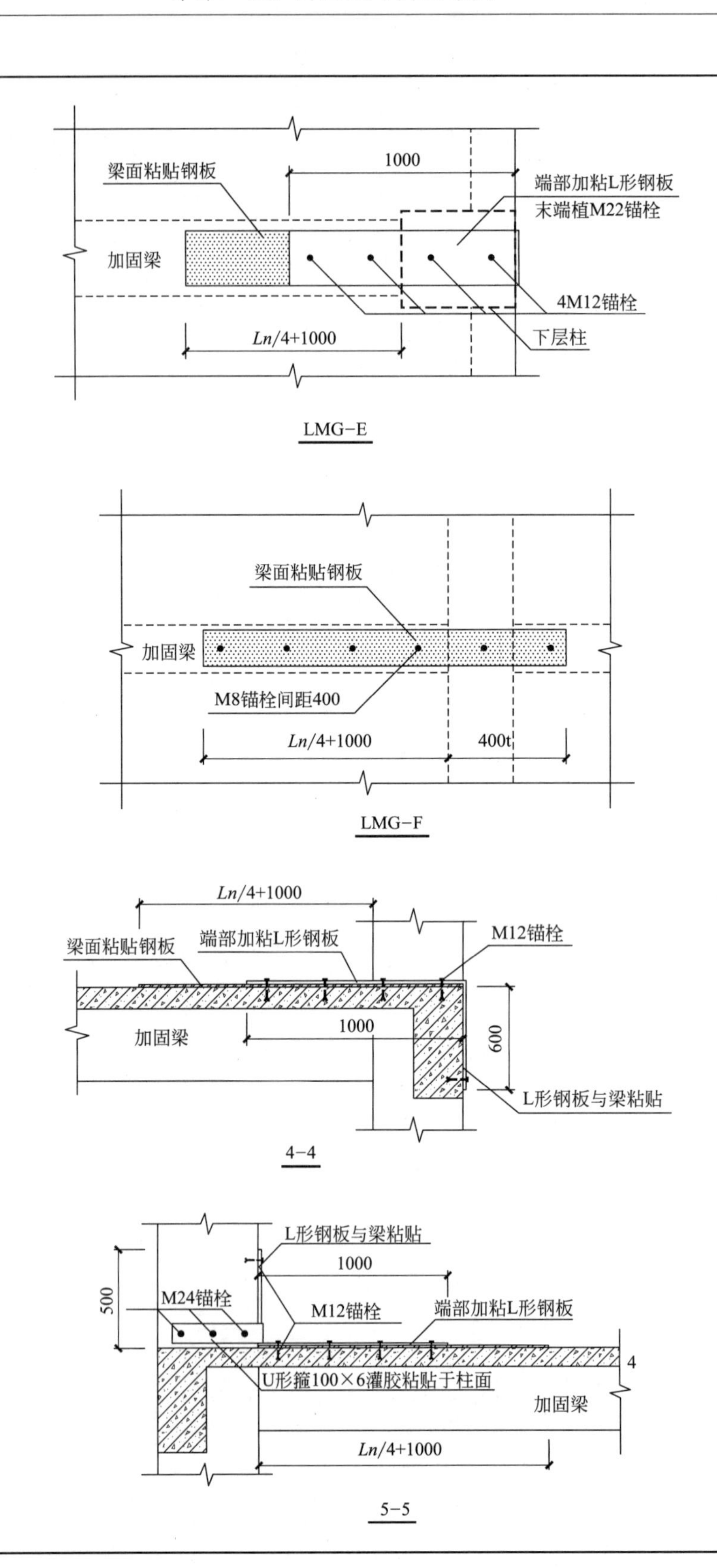
1000
梁面粘贴钢板
端部加粘L形钢板
末端植M22锚栓
加固梁
4M12锚栓
下层柱
Ln/4+1000
LMG-E
梁面粘贴钢板
加固梁
M8锚栓间距400
Ln/4+1000
400t
LMG-F
Ln/4+1000
梁面粘贴钢板
端部加粘L形钢板
M12锚栓
加固梁
1000
600
L形钢板与梁粘贴
4-4
L形钢板与梁粘贴
1000
500
M24锚栓
M12锚栓
端部加粘L形钢板
U形箍100×6灌胶粘贴于柱面
加固梁
Ln/4+1000
5-5

续表

 受弯构件支座粘贴钢板大样图	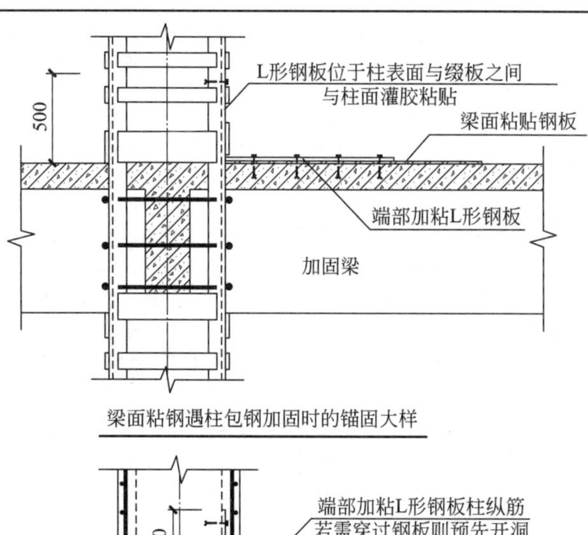 梁面粘钢遇柱包钢加固时的锚固大样 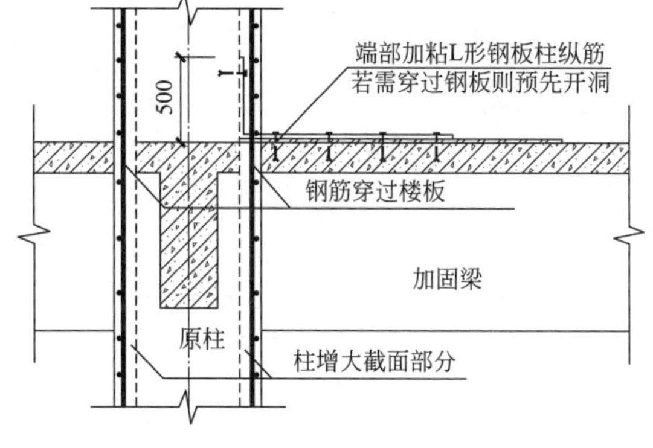 梁面粘钢遇柱增大截面加固时的锚固大样
施工流程	清理、修整原结构、构件→加工钢板、箍板、压条及预钻孔→界面处理→粘贴钢板施工(或注胶施工)→固定、加压、养护→施工质量检验→防护面层施工
验收规定	1. 主控项目:钢板与混凝土之间的粘结质量、钢板与原构件混凝土间的正拉粘结强度。 2. 一般项目:胶层均匀性、胶层厚度

1.4 粘贴纤维复合材加固法

适用范围	本方法适用于钢筋混凝土受弯、轴心受压、大偏心受压及受拉构件的加固。本方法不适用于素混凝土构件,包括纵向受力钢筋一侧配筋率小于 0.2%的构件加固
设计规定	1. 被加固的混凝土结构构件,其现场实测混凝土强度等级不得低于 C15,且混凝土表面的正拉粘结强度不得低于 1.5MPa。 2. 外贴纤维复合材加固钢筋混凝土结构构件时,应将纤维受力方式设计成仅承受拉应力作用。 3. 粘贴在混凝土构件表面上的纤维复合材,不得直接暴露于阳光或有害介质中,其表面应进行防护处理。表面防护材料应对纤维及胶黏剂无害,且应与胶黏剂有可靠的黏结强度及相互协调的变形性能。 4. 采用本方法加固的混凝土结构,其长期使用的环境温度不应高于 60℃;处于特殊环境(如高温、高湿、介质侵蚀、放射等)的混凝土结构采用本方法加固时,除应按国家现行有关标准的规定采取相应的防护措施外,尚应采用耐环境因素作用的胶黏剂,并按专门的工艺要求进行粘贴。

续表

设计规定	5. 采用纤维复合材对钢筋混凝土结构进行加固时，应采取措施卸除或大部分卸除作用在结构上的活荷载。 6. 当被加固构件的表面有防火要求时，应按现行国家标准《建筑设计防火规范》GB 50016—2014(2018 年版)规定的耐火等级及耐火极限要求，对纤维复合材进行防护
构造规定	1. 对钢筋混凝土受弯构件正弯矩区进行正截面加固时，其受拉面沿轴向粘贴的纤维复合材应延伸至支座边缘，且应在纤维复合材的端部(包括截断处)及集中荷载作用点的两侧，设置纤维复合材的 U 形箍(对梁)或横向压条(对板)。 2. 当纤维复合材延伸至支座边缘仍不满足规范延伸长度的规定时，应采取下列锚固措施：对梁，应在延伸长度范围内均匀设置不少于三道 U 形箍锚固，其中一道应设置在延伸长度端部。U 形箍采用纤维复合材制作。U 形箍的粘贴高度应为梁的截面高度，当梁有翼缘或有现浇楼板，应伸至其底面。U 形箍的宽度，对端箍不应小于加固纤维复合材宽度的 2/3，且不应小于 150mm，对中间箍不应小于加固纤维复合材条带宽度的 1/2，且不应小于 100mm。U 形箍的厚度不应小于受弯加固纤维复合材厚度的 1/2；对板，应在延伸长度范围内通长设置垂直于受力纤维方向的压条。压条采用纤维复合材制作。压条除应在延伸长度端部布置一道外，尚宜在延伸长度范围内再均匀布置 1～2 道。压条的宽度不应小于受弯加固纤维复合材条带宽度的 3/5，压条的厚度不应小于受弯加固纤维复合材厚度的 1/2；当纤维复合材延伸至支座边缘，遇到延伸长度小于计算长度的一半或加固用的纤维复合材为预成型板材，应将端箍(或端部压条)改为钢材制作、传力可靠的机械锚固措施。 3. 当采用纤维复合材对受弯构件负弯矩区进行正截面承载力加固时，应采取下列构造措施：1)支座处无障碍时，纤维复合材应在负弯矩包络图范围内连续粘贴，其延伸长度的截断点应位于正弯矩区，且距正负弯矩转换点不应小于 1m；2)支座处虽有障碍，但梁上有现浇板，且允许绕过柱位时，宜在梁侧 4 倍板厚范围内，将纤维复合材粘贴于板面上；3)在框架顶层梁柱的端节点处，纤维复合材只能贴至柱边缘而无法延伸时，应采用结构胶加贴 L 形碳纤维板或 L 形钢板进行粘结与锚固，L 形钢板的总截面面积应由计算确定，L 形钢板总宽度不宜小于 0.9 倍梁宽，且宜由多条 L 形钢板组成；4)当梁上无现浇板，或负弯矩区的支座处需采取加强的锚固措施时，可采取胶粘 L 形钢板的构造方式。但柱中箍板的锚栓等级、直径及数量应经计算确定。当梁上有现浇板时，也可采取这种构造方式进行锚固，其 U 形钢箍板穿过楼板处，应采用半叠钻孔法，在板上钻出扁形孔以插入箍板，再用结构胶予以封固。 4. 当加固的受弯构件为板、壳、墙和筒体时，纤维复合材应选择多条密布的方式进行粘贴，每一条带的宽度不应大于 200mm，不得使用未经裁剪成条的整幅织物满贴。 5. 当受弯构件粘贴的多层纤维织物允许截断时，相邻两层纤维织物宜按内短外长的原则分层截断，外层纤维织物的截断点宜越过内层截断点 200mm 以上，并应在截断点加设 U 形箍。 6. 当采用纤维复合材对钢筋混凝土梁或柱的斜截面承载力进行加固时，其构造应符合下列规定：1)宜选用环形箍或端部自锁式 U 形箍；当仅按构造需要设箍时，也可采用一般 U 形箍。2)U 形箍的纤维受力方向应与构件轴向垂直。3)当环形箍、端部自锁式 U 形箍或一般 U 形箍采用纤维复合材条带时，其净间距不应大于现行国家标准《混凝土结构设计规范》GB 50010—2010(2015 年版)规定的最大箍筋间距的 0.70 倍，且不应大于梁高的 0.25 倍。4)U 形箍的粘贴高度应为梁的截面高度，当梁有翼缘或有现浇楼板，应伸至其底面；当 U 形箍的上端无自锁装置，应粘贴纵向压条予以锚固。5)当梁的高度大于等于 600mm 时，应在梁的腰部增设一道纵向腰压带；必要时，也可在腰压带端部增设自锁装置。 7. 当采用纤维复合材的环向围束对钢筋混凝土柱进行正截面加固或提高延性的抗震加固时，其构造应符合下列规定：1)环向围束的纤维织物层数，对圆形截面不应少于 2 层，对正方形和矩形截面柱不应少于 3 层；当有可靠的经验时，对采用芳纶纤维织物加固的矩形截面柱，其最少层数也可取为 2 层。2)环向围束上下层之间的搭接宽度不应小于 50mm，纤维织物环向截断点的延伸长度不应小于 200mm，且各条带搭接位置应相互错开。 8. 当沿柱轴向粘贴纤维复合材对大偏心受压柱进行正截面承载力加固时，纤维复合材应避开楼层梁，沿柱角穿越楼层，且纤维复合材宜采用板材；其上下端部锚固构造应采用机械锚固。同时，应设法避免在楼层处截断纤维复合材。 9. 当采用 U 形箍、L 形纤维板或环向围束进行加固而需在构件阳角处绕过时，其截面棱角应在粘贴前通过打磨加以圆化处理。梁的圆化半径，对碳纤维和玻璃纤维不应小于 20mm；对芳纶纤维不应小于 15mm；柱的圆化半径，对碳纤维和玻璃纤维不应小于 25mm；对芳纶纤维不应小于 20mm。 10. 当采用纤维复合材加固大偏心受压的钢筋混凝土柱时，其构造应符合下列规定：1)柱的两端应增设可靠的机械锚固措施；2)柱上端有楼板时，纤维复合材应穿过楼板，并应有足够的延伸长度

续表

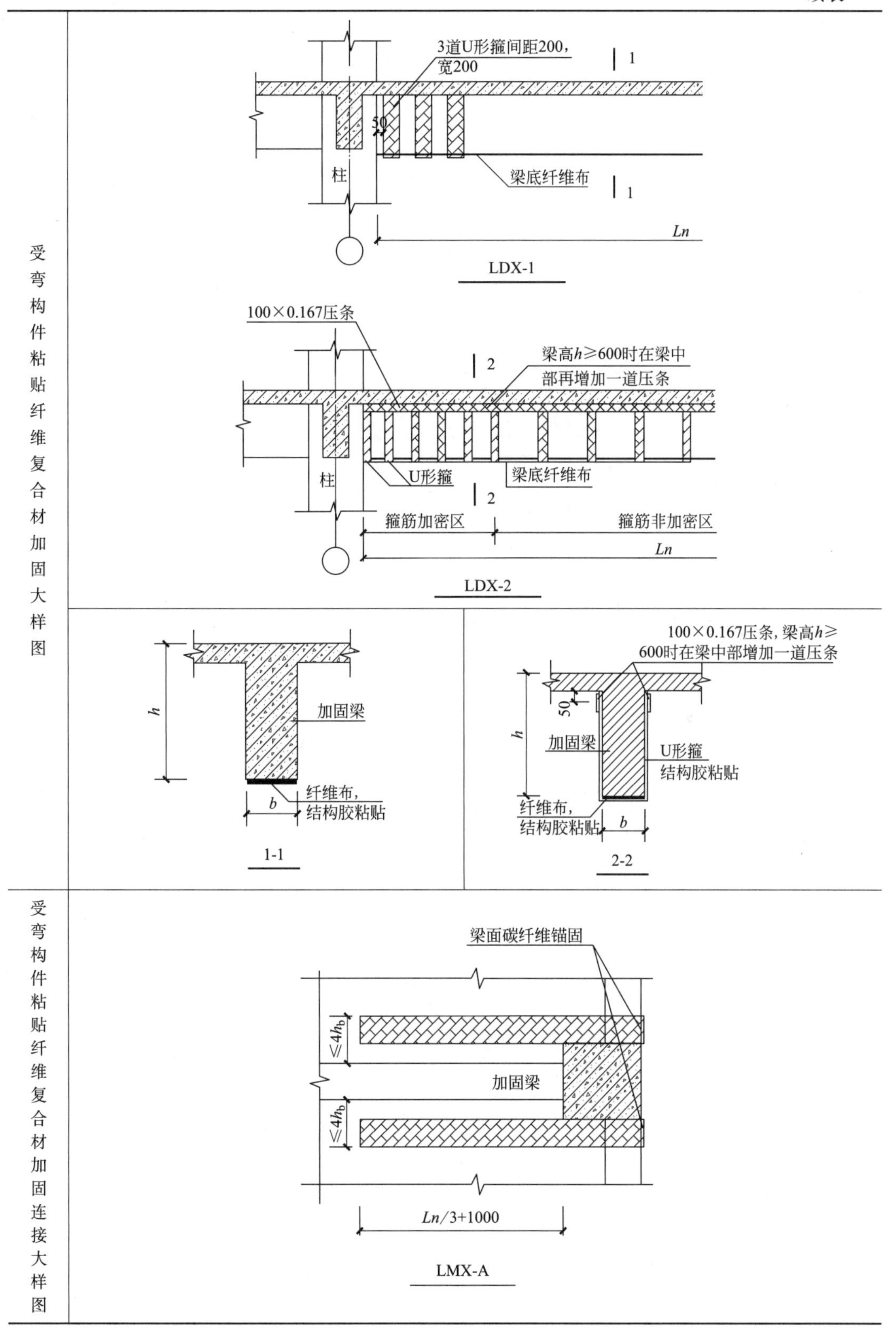
受弯构件粘贴纤维复合材加固大样图
3道U形箍间距200，宽200
1
50
柱
梁底纤维布
Ln
LDX-1
100×0.167压条
梁高h≥600时在梁中部再增加一道压条
2
U形箍
梁底纤维布
箍筋加密区
箍筋非加密区
LDX-2
h
加固梁
纤维布，结构胶粘贴
b
1-1
100×0.167压条，梁高h≥600时在梁中部增加一道压条
U形箍结构胶粘贴
2-2
受弯构件粘贴纤维复合材加固连接大样图
梁面碳纤维锚固
≤4hb
加固梁
Ln/3+1000
LMX-A

续表

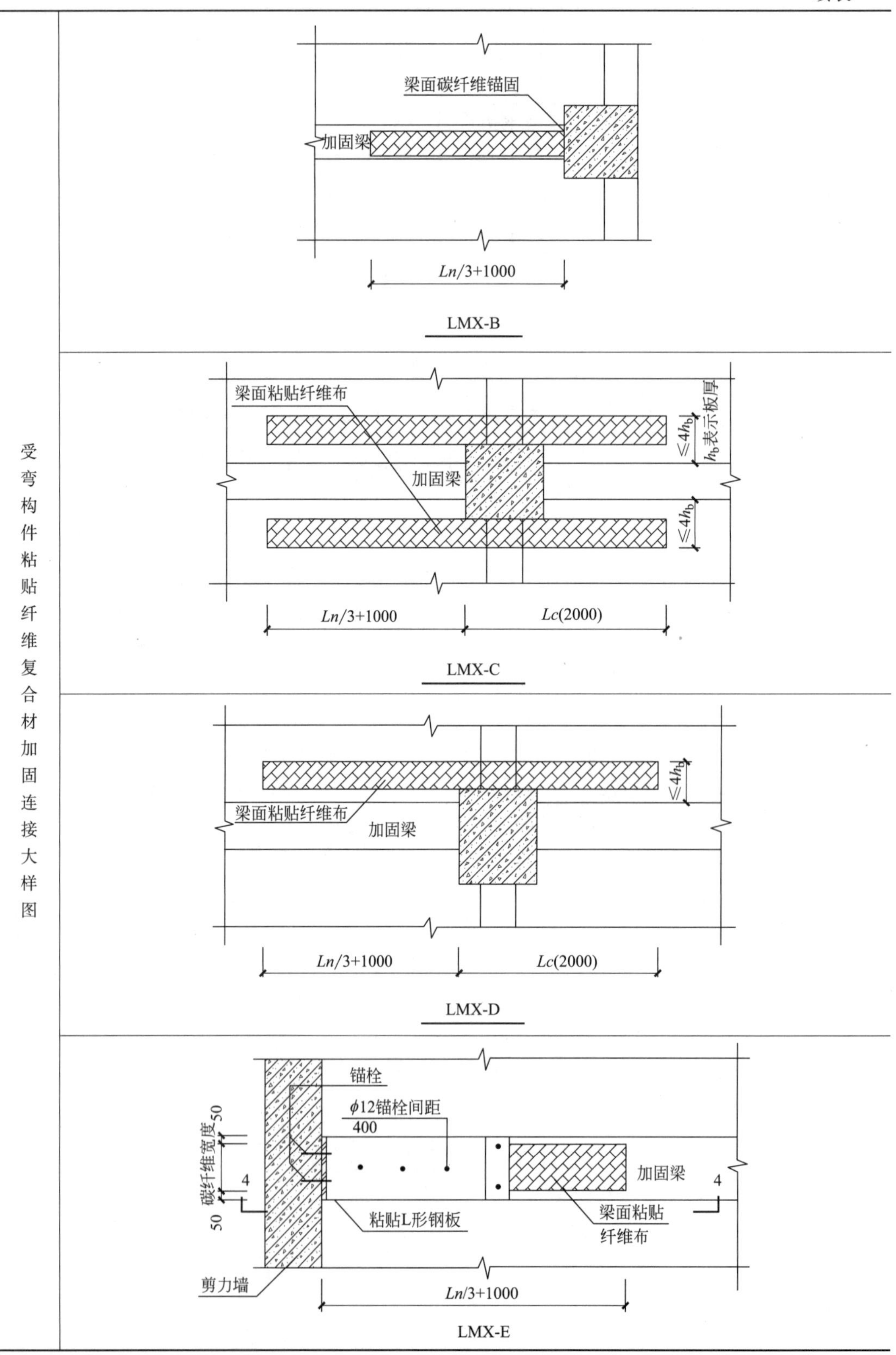

受弯构件粘贴纤维复合材加固连接大样图
梁面碳纤维锚固
加固梁
Ln/3+1000
LMX-B
梁面粘贴纤维布
加固梁
≤4hb
hb表示板厚
Ln/3+1000
Lc(2000)
LMX-C
梁面粘贴纤维布
加固梁
≤4hb
Ln/3+1000
Lc(2000)
LMX-D
锚栓
ϕ12锚栓间距
400
碳纤维宽度
50
4
50
加固梁
4
粘贴L形钢板
梁面粘贴
纤维布
剪力墙
Ln/3+1000
LMX-E

续表

受弯构件粘贴纤维复合材加固连接大样图		
	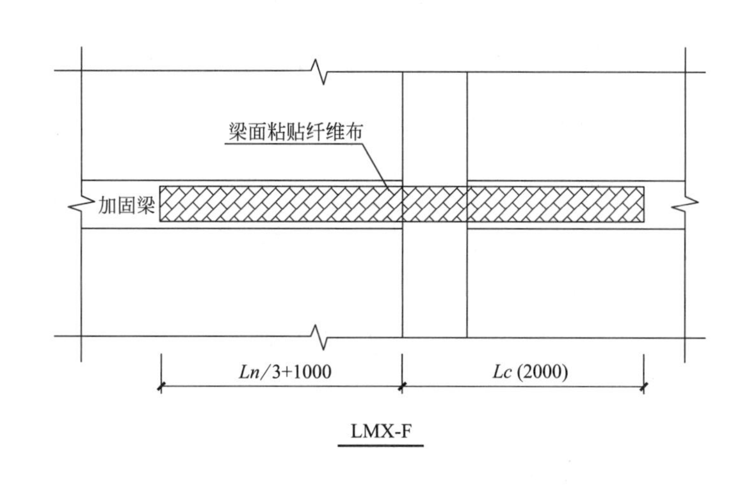 LMX-F	
	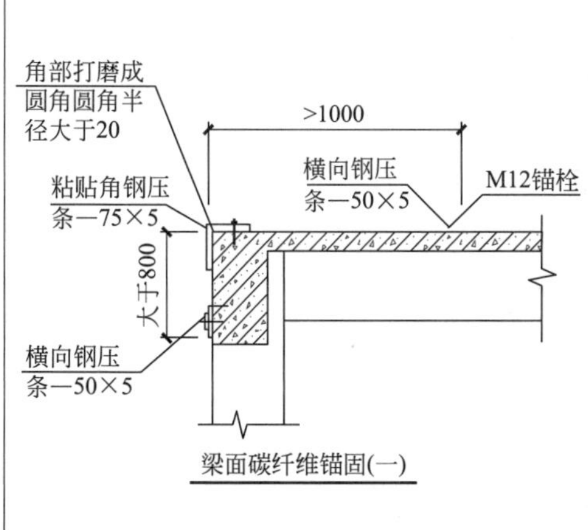 梁面碳纤维锚固(一)	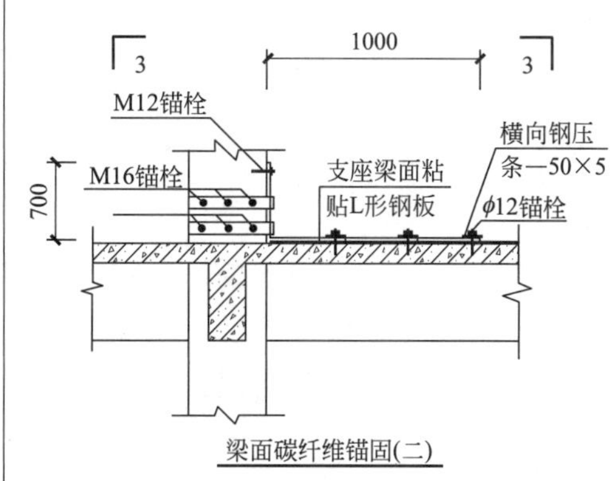 梁面碳纤维锚固(二)
	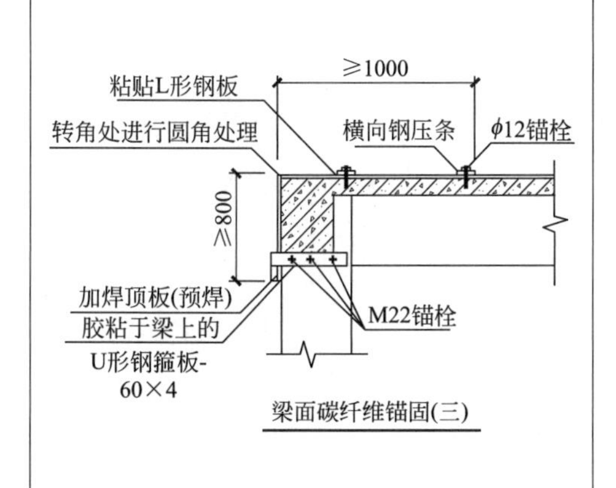 梁面碳纤维锚固(三)	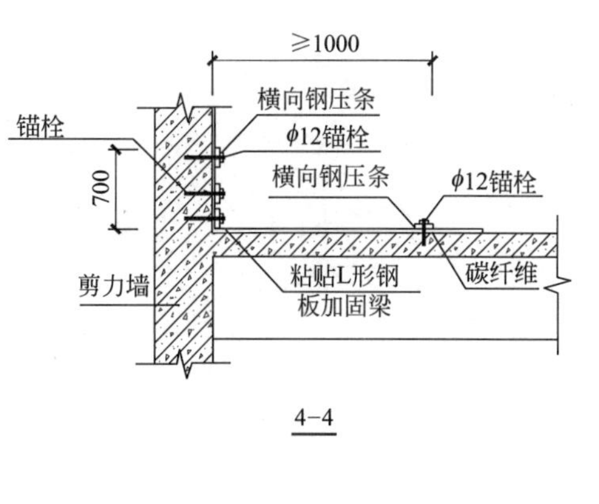 4-4

续表

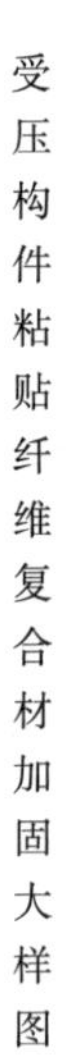

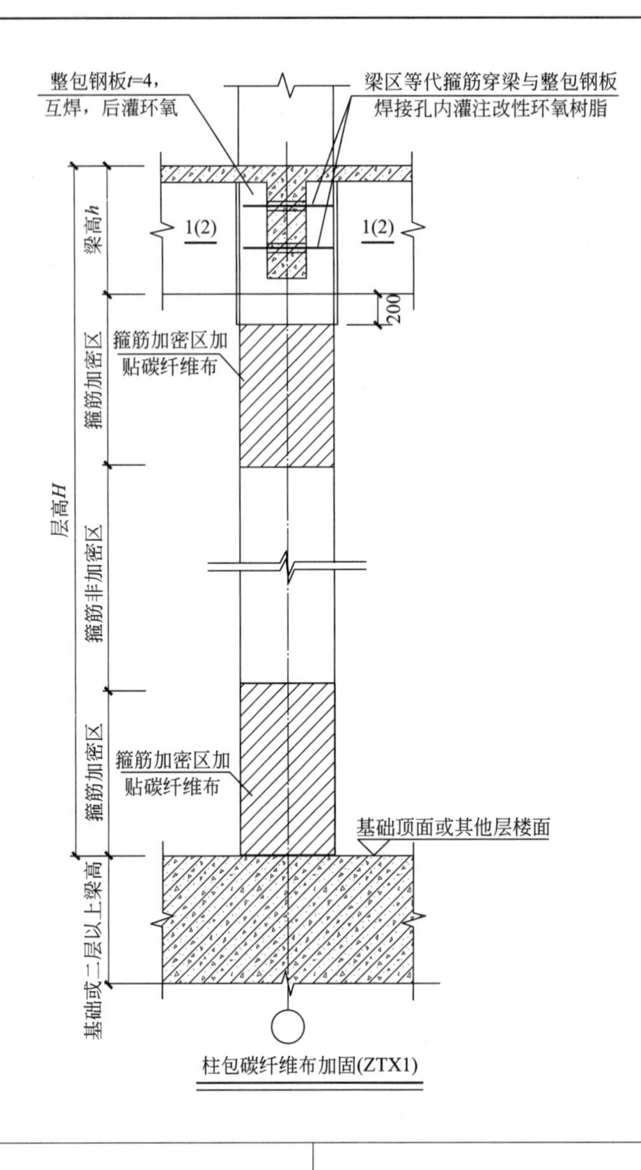

柱包碳纤维布加固(ZTX1)

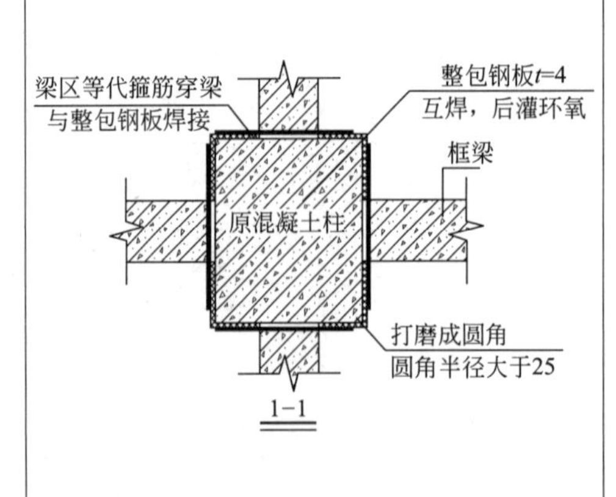

1-1

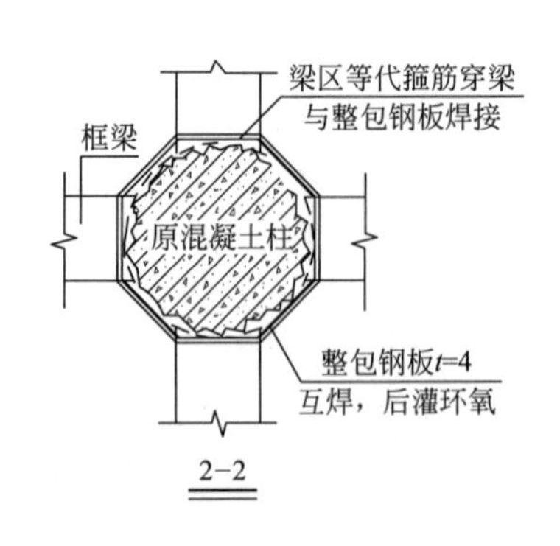

2-2

续表

施工流程	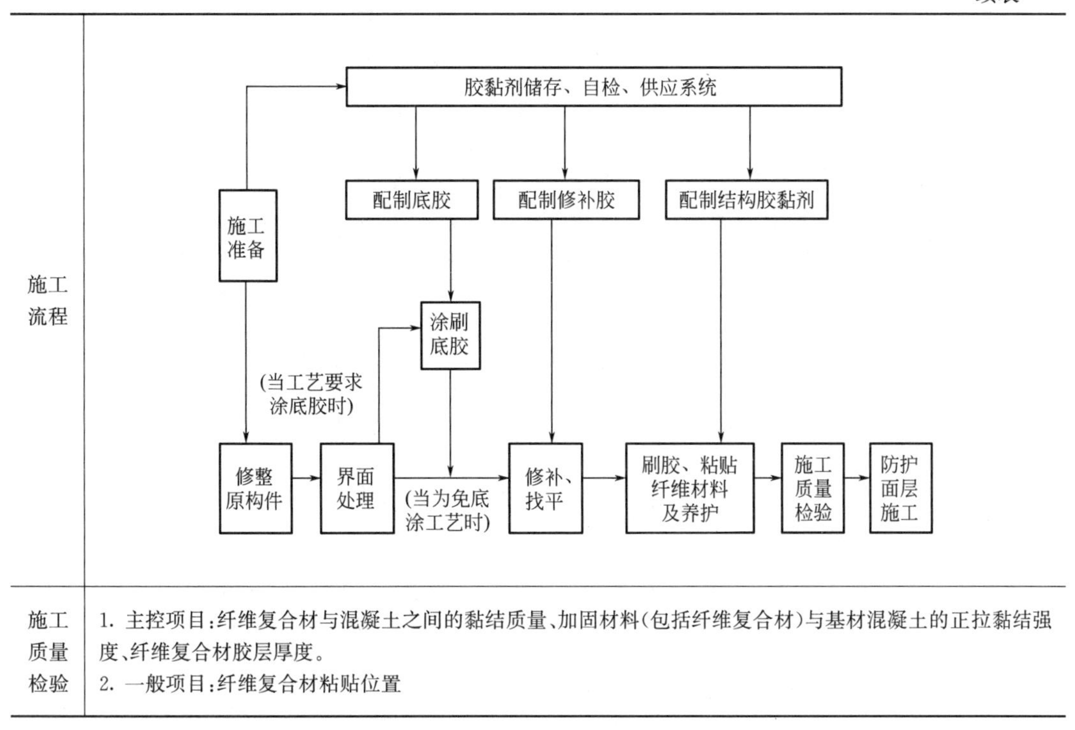
施工质量检验	1. 主控项目:纤维复合材与混凝土之间的黏结质量、加固材料(包括纤维复合材)与基材混凝土的正拉黏结强度、纤维复合材胶层厚度。 2. 一般项目:纤维复合材粘贴位置

1.5　置换混凝土加固法

适用范围	本方法适用于承重构件受压区混凝土强度偏低或有严重缺陷的局部加固
设计规定	1. 采用本方法加固梁式构件时,应对原构件加以有效的支顶。当采用本方法加固柱、墙等构件时,应对原结构、构件在施工全过程中的承载状态进行验算、观测和控制,置换界面处的混凝土不应出现拉应力。当控制有困难时,应采取支顶等措施进行卸荷。 2. 采用本方法加固混凝土结构构件时,其非置换部分的原构件混凝土强度等级,按现场检测结果不应低于该混凝土结构建造时规定的强度等级。 3. 当混凝土结构构件置换部分的界面处理及其施工质量符合《混凝土结构加固设计规范》GB 50367—2013 的要求时,其结合面可按整体受力计算
构造要求	1. 置换用混凝土的强度等级应比原构件混凝土提高一级,且不应低于 C25。 2. 混凝土的置换深度,板不应小于 40mm;梁、柱,采用人工浇筑时,不应小于 60mm,采用喷射法施工时,不应小于 50mm。置换长度应按混凝土强度和缺陷的检测及验算结果确定,但对非全长置换的情况,其两端应分别延伸不小于 100mm 的长度。 3. 梁的置换部分应位于构件截面受压区内,沿整个宽度剔除,或沿部分宽度对称剔除,但不得仅剔除截面的一隅。 4. 置换范围内的混凝土表面处理,应符合现行国家标准《建筑结构加固工程施工质量验收规范》GB 50550—2010 的规定;对既有结构,旧混凝土表面尚应涂刷界面胶,以保证新旧混凝土的协同工作

续表

施工流程	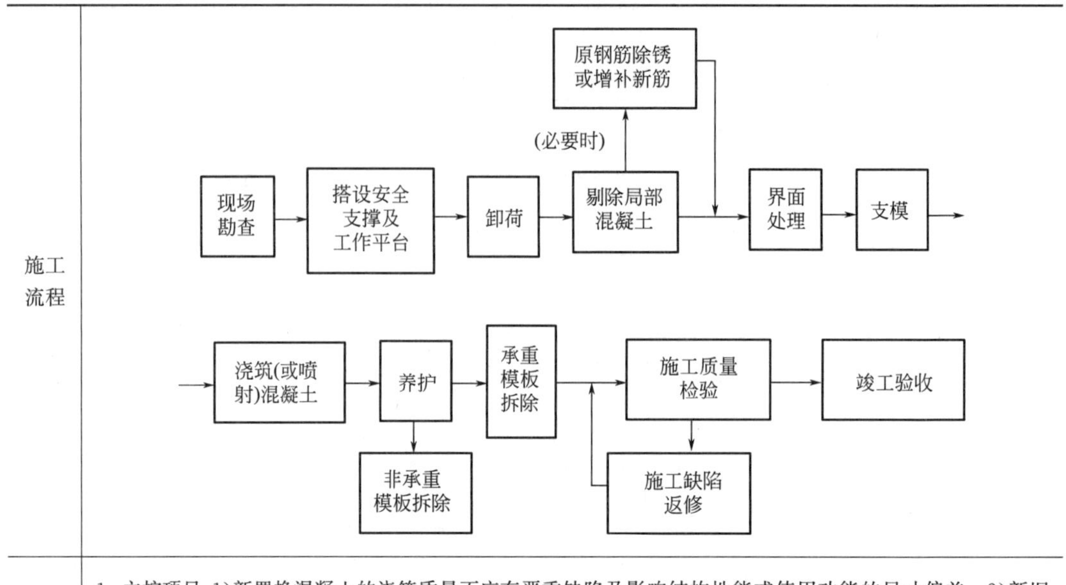
施工质量检验	1. 主控项目:1)新置换混凝土的浇筑质量不应有严重缺陷及影响结构性能或使用功能的尺寸偏差。2)新旧混凝土结合面粘合质量应良好。3)钢筋保护层厚度的抽样检验结果应合格。 一般项目:1)新置换混凝土的浇筑质量不宜有一般缺陷。2)新置换混凝土拆模后的尺寸偏差应符合现行国家标准《混凝土结构工程施工质量验收规范》GB 50204—2015 的规定

1.6 植筋技术

适用范围	适用于钢筋混凝土结构构件以结构胶种植带肋钢筋和全螺纹螺杆的后锚固设计;不适用于素混凝土构件,包括纵向受力钢筋一侧配筋率小于 0.2%的构件的后锚固设计,该类素混凝土构件及低配筋率构件的植筋应按锚栓设计
设计规定	1. 新增构件为悬挑结构构件时,其原构件混凝土强度等级不得低于 C25;新增构件为其他结构构件时,其原构件混凝土强度等级不得低于 C20。 2. 锚固部位的原构件混凝土不得有局部缺陷,若有局部缺陷,应先进行补强或加固后再植筋。 3. 带肋钢筋相对肋面积 $0.055 \leqslant A_r < 0.08$。 4. 植筋用的胶黏剂应采用改性环氧类结构胶黏剂或改性乙烯基酯类结构胶黏剂。当植筋的直径大于 22mm 时,应采用 A 级胶
承重构件的植筋锚固计算规定	1. 植筋设计应在计算和构造上防止混凝土发生劈裂破坏。 2. 植筋仅承受轴向力,且仅允许按充分利用钢材强度的计算模式进行设计。 3. 植筋胶黏剂的黏结强度设计值应按胶黏剂等级、植筋间距、植筋边距、基材混凝土强度等级查表确定。 4. 抗震设防区的承重结构,其植筋锚固深度设计值应乘以考虑位移延性要求的修正系数
构造规定	1. 按构造要求植筋时,最小锚固长度应符合构造规定。 2. 当植筋与纵向受拉钢筋搭接时,其搭接接头应相互错开。其纵向受拉搭接长度应根据位于同一连接区段内的钢筋搭接接头面积百分率确定。植筋与纵向受拉钢筋在搭接部位的净间距超过 $4d$ 时,则搭接长度应增加 $2d$,但净间距不得大于 $6d$。

续表

构造规定	3. 当植筋搭接部位的箍筋间距不符合规定时，应进行防劈裂加固。此时，可采用纤维织物复合材的围束作为原构件的附加箍筋进行加固。围束可采用宽度为150mm，厚度不小于0.165mm的条带缠绕而成，缠绕时，围束间应无间隔，且每一围束所粘贴的条带不应少于3层。对方形截面尚应打磨棱角，打磨的质量应符合规定。若采用纤维织物复合材的围束有困难，也可剔去原构件混凝土保护层，增设新箍筋（或钢箍板）进行加密（或增强）后再植筋。 4. 用于植筋的钢筋混凝土构件，其最小厚度应符合规定。 5. 植筋时，其钢筋宜先焊后种植；当有困难而必须后焊时，其焊点距基材混凝土表面应大于15d，且应采用冰水浸渍的湿毛巾多层包裹植筋外露部分的根部
施工流程	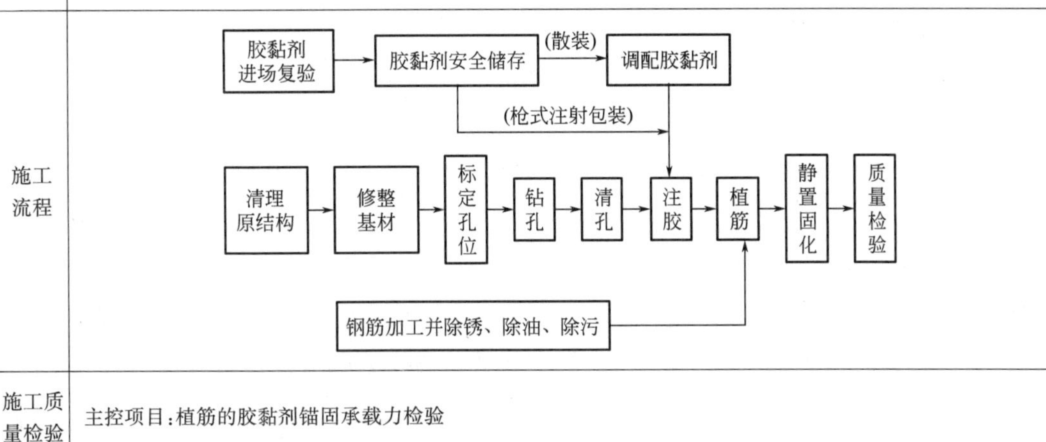
施工质量检验	主控项目：植筋的胶黏剂锚固承载力检验

1.7 锚栓技术

适用范围	适用于普通混凝土承重结构，不适用于轻质混凝土结构及严重风化的结构
设计规定	1. 混凝土结构采用锚栓技术时，其混凝土强度等级：对重要构件不应低于C25级；对一般构件不应低于C20级。 2. 承重结构用的机械锚栓，应采用有锁键效应的后扩底锚栓。这类锚栓按其构造方式的不同，又分为自扩底、模扩底和胶黏一模扩底三种；承重结构用的胶黏型锚栓，应采用特殊倒锥形胶黏型锚栓，自攻螺钉不属于锚栓体系，不得按锚栓进行设计计算。 3. 在抗震设防区的结构中，以及直接承受动力荷载的构件中，不得使用膨胀锚栓作为承重结构的连接件。 4. 当在抗震设防区承重结构中使用锚栓时，应采用后扩底锚栓或特殊倒锥形胶黏型锚栓，且仅允许用于设防烈度不高于8度并建于Ⅰ类、Ⅱ类场地的建筑物。 5. 用于抗震设防区承重结构或承受动力作用的锚栓，其性能应符合《公路钢筋混凝土及预应力混凝土桥涵设计规范》JTG 3362—2018有关规定。 6. 承重结构锚栓连接的设计计算，应采用开裂混凝土的假定；不得考虑非开裂混凝土对其承载力的提高作用
构造规定	1. 混凝土构件的最小厚度h_{min}不应小于1.5h_{ef}，且不应小于100mm。 2. 承重结构用的锚栓，其公称直径不得小于12mm；按构造要求确定的锚固深度不应小于60mm，且不应小于混凝土保护层厚度。 3. 在抗震设防区的承重结构中采用锚栓时，其埋深应符合规范规定。 4. 锚栓的最小边距、临界边距和群锚最小间距、临界间距应符合规范规定

续表

施工流程	清理、修整原结构、构件并画线定位→锚栓钻孔、清孔、预紧、安装和注胶→锚固质量检验
施工质量检验	1. 主控项目:锚固承载力现场检验。 2. 一般项目:锚固深度、预紧力控制值及位置偏差

1.8 裂缝修补技术

适用范围	适用于承重构件混凝土裂缝的修补;对承载力不足引起的裂缝,除应按本章适用的方法进行修补外,尚应采用适当的加固方法进行加固
设计规定	1. 经可靠性鉴定确认为必须修补的裂缝,应根据裂缝的种类进行修补设计,确定其修补材料、修补方法和时间。 2. 裂缝修补材料应满足:1)改性环氧树脂类、改性丙烯酸酯类、改性聚氨酯类等的修补胶液,包括配套的打底胶、修补胶和聚合物注浆料等的合成树脂类修补材料,适用于裂缝的封闭或补强,可采用表面封闭法、注射法或压力注浆法进行修补。2)无流动性的有机硅酮、聚硫橡胶、改性丙烯酸酯、聚氨酯等柔性的嵌缝密封胶类修补材料,适用于活动裂缝的修补,以及混凝土与其他材料接缝界面干缩性裂隙的封堵。3)超细无收缩水泥注浆料、改性聚合物水泥注浆料以及不回缩微膨胀水泥等的无机胶凝材料类修补材料,适用于 w 大于 1.0mm 的静止裂缝的修补。4)无碱玻璃纤维、耐碱玻璃纤维或高强度玻璃纤维织物、碳纤维织物或芳纶纤维等的纤维复合材与其适配的胶黏剂,适用于裂缝表面的封护与增强
	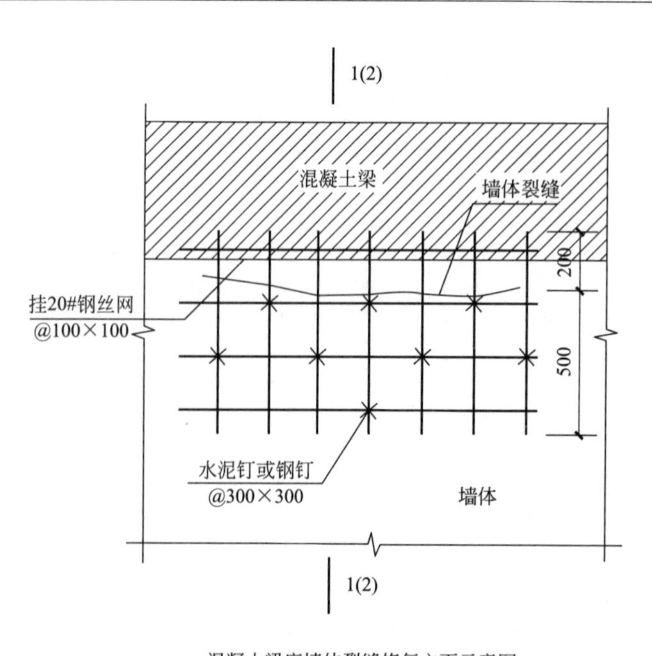 混凝土梁底墙体裂缝修复立面示意图 双面修复仅用于贯穿裂缝及渗水墙体

续表

墙体裂缝修复大样图	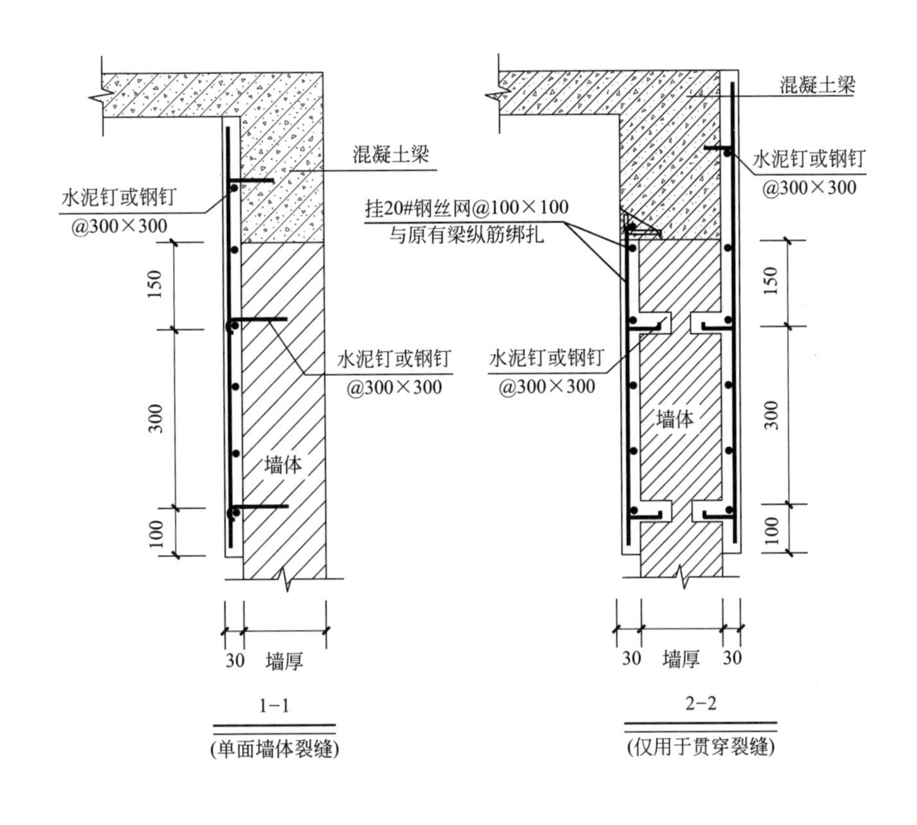
	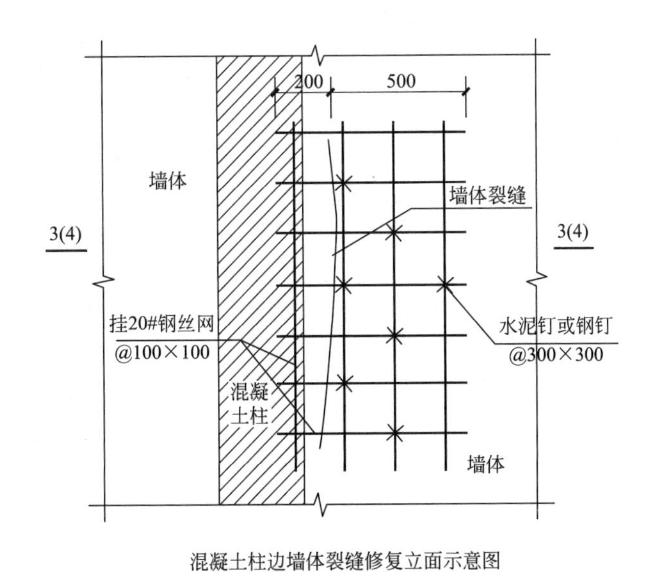 混凝土柱边墙体裂缝修复立面示意图 双面修复仅用于贯穿裂缝及渗水墙体

续表

墙体裂缝修复大样图	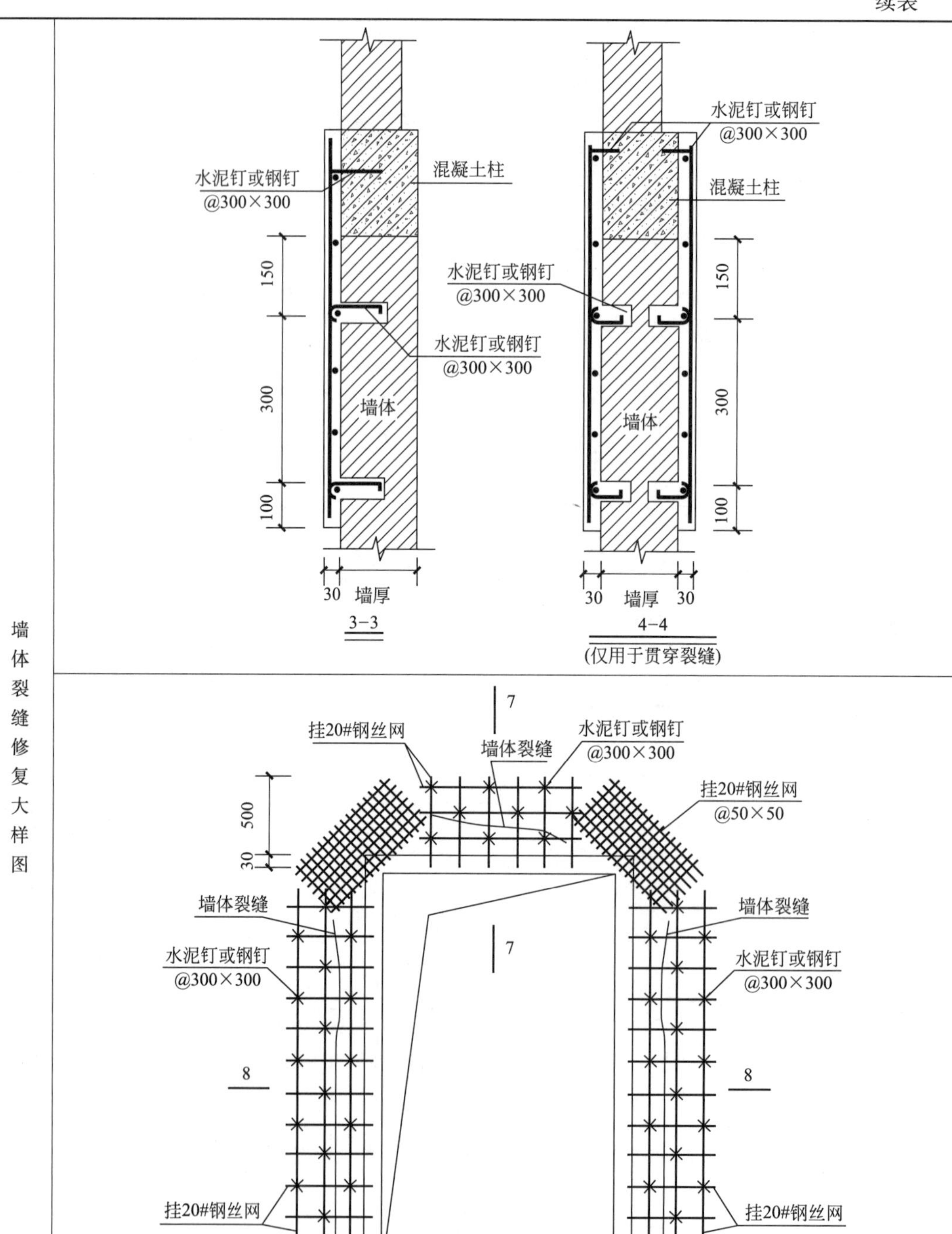

门洞口墙体裂缝挂网立面示意图

注：仅对存在裂缝的一侧进行挂网修复

续表

墙体裂缝修复大样图	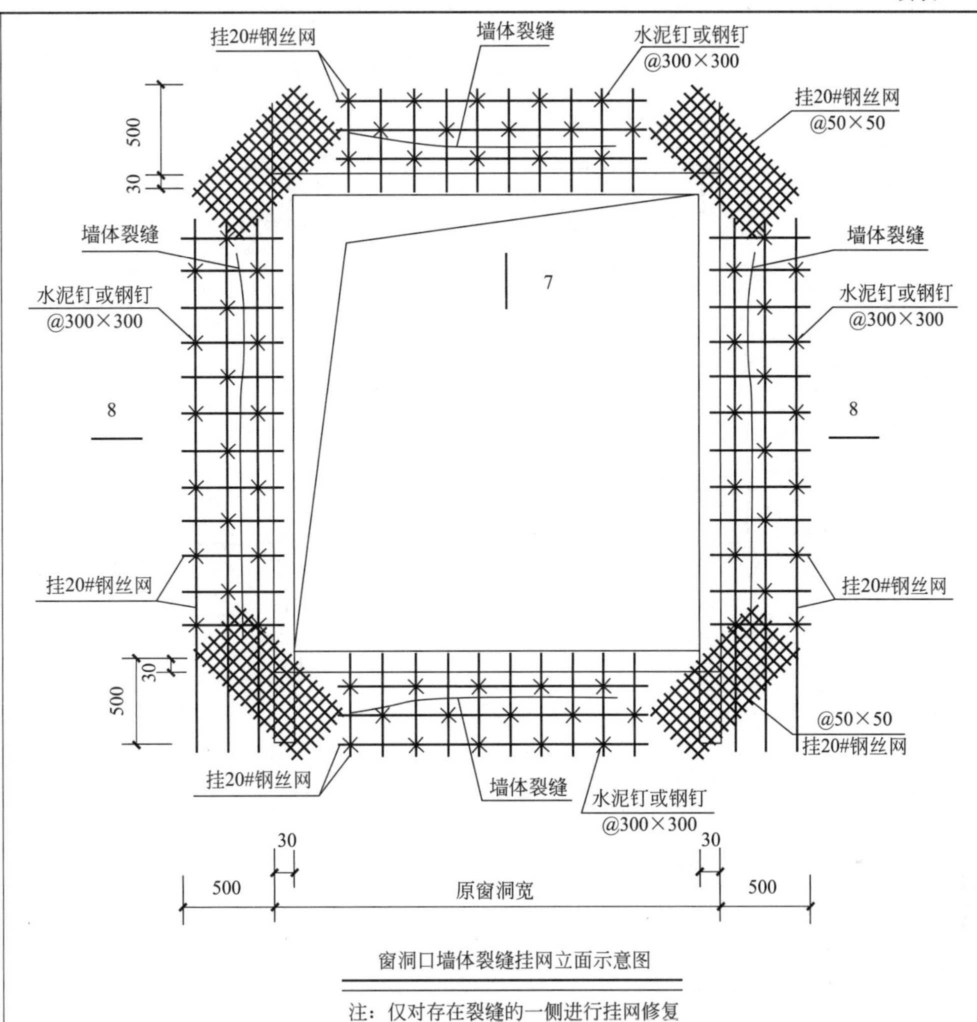 窗洞口墙体裂缝挂网立面示意图 注：仅对存在裂缝的一侧进行挂网修复
	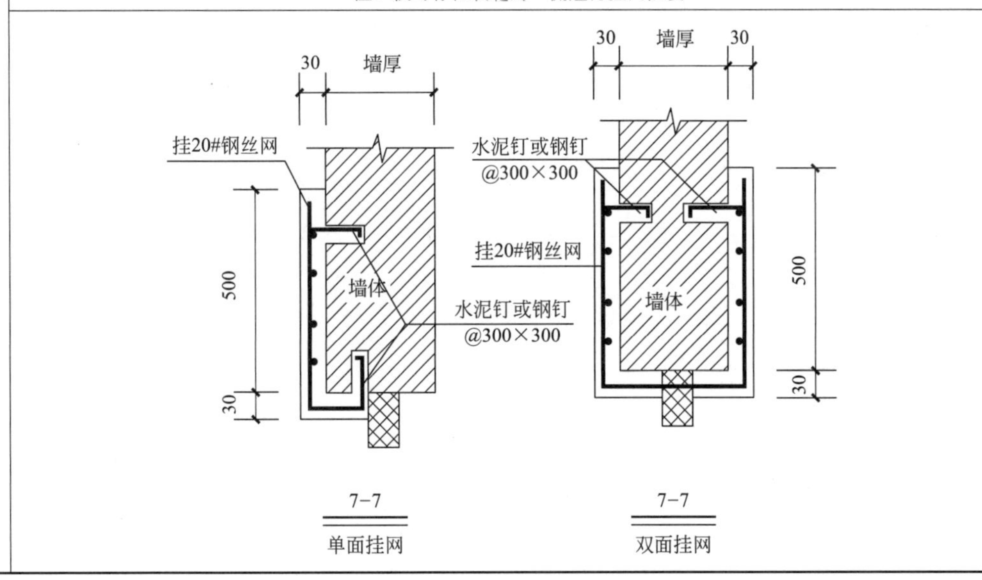 7−7 单面挂网 7−7 双面挂网

续表

墙体裂缝修复大样图	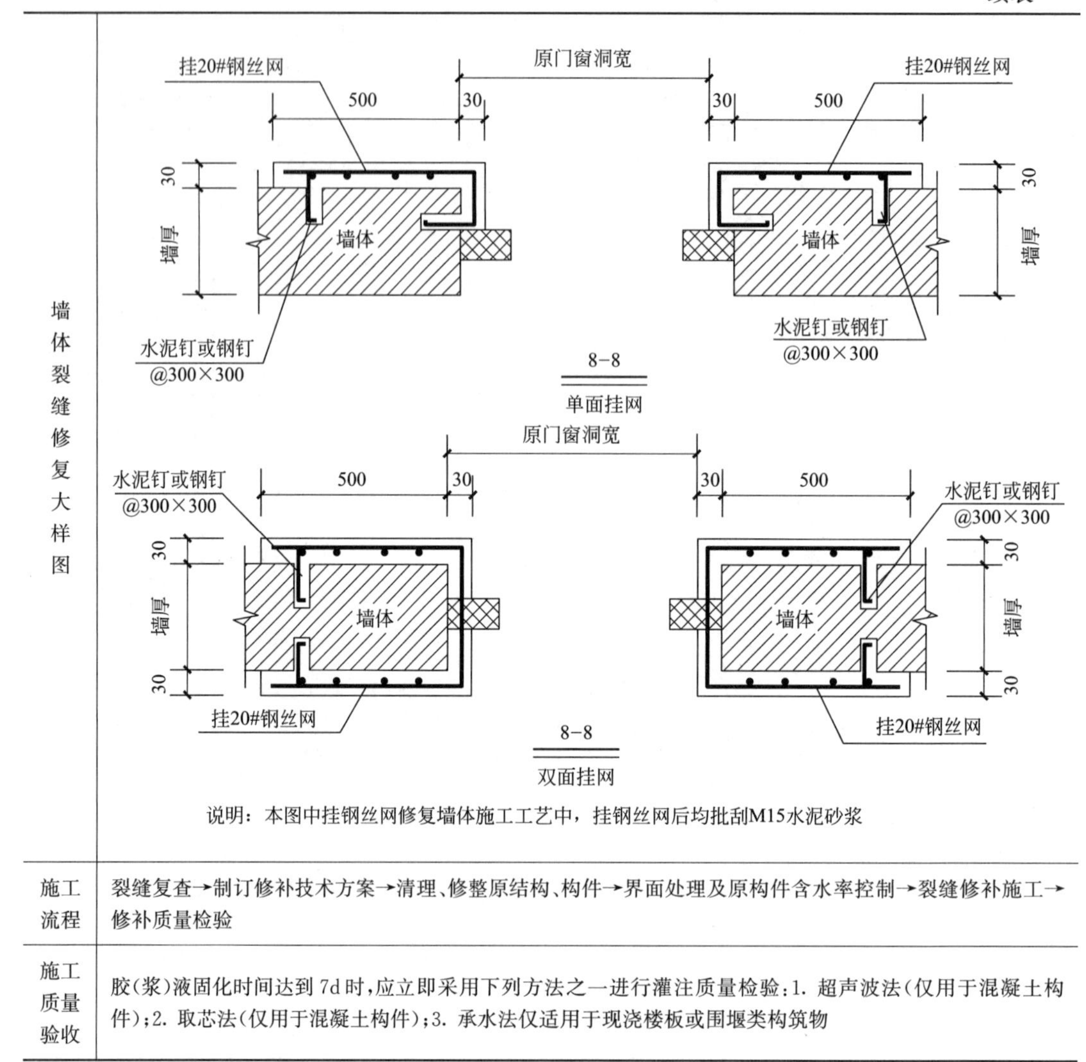 说明：本图中挂钢丝网修复墙体施工工艺中，挂钢丝网后均批刮M15水泥砂浆
施工流程	裂缝复查→制订修补技术方案→清理、修整原结构、构件→界面处理及原构件含水率控制→裂缝修补施工→修补质量检验
施工质量验收	胶(浆)液固化时间达到7d时，应立即采用下列方法之一进行灌注质量检验：1. 超声波法(仅用于混凝土构件)；2. 取芯法(仅用于混凝土构件)；3. 承水法仅适用于现浇楼板或围堰类构筑物

2. 砖混结构加固技术

2. 砖混结构加固技术

2.1 钢筋混凝土面层加固法

<table>
<tr><td>适用范围</td><td>适用于以外加钢筋混凝土面层加固砌体墙、柱的设计</td></tr>
<tr><td>设计规定</td><td>1. 采用钢筋混凝土面层加固砖砌体构件时，对柱宜采用围套加固的形式；对墙和带壁柱墙，宜采用有拉结的双侧加固形式。
2. 当原砌体与后浇混凝土面层之间的界面处理及其黏结质量符合本规范的要求时，可按整体截面计算，加固构件的界面不允许有尘土、污垢、油渍等的污染，也不允许采取降低承载力的做法来考虑其污染的影响</td></tr>
<tr><td>砌体墙截面加固大样图</td><td>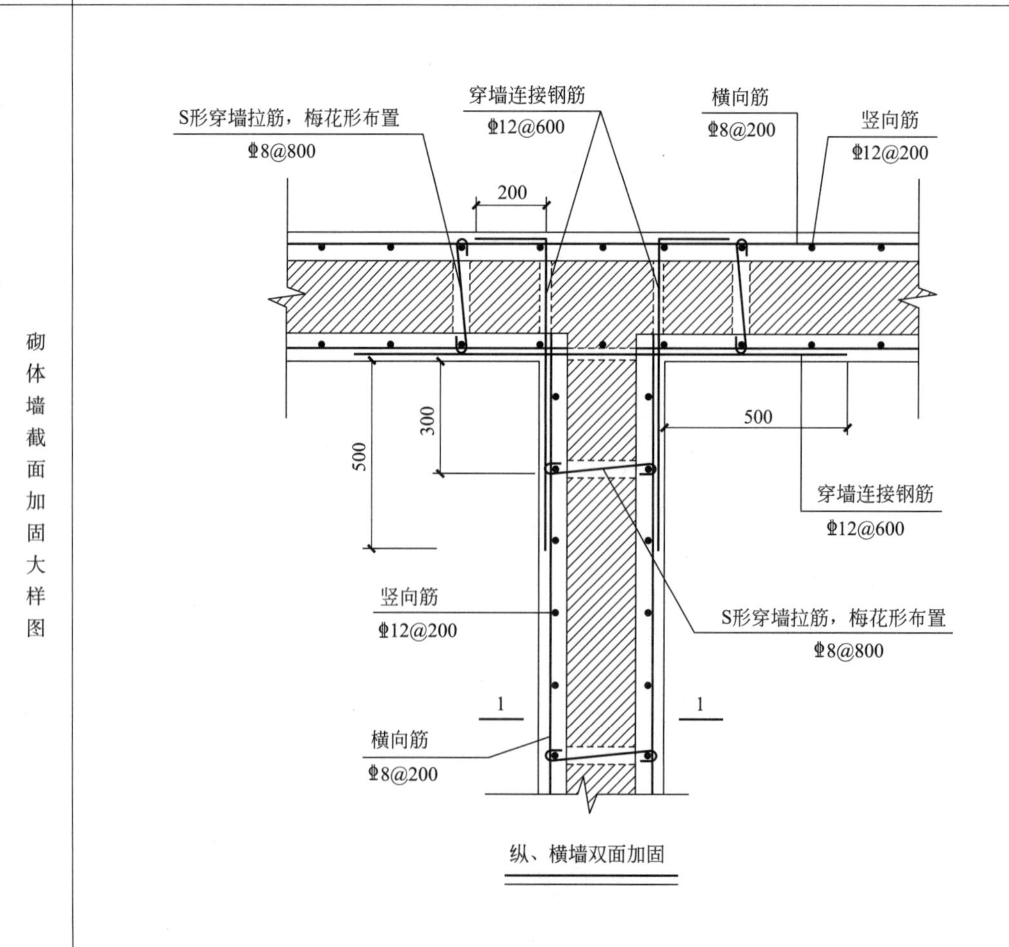
纵、横墙双面加固</td></tr>
</table>

续表

砌体墙截面加固大样

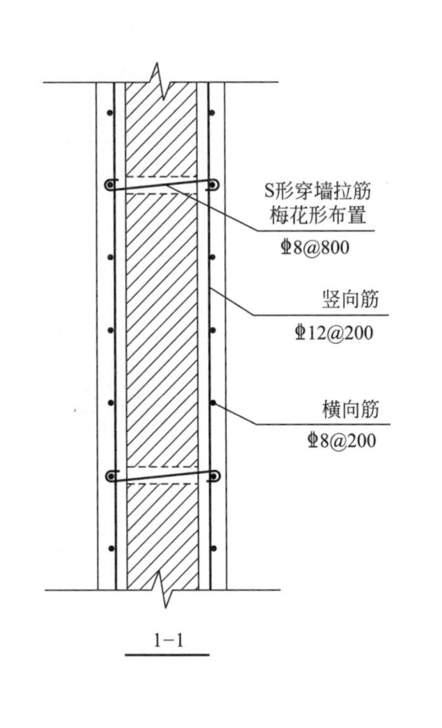

1-1

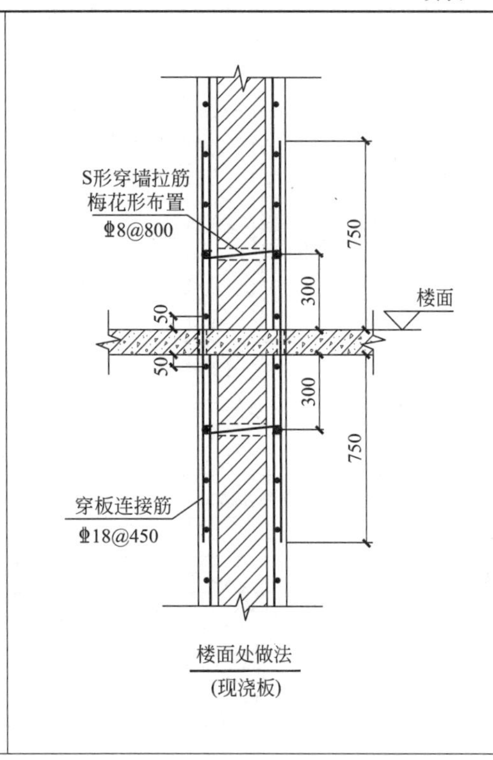

楼面处做法
(现浇板)

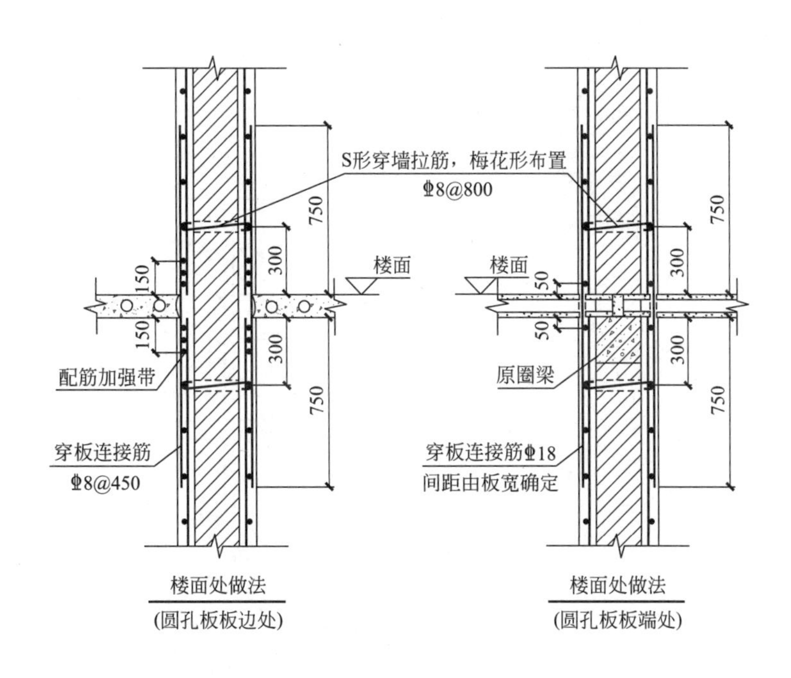

楼面处做法
(圆孔板板边处)

楼面处做法
(圆孔板板端处)

续表

砌体墙截面加固大样

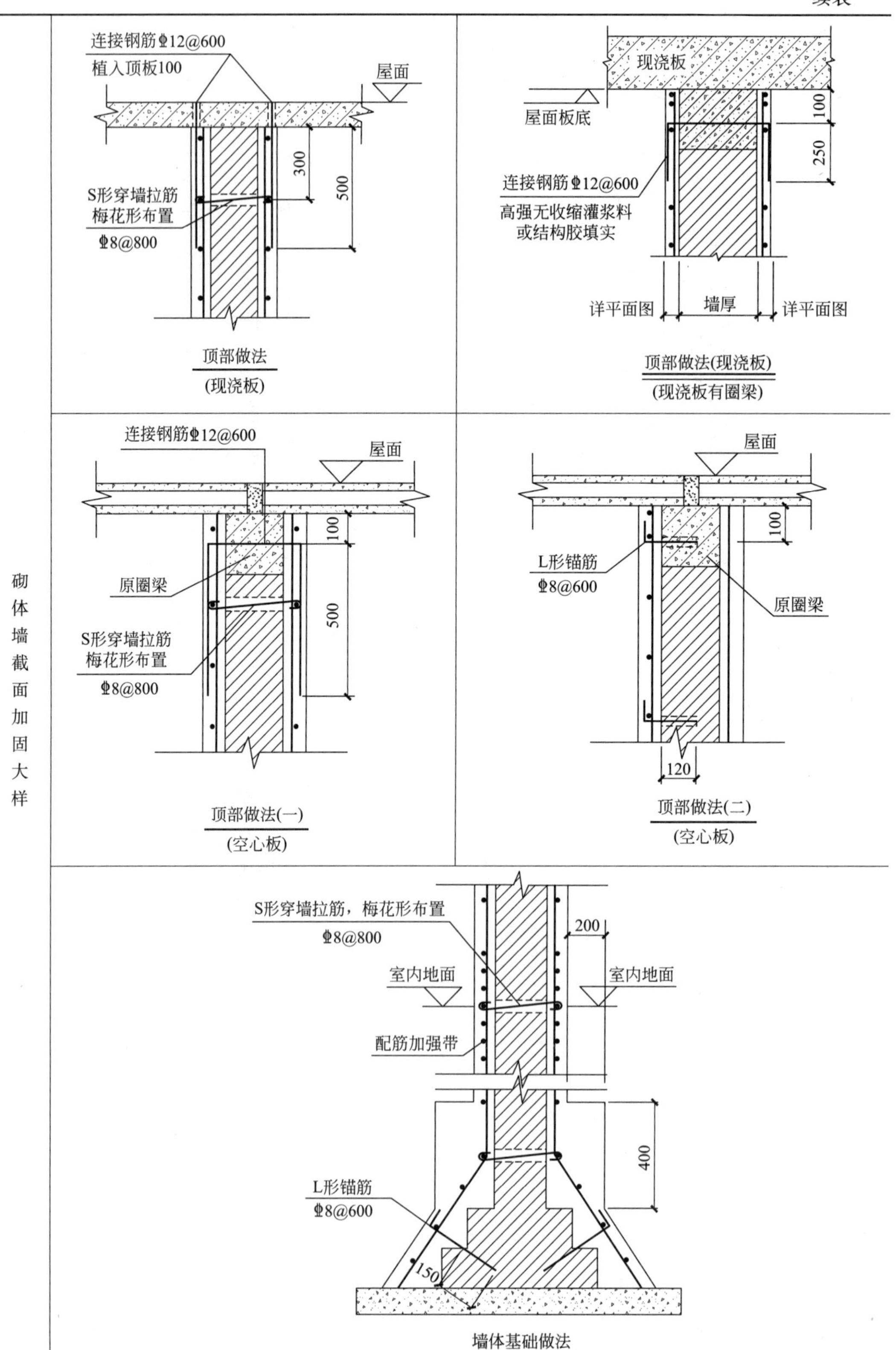

续表

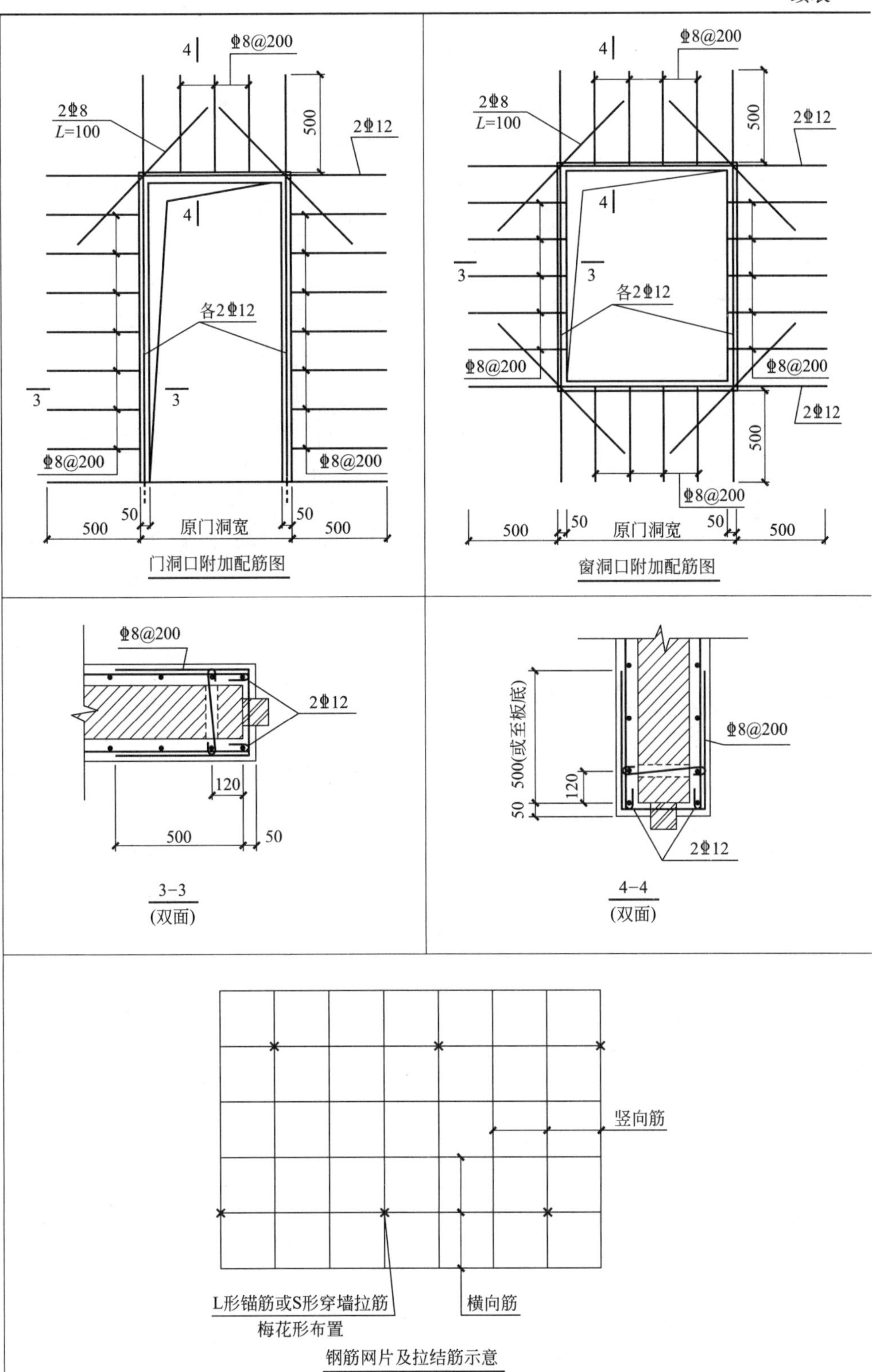

砌体墙截面加固大样
4
Φ8@200
2Φ8
L=100
500
2Φ12
各2Φ12
3
Φ8@200
50
500
原门洞宽
门洞口附加配筋图
窗洞口附加配筋图
120
3-3
(双面)
500(或至板底)
4-4
(双面)
竖向筋
横向筋
L形锚筋或S形穿墙拉筋
梅花形布置
钢筋网片及拉结筋示意

续表

女儿墙加固大样图	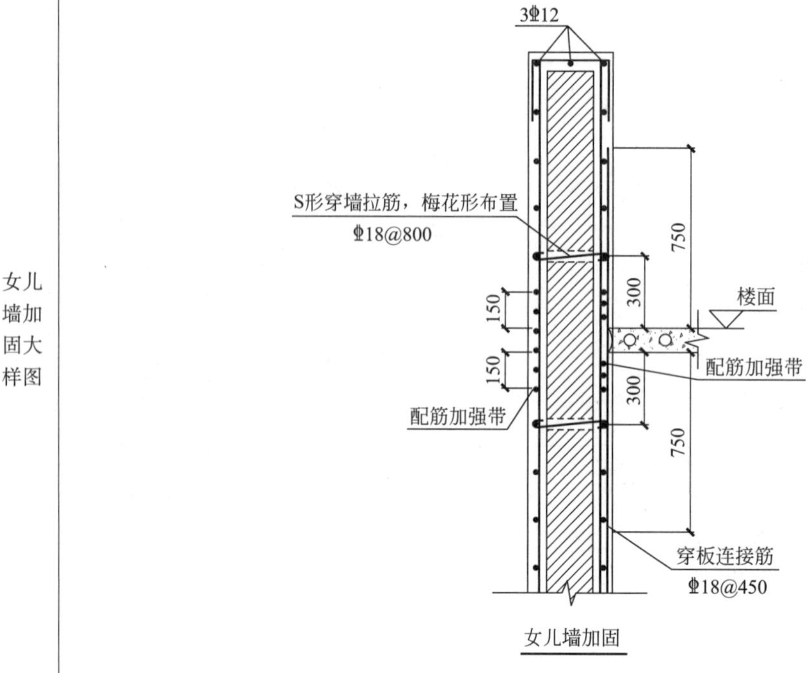 女儿墙加固
构造规定	1. 钢筋混凝土面层的截面厚度不应小于 60mm；当用喷射混凝土施工时，不应小于 50mm。 2. 加固用的混凝土，其强度等级应比原构件混凝土高一级，且不应低于 C20 级；当采用 HRB335 级（或 HRBF335 级）钢筋或受有振动作用时，混凝土强度等级尚不应低于 C25 级。在配制墙、柱加固用的混凝土时，不应采用膨胀剂；必要时，可掺入适量减缩剂。 3. 加固用的竖向受力钢筋，宜采用 HRB335 级或 HRBF35 级钢筋。竖向受力钢筋直径不应小于 12mm，其净间不应小于 30mm。纵向钢筋的上下端均应有可靠的锚固：上端应锚入有配筋的混凝土梁垫、梁、板或牛腿内；下端应锚入基础内。纵向钢筋的接头应为焊接。 4. 当采用围套式的钢筋混凝土面层加固砌体柱时，应采用封闭式箍筋；箍筋直径不应小于 6mm。箍筋的间距不应大于 150mm。柱的两端各 500mm 范围内，箍筋应加密，其间距应取为 100mm。若加固后的构件截面高度大于 500mm，尚应在截面两侧加设竖向构造钢筋，并相应设置拉结钢筋作为箍筋。 5. 当采用两对面增设钢筋混凝土面层加固带壁柱墙或窗间墙时，应沿砌体高度每隔 250mm 交替设置不等肢 U 形箍和等肢 U 形箍。不等肢 U 形箍在穿过墙上预钻孔后，应弯折成封闭式箍筋，并在封口处焊牢。U 形筋直径为 6mm；预钻孔的直径可取 U 形筋直径的 2 倍；穿筋时应采用植筋专用的结构胶将孔洞填实。对带壁柱墙，尚应在其拐角部位增设竖向构造钢筋与 U 形箍筋焊牢。 6. 当砌体构件截面任一边的竖向钢筋多于 3 根时，应通过预钻孔增设复合箍筋或拉结钢筋，并采用植筋专用结构胶将孔洞填实
施工流程	清理、修整原结构、构件→制作钢筋网及拉结件或拉结筋→界面处理→钢筋网面层施工→养护、拆模
施工质量检验	主控项目：新增混凝土的浇筑质量不应有严重缺陷及影响结构性能和使用功能的尺寸偏差；新旧混凝土结合面黏结质量应良好；新旧混凝土正拉黏结强度（f_t）的见证抽样检验；新增钢筋的保护层厚度抽样检验。 一般项目：新增混凝土的浇筑质量不宜有一般缺陷；构件的尺寸偏差

2.2 钢筋网水泥浆面层加固法

<table>
<tr><td>适用范围</td><td colspan="2">钢筋网水泥砂浆面层加固法应适用于各类砌体墙、柱的加固</td></tr>
<tr><td>设计规定</td><td colspan="2">1. 当采用钢筋网水泥砂浆面层加固法加固砌体构件时，其原砌体的砌筑砂浆强度等级应符合下列规定：1)受压构件：原砌筑砂浆的强度等级不应低于 M2.5；2)受剪构件：对砖砌体，其原砌筑砂浆强度等级不宜低于 M1；但若为低层建筑，允许不低于 M0.4。对砌块砌体，其原砌筑砂浆强度等级不应低于 M2.5。
2. 块材严重风化(酥碱)的砌体，不应采用钢筋网水泥砂浆面层进行加固</td></tr>
<tr><td rowspan="2">砌体墙截面加固大样图</td><td>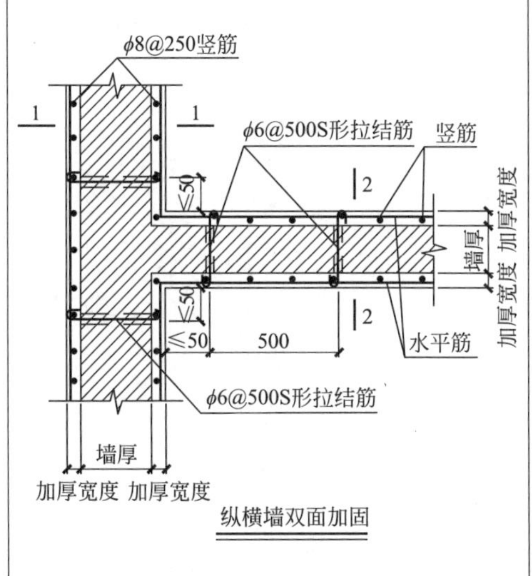

纵横墙双面加固</td><td>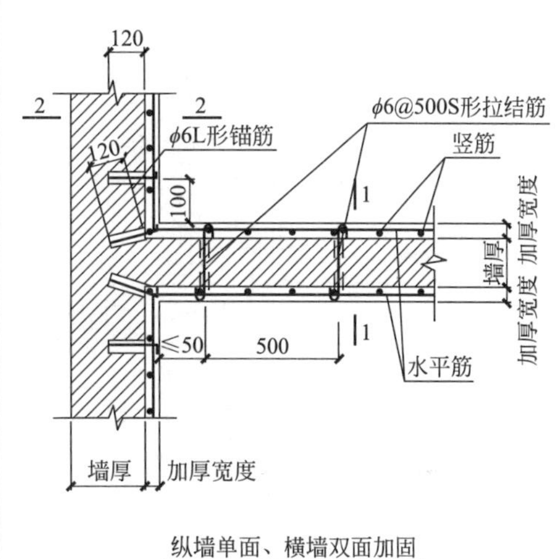

纵墙单面、横墙双面加固</td></tr>
<tr><td>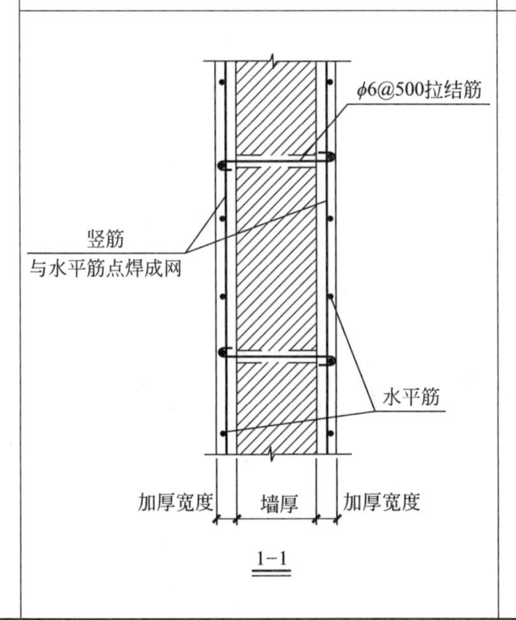

1-1</td><td>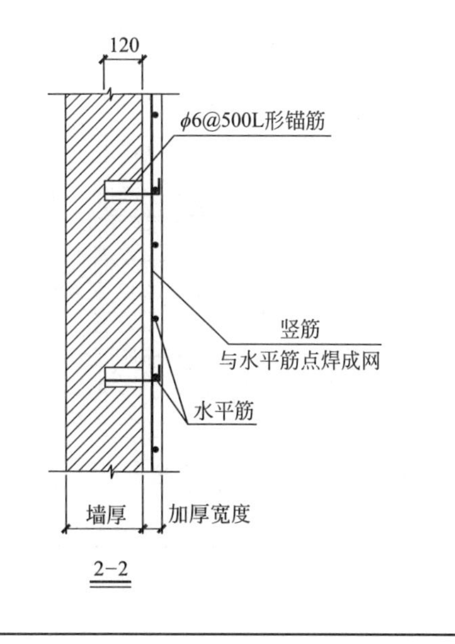

2-2</td></tr>
</table>

续表

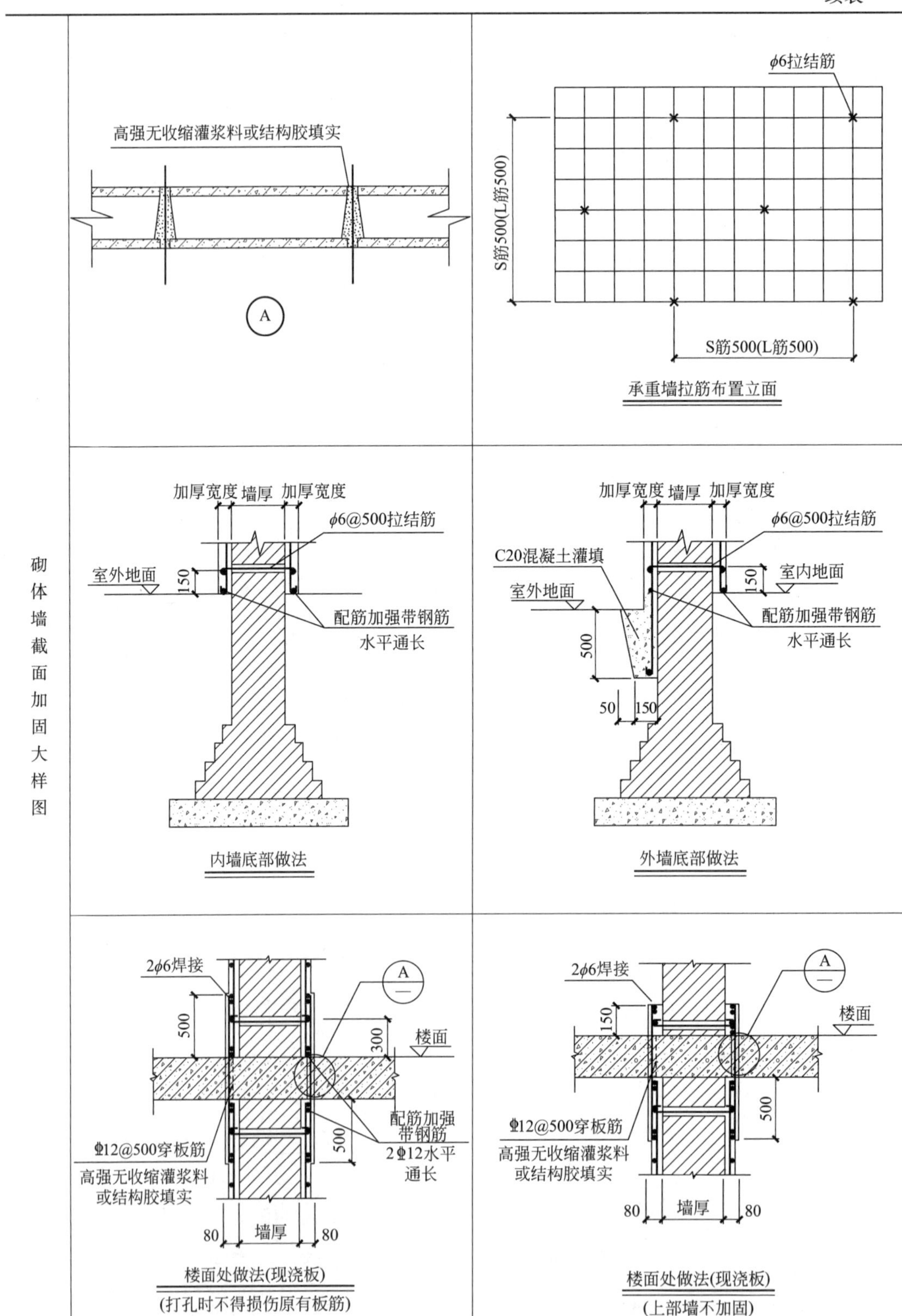

高强无收缩灌浆料或结构胶填实
A
ϕ6拉结筋
S筋500(L筋500)
S筋500(L筋500)
承重墙拉筋布置立面
砌体墙截面加固大样图
加厚宽度 墙厚 加厚宽度
ϕ6@500拉结筋
室外地面
150
配筋加强带钢筋
水平通长
内墙底部做法
C20混凝土灌填
室内地面
500
50
150
外墙底部做法
2ϕ6焊接
500
300
楼面
配筋加强
带钢筋
2Φ12水平
通长
Φ12@500穿板筋
高强无收缩灌浆料
或结构胶填实
80
墙厚
80
楼面处做法(现浇板)
(打孔时不得损伤原有板筋)
楼面处做法(现浇板)
(上部墙不加固)

续表

砌体墙截面加固大样图	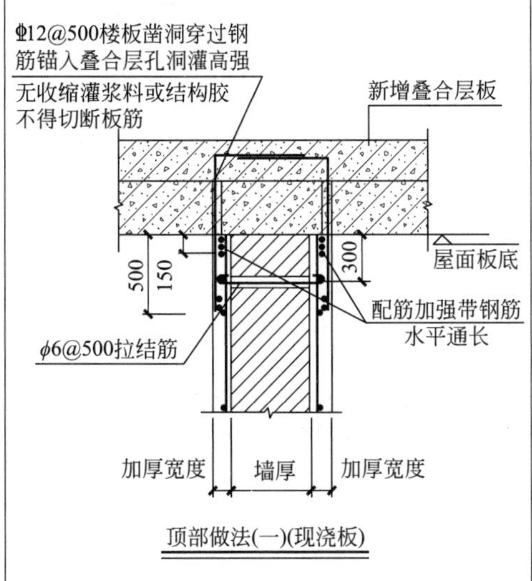 顶部做法(一)(现浇板)	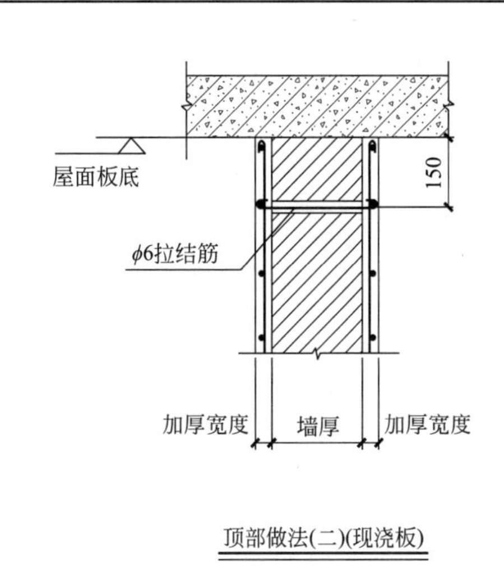 顶部做法(二)(现浇板)
	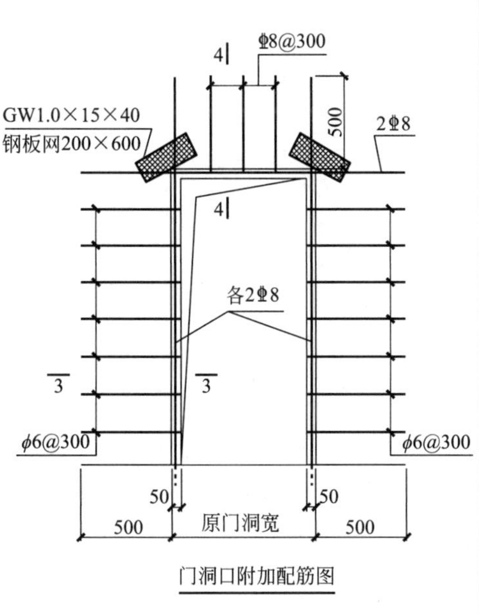 门洞口附加配筋图	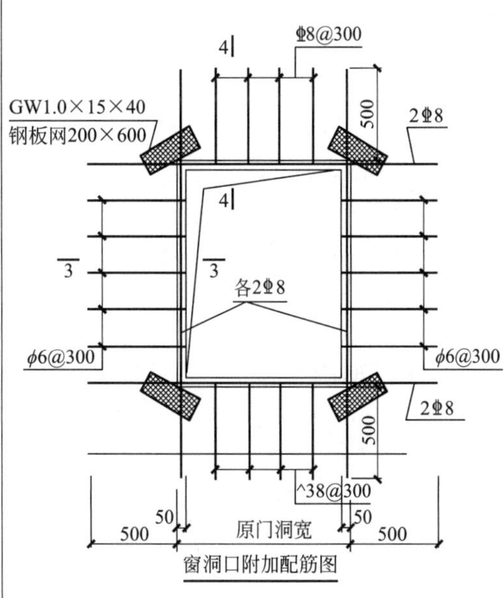 窗洞口附加配筋图
	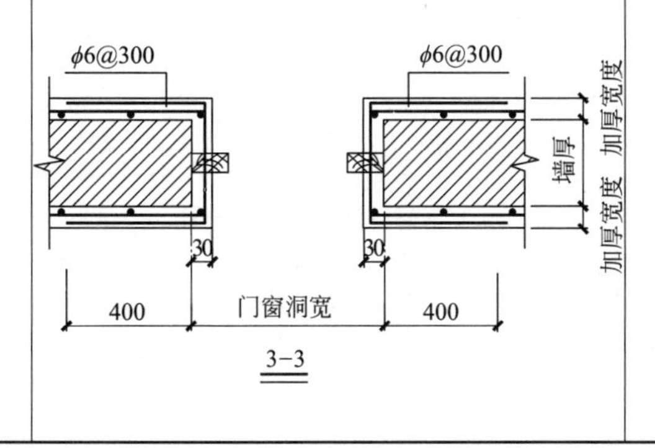 3-3	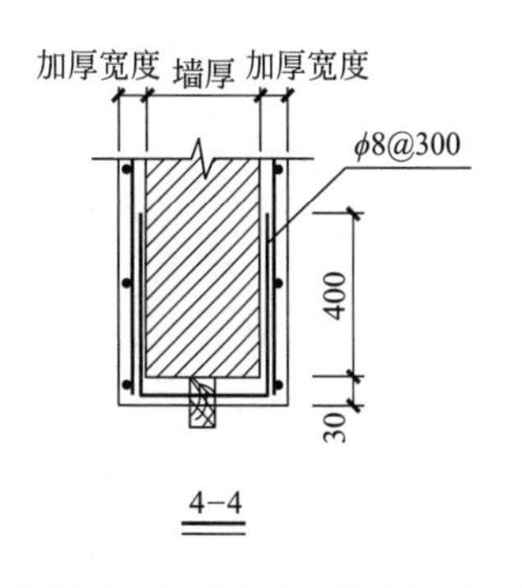 4-4

续表

构造规定	1. 当采用钢筋网水泥砂浆面层加固砌体承重构件时，其面层厚度，对室内正常湿度环境，应为 35～45mm；对于露天或潮湿环境，应为 45～50mm。 2. 加固受压构件用的水泥砂浆，其强度等级不应低于 M15；加固受剪构件用的水泥砂浆，其强度等级不应低于 M1。 3. 受力钢筋的砂浆保护层厚度：室内正常环境：对柱，不小于 25mm，对墙，不小于 15mm；露天或室内潮湿环境，对柱，不小于 35mm，对墙，不小于 25mm。受力钢筋距砌体表面的距离不应小于 5mm。 4. 结构加固用的钢筋，宜采用 HRB335 级钢筋或 HRBF335 级钢筋，也可采用 HPB300 级钢筋。 5. 加固墙体时，宜采用点焊方格钢筋网，网中竖向受力钢筋直径不应小于 8mm；水平分布钢筋的直径宜为 6mm；网格尺寸不应大于 30mm。当采用双面钢筋网水泥砂浆时，钢筋网应采用穿通墙体的 S 形或 Z 形钢筋拉结，拉结钢筋宜成梅花状布置，其竖向间距和水平间距均不应大于 500mm。 6. 钢筋网四周应与楼板、大梁、柱或墙体可靠连接。墙、柱加固增设的竖向受力钢筋，其上端应锚固在楼层构件、圈梁或配筋的混凝土垫块中；其伸入地下一端应锚固在基础内。锚固可采用植筋方式。 7. 当原构件为多孔砖砌体或混凝土小砌块砌体时，应采用专门的机具和结构胶埋设穿墙的拉结筋。混凝土小砌块砌体不得采用单侧外加面层。 8. 受力钢筋的搭接长度和锚固长度应按现行国家标准《混凝土结构设计规范》GB 50010—2010 的有关规定确定。 9. 钢筋网的横向钢筋遇有门窗洞时，对单面加固情形，宜将钢筋弯入洞口侧面并沿周边锚固；对双面加固情形，宜将两侧的横向钢筋在洞口处闭合，且尚应在钢筋网折角处设置竖向构造钢筋；此外，在门窗转角处，尚应设置附加的斜向钢筋
施工流程	清理、修整原结构、构件→制作钢筋网及拉结件或拉结筋→界面处理→安装钢筋网→配制砂浆→钢筋网砂浆层施工→养护、拆模
施工质量验收	主控项目：外加钢筋网的砂浆面层浇筑或喷抹的外观质量不应有严重缺陷；外加钢筋网—砂浆面层与基材界面黏结的施工质量；砂浆面层与基材之间的正拉黏结强度；新加砂浆面层的钢筋保护层厚度；当采用植筋或锚栓拉结钢筋网时，按隐蔽工程的验收要求提前进行施工质量检验。 一般项目：砌体或混凝土构件外加钢筋网的砂浆面层，其外观质量不宜有一般缺陷

2.3 外包型钢加固法

适用范围	适用于以外包型钢加固砌体柱的设计
设计规定	当采用外包型钢加固矩形截面砌体柱时，宜设计成以角钢为组合构件四肢，以钢缀板围束砌体的钢构架加固方式，并考虑二次受力的影响
构造规定	1. 当采用外包型钢加固砌体承重柱时，钢构架应采用 Q235 钢制作；钢构架中的受力角钢和钢缀板的最小截面尺寸应分别为 60mm×60mm×6mm 和 60mm×6mm。 2. 钢构架的四肢角钢，应采用封闭式缀板作为横向连接件，以焊接固定。缀板的间距不应大于 50mm。 3. 为使角钢及其缀板紧贴砌体柱表面，应采用水泥砂浆填塞角钢及缀板，也可采用灌浆料进行压注。 4. 钢构架两端应有可靠的连接和锚固：其下端应锚固于基础内；上端应抵紧在该加固柱上部（上层）构件的底面，并与锚固于梁、板、柱帽或梁垫的短角钢相焊接。在钢构架（从地面标高向上量起）的 $2h$ 和上端的 $1.5h$（h 为原柱截面高度）节点区内，缀板的间距不应大于 250mm。与此同时，还应在柱顶部位设置角钢箍予以加强。 5. 在多层砌体结构中，若不止一层承重柱需增设钢构架加固，其角钢应通过开洞连续穿过各层现浇楼板；若为预制楼板，宜局部改为现浇，使角钢保持通长。 6. 采用外包型钢加固砌体柱时，型钢表面宜包裹钢丝网并抹厚度不小于 25mm 的 1∶3 水泥砂浆作防护层。否则，应对型钢进行防锈处理

2.4 粘贴纤维复合材料加固法

适用范围	仅适用于烧结普通砖墙(以下简称砖墙)平面内受剪加固和抗震加固
设计规定	1. 被加固的砖墙,其现场实测的砖强度等级不得低于 MU7.5;砂浆强度等级不得低于 MZ.5;现已开裂、腐蚀、老化砖墙不得采用本方法进行加固。 2. 外贴纤维复合材加固砖墙时,应将纤维受力方式设计成仅承受拉应力作用。 3. 粘贴在砖砌构件表面上的纤维复合材,其表面应进行防护处理。表面防护材料应对纤维及胶黏剂无害。 4. 采用本方法加固的砖墙结构,其长期使用的环境温度不应高于 60℃;处于特殊环境的砖砌结构采用本方法加固时,除应按国家现行有关标准的规定采取相应的防护措施外,尚应采用耐环境因素作用的胶黏剂,并按专门的工艺要求施工
构造规定	1. 纤维布条带在全墙面上宜等间距均匀布置,条带宽度不宜小于 100mm,条带的最大净间距不宜大于三皮砖块的高度,也不宜大于 200mm。 2. 沿纤维布条带方向应有可靠的锚固措施。 3. 纤维布条带端部的锚固构造措施,可根据墙体端部情况,采用对穿螺栓垫板压牢,当纤维布条带需绕过阳角时,阳角转角处曲率半径不应小于 20mm。当有可靠的工程经验或试验资料时,也可采用其他机械锚固方式。 4. 当采用搭接的方式接长纤维布条带时,搭接长度不应小于 20mm,且应在搭接长度中部设置一道锚栓锚固。 5. 当砖墙采用纤维复合材加固时,其墙、柱表面应先做水泥砂浆抹平层;层厚不应小于 15mm 且应平整;水泥砂浆强度等级应不低于 M10;粘贴纤维复合材应待抹平层硬化、干燥后方可进行

3. 基础加固技术

3. 基础加固技术

3.1 基础补强注浆加固

适用范围	基础补强注浆加固适用于因不均匀沉降、冻胀或其他原因引起的基础裂损的加固
设计规定	1. 地基承载力、地基变形计算及基础验算，应符合现行国家标准《建筑地基基础设计规范》GB 50007—2011 的有关规定。 2. 地基稳定性计算，应符合国家现行标准《建筑地基基础设计规范》GB 50007—2011 和《建筑地基处理技术规范》JGJ 79—2012 的有关规定。 3. 抗震验算，应符合现行国家标准《建筑抗震设计规范》GB 50011—2010 的有关规定
施工规定	1. 在原基础裂损处钻孔，注浆管直径可为 25mm，钻孔与水平面的倾角不应小于 30°，钻孔孔径不应小于注浆管的直径，钻孔孔距可为 0.5～1.0m。 2. 浆液材料可采用水泥浆或改性环氧树脂等，注浆压力可取 0.1～0.3MPa。如果浆液不下沉，可逐渐加大压力至 0.6MPa，浆液在 10～15min 内不再下沉，可停止注浆。 3. 对单独基础每边钻孔不应少于 2 个；对条形基础应沿基础纵向分段施工，每段长度可取 1.5～2.0m
施工质量检验	基础补强注浆加固基础，应在基础补强后，对基础钻芯取样进行检验

3.2 扩大基础加固

适用范围	加大基础底面积法适用于当既有建筑物荷载增加、地基承载力或基础底面积尺寸不满足设计要求，且基础埋置较浅，基础具有扩大条件时的加固，可采用混凝土套或钢筋混凝土套扩大基础底面积
设计规定	1. 当基础承受偏心受压荷载时，可采用不对称加宽基础；当承受中心受压荷载时，可采用对称加宽基础。 2. 在灌注混凝土前，应将原基础凿毛和刷洗干净，刷一层高强度等级水泥浆或涂混凝土界面剂，增加新、老混凝土基础的黏结力。 3. 对基础加宽部分，地基上应铺设厚度与材料和原基础垫层相同的夯实垫层。 4. 当采用混凝土套加固时，基础每边加宽后的外形尺寸应符合现行国家标准《建筑地基基础设计规范》GB 50007—2011 中有关无筋扩展基础或刚性基础台阶宽高比允许值的规定，沿基础高度隔一定距离应设置锚固钢筋。 5. 当采用钢筋混凝土套加固时，基础加宽部分的主筋应与原基础内主筋焊接连接。 6. 对条形基础加宽时，应按长度 1.5～2.0m 划分单独区段，并采用分批、分段、间隔施工的方法
施工流程	加深基础法：坑壁支护→贴近既有建筑基础的一侧分批、分段、间隔开挖竖坑→灌注混凝土至距原基础底面下 200mm 处，停止灌注→养护一天后，用掺入膨胀剂和速凝剂的干稠水泥砂浆填入基底空隙，并挤实填筑的砂浆。 抬墙梁法：施工钢筋混凝土桩或墩→预制钢筋混凝土梁或钢梁穿过原基础梁→桩与梁连接
施工质量检验	加大基础底面积法：应对新、旧基础结构连接构件进行检验，并提供隐蔽工程检验报告

3.3 锚杆静压桩加固

适用范围	锚杆静压桩法适用于淤泥、淤泥质土、黏性土、粉土、人工填土、湿陷性黄土等地基加固
设计规定	1. 锚杆静压桩的单桩竖向承载力可通过单桩载荷试验确定；当无试验资料时，可按地区经验确定，也可按国家现行标准《建筑地基基础设计规范》GB 50007—2011 和《建筑桩基技术规范》JGJ 94—2008 有关规定估算。 2. 压桩孔应布置在墙体的内外两侧或柱子四周。设计桩数应由上部结构荷载及单桩竖向承载力计算确定；施工时，压桩力不得大于该加固部分的结构自重荷载。压桩孔可预留，或在扩大基础上由人工或机械开凿，压桩孔的截面形状，可做成上小下大的截头锥形，压桩孔洞口的底板、板面应设保护附加钢筋，其孔口每边不宜小于桩截面边长的 50～100mm。 3. 桩身制作除应满足现行行业标准《建筑桩基技术规范》JGJ 94—2008 的规定外，尚应符合下列规定：桩身可采用钢筋混凝土桩、钢管桩、预制管桩、型钢等；钢筋混凝土桩的主筋配置应按计算确定，且应满足最小配筋率要求；钢筋宜选用 HRB335 级以上，桩身混凝土强度等级不应小于 C30 级；当单桩承载力设计值大于 1500kN 时，宜选用直径不小于 400mm 的钢管桩；当桩身承受拉应力时，桩节的连接应采用焊接接头，其他情况下，桩节的连接可采用硫磺胶泥或其他方式连接，当采用硫磺胶泥接头连接时，桩节两端连接处，应设置焊接钢筋网片，一端应预埋插筋，另一端应预留插筋孔和吊装孔，当采用焊接接头时，桩节的两端均应设置预埋连接件。 4. 原基础承台除应满足承载力要求外，尚应符合下列规定：承台周边至边桩的净距不宜小于 300mm；承台厚度不宜小于 400mm；桩顶嵌入承台内长度应为 50～100mm，当桩承受拉力或有特殊要求时，应在桩顶四角增设锚固筋，锚固筋伸入承台内的锚固长度，应满足钢筋锚固要求；压桩孔内应采用混凝土强度等级为 C30 或不低于基础强度等级的微膨胀早强混凝土浇筑密实；当原基础厚度小于 350mm 时，压桩孔应采用 $2\phi16$ 钢筋交叉焊接于锚杆上，并应在浇筑压桩孔混凝土时，在桩孔顶面以上浇筑桩帽，厚度不得小于 150mm。 5. 锚杆应根据压桩力大小通过计算确定。锚杆可采用带螺纹锚杆、端头带墩粗锚杆或带爪肢锚杆，并应符合下列规定：当压桩力小于 400kN 时，可采用 M24 锚杆；当压桩力为 400～500kN 时，可采用 M27 锚杆；锚杆螺栓的锚固深度可采用 12～15 倍螺栓直径，且不应小于 300mm，锚杆露出承台顶面长度应满足压桩机具要求，且不应小于 120mm；锚杆螺栓在锚杆孔内的胶黏剂可采用植筋胶、环氧砂浆或硫磺胶泥等；锚杆与压桩孔、周围结构及承台边缘的距离不应小于 200mm

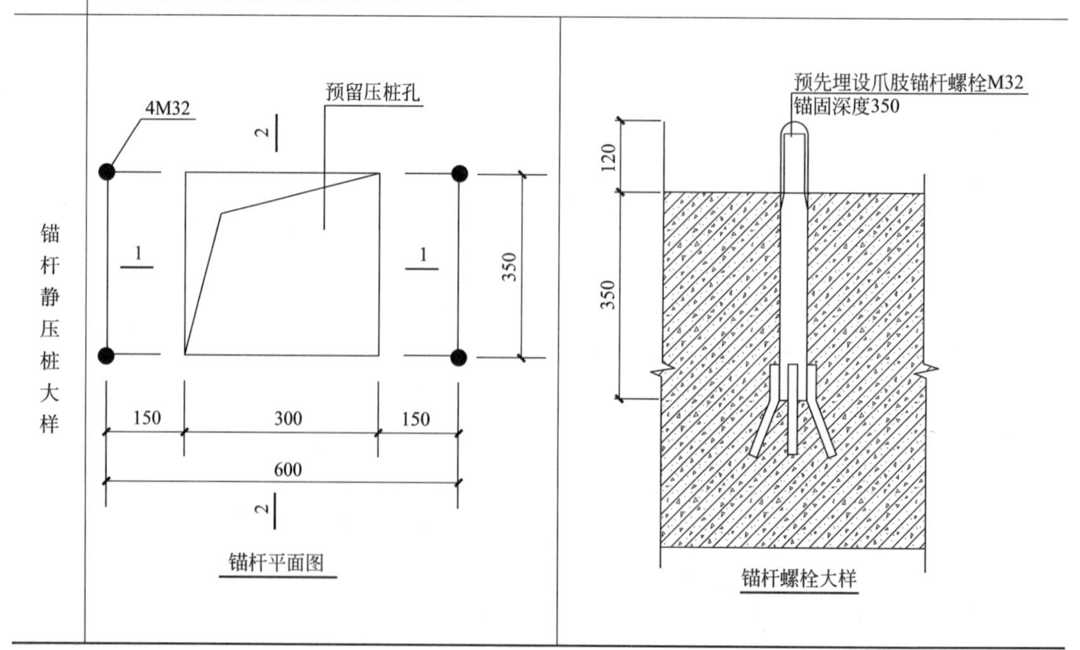

续表

锚杆静压桩大样	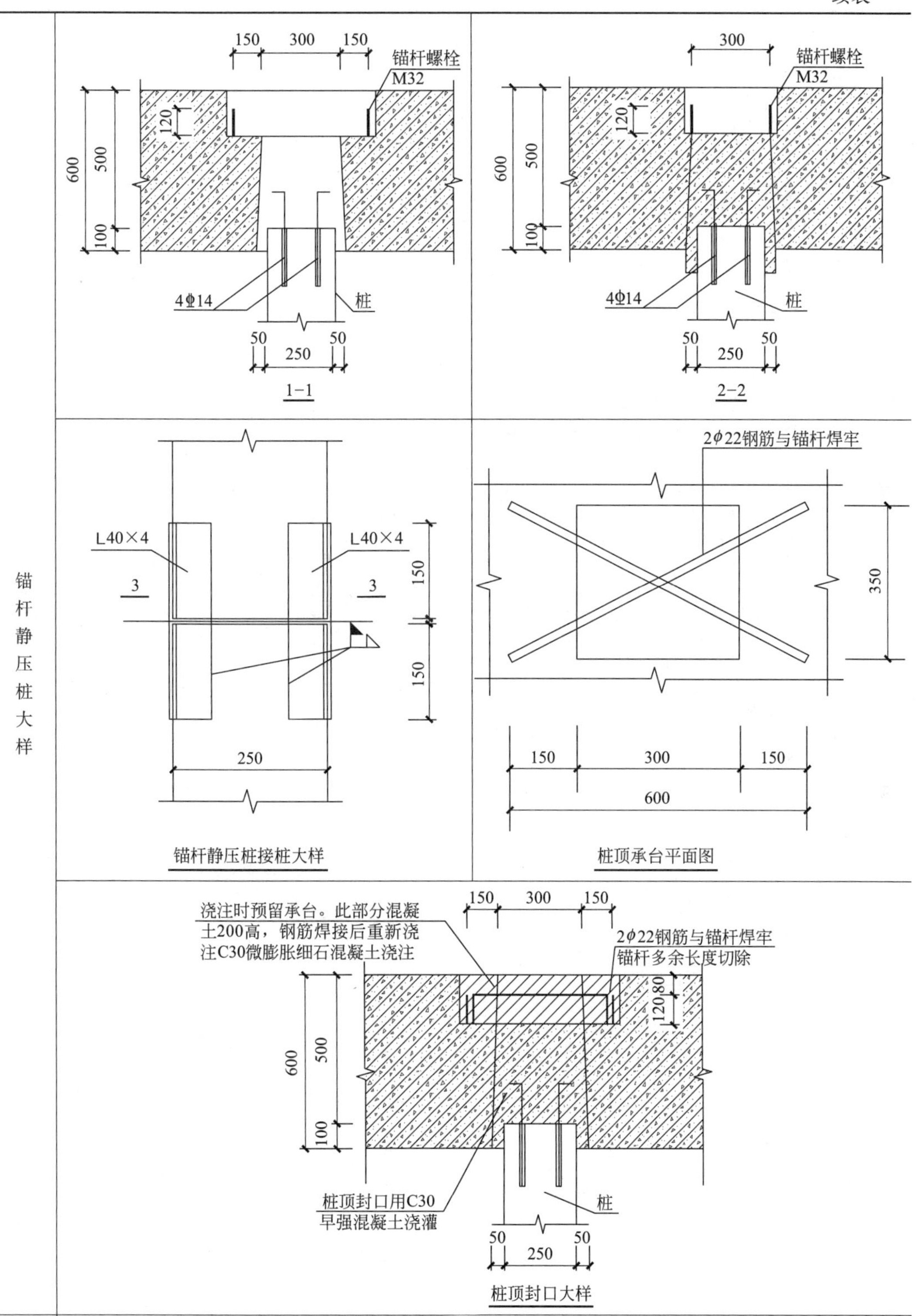
施工流程	清理压桩孔和锚杆孔施工工作面→制作锚杆螺栓和桩节→开凿压桩孔，孔壁凿毛→开凿锚杆孔，应确保锚杆孔内清洁干燥后再埋设锚杆，并以胶黏剂加以封固→压桩施工，桩应一次连续压到设计标高→封桩

续表

施工质量检验	1. 最终压桩力与桩压入深度，应符合设计要求； 2. 桩帽梁、交叉钢筋及焊接质量，应符合设计要求； 3. 桩位允许偏差应为±20mm； 4. 桩节垂直度允许偏差不应大于桩节长度的1.0%； 5. 钢管桩平整度允许偏差应为±2mm，接桩处的坡口应为45°，接桩处焊缝应饱满、无气孔、无杂质，焊缝高度应为$h=t+1$(mm，t为壁厚)； 6. 桩身试块强度和封桩混凝土试块强度，应符合设计要求

3.4 树根桩加固

适用范围	树根桩适用于淤泥、淤泥质土、黏性土、粉土、砂土、碎石土及人工填土等地基加固	
设计规定	1. 树根桩的直径宜为150～400mm，桩长不宜超过30m，桩的布置可采用直桩或网状结构斜桩。 2. 树根桩的单桩竖向承载力可通过单桩载荷试验确定；当无试验资料时，也可按现行国家标准《建筑地基基础设计规范》GB 50007—2011的有关规定估算。 3. 桩身混凝土强度等级不应小于C20；混凝土细石骨料粒径宜为10～25mm；钢筋笼外径宜小于设计桩径的40～60mm；主筋直径宜为12～18mm；箍筋直径宜为6～8mm，间距宜为150～250mm；主筋不得少于3根；桩承受压力作用时，主筋长度不得小于桩长的2/3；桩承受拉力作用时，桩身应通长配筋；对直径小于200mm树根桩，宜注水泥砂浆，砂粒粒径不宜大于0.5mm。 4. 可用钢管代替树根桩中的钢筋笼，并采用压力注浆提高承载力。 5. 树根桩设计时，应对既有建筑的基础进行承载力的验算。当基础不满足承载力要求时，应对原基础进行加固或增设新的桩承台。 6. 网状结构树根桩设计时，可将桩及周围土体视作整体结构进行整体验算，并应对网状结构中的单根树根桩进行内力分析和计算。 7. 网状结构树根桩的整体稳定性计算，可采用假定滑动面不通过网状结构树根桩的加固体进行计算，有地区经验时，可按圆弧滑动法，考虑树根桩的抗滑力进行计算	
微型钢管桩大样	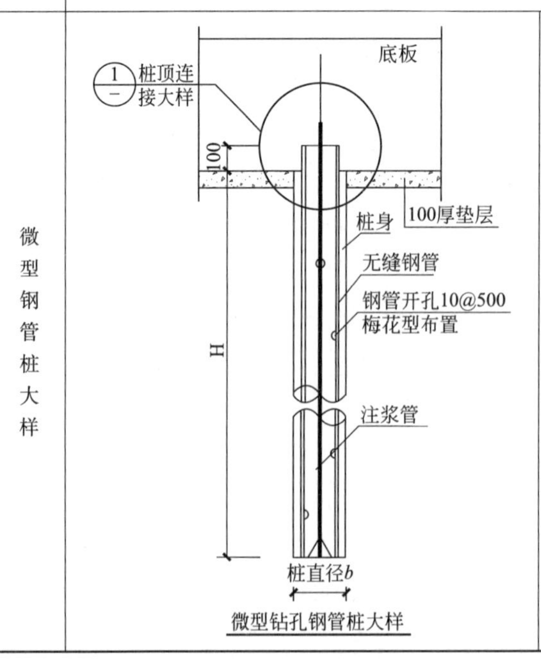 微型钻孔钢管桩大样	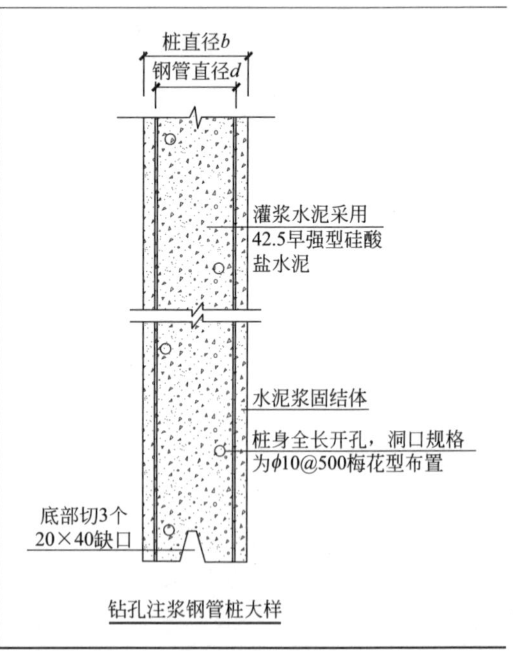 钻孔注浆钢管桩大样

续表

<table>
<tr><td>微型钢管桩大样</td><td>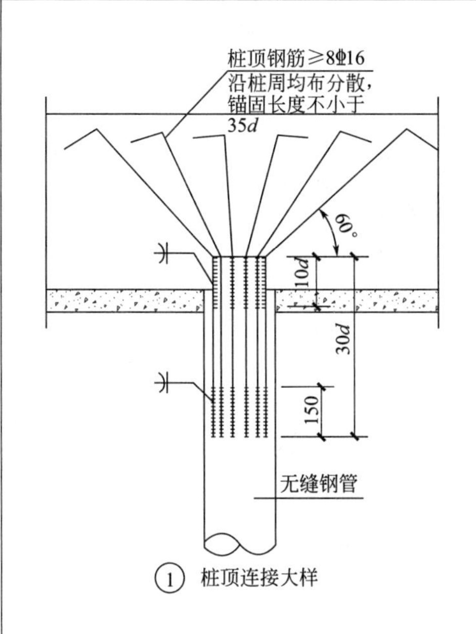

① 桩顶连接大样</td><td>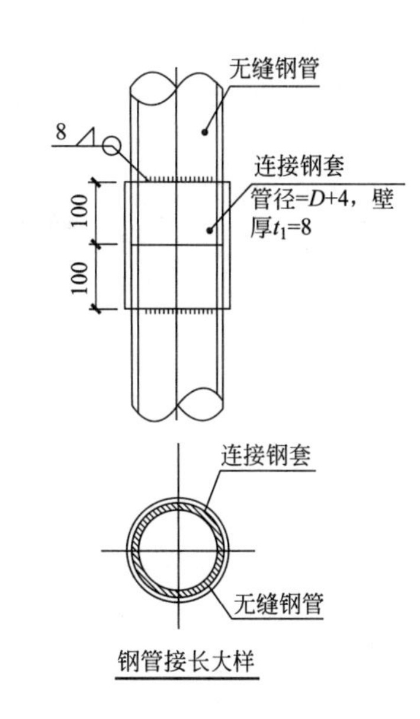

钢管接长大样</td></tr>
<tr><td>施工流程</td><td colspan="2">钻孔→清孔→放钢筋笼→下注浆管→填灌填料，同时注水清孔→一次注浆→浆液泛出孔口，停止注浆→浆液初凝后，二次注水泥浆→拔管→桩顶填碎石并补充注浆</td></tr>
<tr><td>施工质量检验</td><td colspan="2">1. 每 3～6 根桩，应留一组试块，并测定试块抗压强度。
2. 应采用载荷试验检验树根桩的竖向承载力，有经验时，可采用动测法检验桩身质量</td></tr>
</table>

4. 桥梁加固技术

4. 桥梁加固技术

4.1 粘贴钢板加固法

适用范围	适用于钢筋混凝土受弯、受拉和受压构件的加固
设计规定	1. 粘贴钢板外表面应进行防护处理，表面防护材料对钢板及胶黏剂应无害。 2. 被加固构件处于特殊环境（高温、高湿、介质侵蚀）时，应采用耐环境作用的胶黏剂，并按专门的工艺要求施工。 3. 粘贴钢板加固混凝土构件时，宜将钢板受力方式设计成仅承受轴向力作用。 4. 粘贴钢板加固桥梁构件的作用效应宜分别按两个阶段进行计算：第一阶段，粘贴钢板加固施工前，作用（或荷载）应考虑加固时包括原构件自重在内的实际恒载及施工时的其他荷载；第二阶段，粘贴钢板加固后，作用（或荷载）应考虑包括构件自重在内的恒载、二期恒载作用及使用阶段的可变作用
构造规定	1. 采用直接涂胶粘贴的钢板厚度不应大于 5mm；钢板厚度大于 5mm 时，应采用压力注胶黏结。 2. 对钢筋混凝土受弯构件进行正截面加固时，钢板宜采用条带粘贴，钢板的宽厚比不应大于 50。 3. 当粘贴的钢板延伸至支座边缘不满足本规范延伸长度的要求时，应采取下列锚固措施： 1)对梁，应在延伸长度范围内均匀设置 U 形箍，且应在延伸长度的端部设置一道加强箍。U 形箍应伸至梁翼缘板底面。U 形箍的宽度，对端箍不应小于 200mm，对中间箍不应小于受弯加固钢板宽度的 1/2，且不应小于 100mm。U 形箍的厚度不应小于受弯加固钢板厚度的 1/20。U 形箍的上端应设置纵向钢压条，压条下面的空隙应加胶黏钢垫块填平。 2)对板，应在延伸长度范围内通长设置垂直于受力钢板方向的压条。压条应在延伸长度范围内均匀布置，且应在延伸长度的端部设置一道。钢压条的宽度不应小于受弯加固钢板宽度的 3/5，钢压条的厚度不应小于受弯加固钢板厚度的 1/2。 4. 当采用钢板对受弯构件负弯矩区进行正截面承载力加固时，应采取下列构造措施： 1)对负弯矩区进行加固时，钢板应在负弯矩包络图范围内连续粘贴；其延伸长度的截断点应计算确定。 2)对无法延伸的一侧，应粘贴钢板压条进行锚固。钢压条下面的空隙应加胶黏钢垫块填平。 5. 当加固的受弯构件需粘贴一层以上钢板时，相邻两层的截断位置应错开一定距离，错开的距离不应小于 300mm，并应在截断处加设 U 形箍（对梁）或横向压条（对板）进行锚固。 6. 当采用钢板进行斜截面承载力加固时，应粘贴成斜向钢板、U 形箍或 L 形箍。斜向钢板和 U 形箍、L 形箍的上端应粘贴纵向钢压条予以锚固。 7. 直接涂胶粘贴钢板宜使用锚固螺栓，锚固深度不应小于 6.5 倍螺栓直径。螺栓布置的间距应满足下列要求： 1)螺栓中心最大间距为 24 倍钢板厚度；最小间距为 3 倍螺栓孔径。 2)螺栓中心距钢板边缘最大距离为 8 倍钢板厚度或 120mm 中的较小者。最小距离为 2 倍螺栓孔径。 3)如果螺栓只用于钢板定位或粘贴加压时，不受上述限制
施工流程	探明钢筋位置→钢板下料、打磨、钻孔→植螺栓→涂抹胶黏剂→钢板的安装与锚固→涂装防护处理

续表

施工质量检验	1. 锚栓的植入深度应符合设计要求，钻孔深度偏差不应大于5mm。 2. 目测钢板边缘的溢胶，色泽应均匀，胶体应固化。 3. 钢板的有效黏结面积应不小于95%，可采用以下三种方法检查： 1)敲击检测法； 2)超声波检测法； 3)红外线检测法

4.2 粘贴纤维复合材加固法

适用范围	适用于钢筋混凝土受压柱，以提高延性、耐久性的加固；亦可用于梁、板的加固
设计规定	1. 采用纤维复合材料加固受压柱时，原构件混凝土强度等级不宜低于C15；采用碳纤维复合材料加固梁、板时，混凝土强度等级不宜低于C25；采用芳纶纤维复合材料、玻璃纤维复合材料时，混凝土强度等级不宜低于C20。混凝土表面的黏结强度应满足拉拔试验要求。 2. 纤维复合材料、黏结材料和表面防护材料的性能及使用环境等均应符合规范的要求。 3. 采用纤维复合材料加固时，必须将纤维复合材料与构件牢固地粘贴在一起，变形协调，共同受力。 4. 加固时宜卸除作用在结构上的部分荷载。 5. 结构设计计算，必须进行分阶段受力和整桥结构验算。 6. 加固后构件的承载能力由原构件中受拉钢筋(预应力钢束)或受压混凝土达到其强度设计值控制。 7. 采用纤维复合材料加固受弯构件时，其破坏形式应为正截面破坏先于斜截面破坏。 8. 墩柱延性不足时，应采用全长无间隔环向连续粘贴纤维复合材料加固，即环向围束法加固。 9. 必要时应采取可靠的锚固措施
构造规定	一、一般规定 1. 纤维复合材料宜粘贴成条带状，非围束时板材不宜超过2层，布材不宜超过3层。 2. 对钢筋混凝土柱进行粘贴纤维复合材料加固时，条带应粘贴成环形箍，且纤维方向应与柱的纵轴线垂直。加固大偏心受压构件，可将纤维复合材料粘贴于构件受拉区边缘混凝土表面，纤维方向应与柱的纵轴线方向一致。加固受拉构件，纤维方向应与构件受拉方向一致。梁的受拉区两侧粘贴纤维复合材料进行抗弯加固时，粘贴高度不宜高于1/4梁高。采用封闭式粘贴或U形粘贴对梁、柱构件进行斜截面加固，纤维方向宜与构件轴线垂直或与其主拉应力方向平行。 3. 纤维复合材料沿纤维受力方向的搭接长度不应小于100mm；当采用多条或多层纤维复合材加固时，其搭接位置应相互错开。 4. 当纤维复合材料绕过构件(截面)的外倒角时，构件的截面棱角应在粘贴前打磨成圆弧面，圆化半径，梁不应小于20mm；柱不应小于25mm。对于主要受力纤维复合材料不宜绕过内倒角。 5. 粘贴多层纤维复合材料加固时，宜将纤维复合材料逐层截断，并在每层截断处最外侧加压条，其粘贴形式采用内短外长式。 6. 采用纤维复合材料对钢筋混凝土梁或柱的斜截面承载力进行加固时，其构造应符合下列规定： 1)宜选用环形箍或加锚固的U形箍；仅按构造需要设箍时，也可采用一般U形箍； 2)U形箍的纤维受力方向应与构件轴向垂直； 3)一般情况下，在梁的中部应增设一道纵向中压带。 二、柱的加固 1. 沿柱轴向粘贴纤维复合材料加固时，应有足够的锚固长度。必要时可在纤维复合材料两端增设锚固措施。 2. 采用纤维复合材料的环向围束对钢筋混凝土柱进行延性加固时，其构造应符合下列规定： 1)环向围束的纤维复合材料层数，对圆形截面不应少于2层，对矩形截面不应少于3层。

续表

<table>
<tr><td>构造规定</td><td>2)环向围束上下层之间的搭接宽度不应小于 50mm,纤维织物环向截断点的延伸长度不应小于 200mm,且各条带搭接位置应相互错开。
三、梁和板加固
对梁、板进行抗弯加固时,可在纤维复合材料两端设置 U 形箍或横向压条。其切断位置距其充分利用截面的距离应满足黏结长度要求。当纤维复合材料延伸至支座边缘仍不满足黏结长度的规定时,应采取以下锚固措施:
1)对于梁,在纤维复合材料延伸长度范围内至少应设置两道纤维复合材料 U 形箍锚固;U 形箍宜在延伸长度范围内均匀布置,且在延伸长度端部必须设置一道。U 形箍的粘贴高度宜伸至顶板底面。每道 U 形箍的宽度不宜小于受弯加固纤维复合材料宽度的 1/2,U 形箍的厚度不宜小于受弯加固纤维复合材料厚度的 1/2。
2)对于板,在纤维复合材料延伸长度范围内至少设置两道垂直于受力纤维方向的压条,压条宜在延伸锚固长度范围内均匀布置,且在延伸长度端部必须设置一道。每道压条的宽度不宜小于受弯加固纤维复合材料条带宽度的 1/2,压条的厚度不宜小于受弯加固纤维复合材料厚度的 1/2。
3)当纤维复合材料的黏结长度小于计算黏结长度 1/2 时,应采取可靠的附加机械锚固措施</td></tr>
<tr><td>施工流程</td><td>底层处理→涂刷底胶→粘贴纤维复合材料</td></tr>
<tr><td>施工质量检验</td><td>
<table>
<tr><td>项次</td><td colspan="3">检验项目</td><td>合格标准</td><td>检验方法</td><td>频数</td></tr>
<tr><td>1</td><td colspan="3">碳纤维布材粘贴误差</td><td>中心线偏差≤10mm</td><td>钢尺测量</td><td>全部</td></tr>
<tr><td>2</td><td colspan="3">碳纤维布材粘贴数量</td><td>≥设计数量</td><td>计算</td><td>全部</td></tr>
<tr><td rowspan="4">3</td><td rowspan="4">粘贴质量</td><td colspan="2">空鼓面积之和与总粘贴面积之比</td><td>小于 5%</td><td>小锤敲击法</td><td>全部或抽样</td></tr>
<tr><td rowspan="2">胶黏剂厚度</td><td>板材</td><td>2mm±1.0mm</td><td rowspan="2">钢尺测量</td><td rowspan="2">每构件 3 处</td></tr>
<tr><td>布材</td><td><2mm</td></tr>
<tr><td colspan="2">硬度(布材)</td><td>>70°</td><td>测量</td><td></td></tr>
</table>
</td></tr>
</table>

4.3 预应力加固法

<table>
<tr><td>适用范围</td><td>适用于对既有混凝土梁体主动施加外力,以改善原结构的受力状况的加固方法</td></tr>
<tr><td>设计规定</td><td>1. 预应力钢筋(束)可由水平筋(束)和斜筋(束)组成,亦可由通长布置的钢丝束或钢绞线组成。加固中采用的体外索应具有防腐能力,且宜具有可更换性。
2. 转向装置可采用钢部件、现浇混凝土块体或附加钢锚箱结构。转向装置必须与梁体连接可靠,其连接强度必须进行验算。
3. 体外索的自由长度超过 10m 时应设置定位装置。
4. 当被加固构件的混凝土强度等级低于 C25 时,不宜采用预应力加固方法。
5. 转向装置的尺寸设计应综合考虑体外预应力产生的径向力大小、体外预应力束的根数及其曲线形状、孔道直径、普通钢筋间距及混凝土保护层等因素</td></tr>
<tr><td>构造规定</td><td>1. 体外预应力筋(束)布置方式必须考虑桥梁结构的内力分布状况。体外预应力筋(束)可根据原结构的构造及断面形式布置在梁体的外侧或内侧。
2. 体外索的张拉端或锚固端可设在梁底、梁顶或端横隔板根部,亦可将体外索的上锚固端布置在主梁端部腹板两侧。
3. 对箱梁宜将体外预应力筋(束)布置在箱(室)的内侧,体外预应力筋(束)沿桥梁纵向长线布置,横桥向应对称</td></tr>
</table>

续表

<table>
<tr><td>施工流程</td><td>预应力钢筋加工与运输→安装及张拉→施工监控→防腐与防护</td></tr>
<tr><td>施工质量检验</td><td>
<table>
<tr><th>项次</th><th colspan="2">检查项目</th><th>规定值或允许偏差</th><th>检查方法与频率</th></tr>
<tr><td rowspan="2">1</td><td rowspan="2">钢索坐标/mm</td><td>梁长方向</td><td>±30</td><td rowspan="2">尺量:抽查50%,各转折点</td></tr>
<tr><td>梁高方向</td><td>±10</td></tr>
<tr><td>2</td><td colspan="2">张拉力值</td><td>符合设计要求</td><td>查油压表读数:全部</td></tr>
<tr><td>3</td><td colspan="2">张拉伸长率</td><td>符合设计要求,设计未规定时,±6%</td><td>尺量:全部</td></tr>
<tr><td rowspan="2">4</td><td rowspan="2">断丝滑丝数</td><td>钢束</td><td>每束1根,且每断面不超过钢丝总数的1%</td><td rowspan="2">目测;每根(束)</td></tr>
<tr><td>钢筋</td><td>不允许</td></tr>
</table>
</td></tr>
</table>

4.4 改变结构体系加固法

<table>
<tr><td>适用范围</td><td>适用于改变原结构受力体系,降低控制截面内力,提高桥梁结构整体承载能力的一种加固方法</td></tr>
<tr><td>设计规定</td><td>1. 桥梁常用改变结构体系加固法包括:将多孔简支梁改为连续梁,将单孔简支梁改为支撑梁,将中、下承式拱改变为拱—斜拉组合体系,将连续梁、连续刚构改变为矮塔斜拉桥,将带挂梁T形刚构改变为连续刚构以及其他增设结构(杆件)而使原结构受力体系发生改变的方法。
2. 对拟采用改变结构体系法加固的桥梁,需进行深入、细致的方案论证。
3. 采用改变结构体系加固时,应对新、旧整体结构的各受力阶段进行验算,并且与增大截面法、粘贴钢板法等综合使用。
4. 施工中应严格执行设计规定的施工方法和程序</td></tr>
<tr><td>构造规定</td><td>1. 增设支承加固法的支承构造按现行桥梁设计规范相应构造要求执行。
2. 简支变连续加固应符合下列构造规定:
1)墩顶采用设置普通钢筋形成连续构造时,纵向受力钢筋应为螺纹钢筋,直径不应小于12mm;布设长度应超出连续梁墩顶的负弯矩包络图范围并不应小于梁高的2倍,还应与原梁钢筋牢固连接;连接困难时,亦可以植筋技术或锚栓技术与原梁形成整体。墩顶采用设置预应力钢束形成连续构造时,宜采用小吨位预应力扁锚分散错位锚固,纵向错位间距不宜小于1.5m,布设长度应超出连续梁墩顶负弯矩包络图范围并不宜小于梁高的4倍。
2)墩顶连续构造处顶面应设置一定数量的防裂钢筋,新老混凝土结合面应设置一定数量抗剪钢筋。墩顶两端横隔板间宜现浇形成整体横梁,混凝土强度应高于原梁一个等级,并采取措施做好桥面防水。
3)墩顶宜采用新设单支座。确需保留双排支座形式时,应对墩柱承载力进行计算。
4)连续钢筋或预应力钢束具体构造按《混凝土用膨胀型、扩张型建筑锚栓》DJ 160有关规定执行</td></tr>
<tr><td>施工流程</td><td>一、增加支点:
1. 增加支座。对支点处梁体进行加固补强→顶升主梁→安放支座→撤出千斤顶。
2. 支点固结。布置钢筋或预应力筋→接触面凿毛、清除浮渣、洒水湿润→浇筑混凝土。
二、简支变连续
1. 采用预应力。梁顶凿槽布设波纹管道→焊接梁端的连接钢筋→安装预应力束和锚具→张拉→浇筑连接缝处混凝土。
2. 不采用预应力。凿除原桥面铺装和梁端部混凝土→主筋外露→连接梁端钢筋并在梁顶增设受力钢筋→浇筑连接缝处混凝土</td></tr>
</table>

造价分析篇

- 改造工程
- 加固维修
- 桥梁
- 岩土

1. 改造工程

1.1　综合改造：广东省水电医院凤凰城院区项目装修改造工程

1.2　结构改造：佛山市第三中心体育馆改造项目

1.1 综合改造：广东省水电医院凤凰城院区项目装修改造工程

建设项目基本概况

工程名称	广东省水电医院凤凰城院区项目装修改造工程施工专业承包		
工程分类	结构加固	建筑类型	公共建筑
工程地点	广东省广州市增城区永宁街汽车城东路4～6号		
结构类型	钢筋混凝土框架结构	基础类型	桩基础
总建筑面积/m^2	38300.00	加固区域建筑面积/m^2	38300.00
地上层数/层	6	地下层数/层	1
首层层高/m	3.5	标准层层高/m	3.5
加固改造类型	加固改造工程		
主要加固形式	基础加固、结构加固		
主要加固构件	基础、柱、梁、板		
主要加固方式	钢管桩、加大截面、粘贴碳纤维布、外包钢板		
估算编制范围	投资估算，包含加固费用、工程建设其他费用及基本预备费，其中加固费用为实体加固及相对应措施费用，不含加固后装修恢复、阻碍施工管线拆除与恢复		
建设投资估算/万元	19029.62	单方造价指标/(元/m^2)	4968.57

建设投资估算表

序号	费用名称	金额/万元	技术经济指标			占投资额比例/%	备注
			单位	数量	单位造价/元		
一	建安工程费用						
1	建安工程费	15976.16	m^2	38300.00	4171.32	83.95%	
	小计	15976.16					
二	工程建设其他费用						
1	建设单位管理费	199.76	m^2	38300.00	52.16	1.05%	财建〔2016〕504号文
2	工程建设监理费	323.06	m^2	38300.00	84.35	1.70%	发改价格〔2007〕670号文
3	工程设计费	507.51	m^2	38300.00	132.51	2.67%	《工程勘察设计收费标准》(2002年修订本)
4	施工图审查费	32.99	m^2	38300.00	8.61	0.17%	发改价格〔2011〕534号文

续表

序号	费用名称	金额/万元	技术经济指标			占投资额比例/%	备注
			单位	数量	单位造价/元		
5	施工图预算编制费	50.75	m^2	38300.00	13.25	0.27%	《工程勘察设计收费标准》(2002年修订本)
6	竣工图编制费	40.60	m^2	38300.00	10.60	0.21%	《工程勘察设计收费标准》(2002年修订本)
7	招标代理费	33.54	m^2	38300.00	8.76	0.18%	计价格〔2011〕534号文
8	工程保险费	47.93	m^2	38300.00	12.51	0.25%	广东省建设工程概算编制办法2014
9	检验检测费	159.76	m^2	38300.00	41.71	0.84%	粤价函〔2004〕428号
10	城市基础设施配套费	639.05	m^2	38300.00	166.85	3.36%	粤价〔2003〕160号
11	工程造价咨询费	88.41	m^2	38300.00	23.08	0.46%	粤建函〔2011〕742号文,(概预算、结算审核)
12	可行性研究报告编制费	11.51	m^2	38300.00	3.01	0.06%	计价格〔1999〕1283号文
13	环境影响评价费	12.41	m^2	38300.00	3.24	0.07%	计价格〔2002〕125号
	小计	2147.29					
三	基本预备费	906.17		38300.00	236.60	4.76%	〔一+二〕×5%
四	建设投资费用	19029.62		38300.00	4968.57	100.00%	一+二+三

广东省水电医院凤凰城院区项目装修改造工程施工专业承包估算单

序号	项目名称	单位	工程量	单价/元	合价/元	备注
一	结构加固工程					
1.1	1-2附属综合楼结构加固工程	m^2	38300.00	75.00	2872500.00	按建筑面积
1.2	门诊医技住院综合楼结构加固工程	m^2	38300.00	304.00	11643200.00	按建筑面积
二	装饰装修工程					
2.1	1-2栋附属综合楼装修工程	m^2	38300.00	307.00	11758100.00	按建筑面积
2.2	门诊医技住院综合楼室内改造装饰工程	m^2	38300.00	1049.00	40176700.00	按建筑面积
2.3	高压氧舱装饰	m^2	38300.00	9.00	344700.00	按建筑面积
2.4	配电房土建装饰工程	m^2	38300.00	11.00	421300.00	按建筑面积
2.5	医疗废水处理站装饰	m^2	38300.00	8.00	306400.00	按建筑面积
2.6	洁净区装修	m^2	38300.00	170.00	6511000.00	按建筑面积
2.7	室外配套工程	m^2	38300.00	18.00	689400.00	按建筑面积
三	装修配套机电安装工程					
3.1	门诊医技住院综合楼(不含洁净区)电气工程-地上部分	m^2	38300.00	226.00	8655800.00	按建筑面积
3.2	门诊医技住院综合楼(不含洁净区)电气工程-地下部分	m^2	38300.00	16.00	612800.00	按建筑面积

续表

序号	项目名称	单位	工程量	单价/元	合价/元	备注
3.3	1-2 栋附属综合楼(不含洁净区)电气工程	m^2	38300.00	52.00	1991600.00	按建筑面积
3.4	1-2 栋附属综合楼给水排水工程	m^2	38300.00	17.00	651100.00	按建筑面积
3.5	门诊医技住院综合楼给水排水工程	m^2	38300.00	70.00	2681000.00	按建筑面积
3.6	洁净区给水排水系统	m^2	38300.00	10.00	383000.00	按建筑面积
3.7	洁净区电气工程	m^2	38300.00	22.00	842600.00	按建筑面积
四	机电设备安装工程					
4.1	给水排水系统设备安装工程	m^2	38300.00	77.00	2949100.00	按建筑面积
4.2	附属楼通风、防排烟工程	m^2	38300.00	49.00	1876700.00	按建筑面积
4.3	门诊综合楼通风、防排烟工程	m^2	38300.00	401.00	15358300.00	按建筑面积
4.4	室外安装工程	m^2	38300.00	122.00	4672600.00	按建筑面积
4.5	弱电工程	m^2	38300.00	218.00	8349400.00	按建筑面积
4.6	洁净区弱电工程	m^2	38300.00	12.00	459600.00	按建筑面积
4.7	高低压变配电工程	m^2	38300.00	113.00	4327900.00	按建筑面积
4.8	医疗气体系统	m^2	38300.00	79.00	3025700.00	按建筑面积
4.9	抗震支架工程	m^2	38300.00	32.00	1225600.00	按建筑面积
4.10	污水处理站系统工程	m^2	38300.00	12.00	459600.00	按建筑面积
	小计				133245700.00	
五	措施项目					
1	施工措施	项	1.00	13324570.00	13324570.00	
	小计				13324570.00	
六	不含税合计				146570270.00	
七	税金(9%)				13191324.30	
八	含税合计				159761594.30	

说明:1. 本估算根据××设计院有限公司出具的《××改造工程》图纸编制;
2. 本估算所涉及材料均按国产品牌考虑;
3. 本估算不包含以下费用:阻碍施工装饰装修拆除后的恢复,阻碍施工砌体拆除后的恢复,拆除门窗后的恢复,阻碍施工的水电管线拆除后的恢复,加固后的装饰装修,加固后的鉴定检测费用,加固区域的财产安全管理,如有发生费用另行计算;
4. 本估算仅为改造实体加固费用,不包括其他二类费用

1.2 结构改造：佛山市第三中心体育馆改造项目

建设项目基本概况

工程名称	佛山市第三中学体育馆改造项目		
工程分类	结构加固	建筑类型	公共建筑
工程地点	广东省佛山市禅城区东平二路 33 号		
结构类型	钢筋混凝土框架结构，屋面网架结构	基础类型	桩基础
总建筑面积/m^2	10071.47	加固区域建筑面积/m^2	10071.47
地上层数/层	3	地下层数/层	—
首层层高/m	6	标准层层高/m	6
加固改造类型	加固改造工程		
主要加固形式	基础加固、结构加固		
主要加固构件	基础、柱、梁、板		
主要加固方式	钢管桩、加大截面、粘贴碳纤维布、新增钢结构		
估算编制范围	投资估算，包含加固费用、工程建设其他费用及基本预备费，其中加固费用为实体加固及相对应措施费用，不含加固后装修恢复、阻碍施工管线拆除与恢复		
投资总概算/万元	3028.51	单方造价指标/(元/m^2)	3007.02

佛山市第三中学体育馆改造项目建设项目投资估算表

序号	费用名称	金额/万元	技术经济指标			占投资额比例/%	备注
			单位	数量	单位造价/元		
一	建安工程费用						
1	建安工程费	2488.36	m^2	10071.47	**2470.70**	82.16%	
	小计	2488.36					
二	工程建设其他费用						
1	建设单位管理费	42.33	m^2	10071.47	42.02	1.40%	财建〔2016〕504 号文
2	工程建设监理费	65.82	m^2	10071.47	65.35	2.17%	发改价格〔2007〕670 号文
3	工程设计费	95.89	m^2	10071.47	95.21	3.17%	《工程勘察设计收费标准》(2002 年修订本)
4	施工图审查费	6.23	m^2	10071.47	6.19	0.21%	发改价格〔2011〕534 号文
5	施工图预算编制费	9.59	m^2	10071.47	9.52	0.32%	《工程勘察设计收费标准》(2002 年修订本)

续表

序号	费用名称	金额/万元	技术经济指标			占投资额比例/%	备注
			单位	数量	单位造价/元		
6	竣工图编制费	7.67	m^2	10071.47	7.62	0.25%	《工程勘察设计收费标准》(2002年修订本)
7	招标代理费	11.76	m^2	10071.47	11.68	0.39%	计价格〔2011〕534号文
8	工程保险费	7.47	m^2	10071.47	7.41	0.25%	广东省建设工程概算编制办法2014
9	检验检测费	24.88	m^2	10071.47	24.71	0.82%	粤价函〔2004〕428号
10	城市基础设施配套费	99.53	m^2	10071.47	98.83	3.29%	粤价〔2003〕160号
11	工程造价咨询费	17.50	m^2	10071.47	17.37	0.58%	粤建函〔2011〕742号文,(概预算、结算审核)
12	可行性研究报告编制费	1.99	m^2	10071.47	1.98	0.07%	计价格〔1999〕1283号文
13	环境影响评价费	5.28	m^2	10071.47	5.25	0.17%	计价格〔2002〕125号
	小计	395.94					
三	基本预备费	144.21		10071.47	143.19	4.76%	〔一+二〕×5%
四	建设投资费用	3028.51		10071.47	3007.02	100.00%	一+二+三

佛山市第三中学体育馆改造项目估算单

序号	项目名称	单位	工程量	单价/元	合价/元	备注
一	结构与装饰部分					
1	拆除工程	m^2	11000.00	34.00	374000.00	按建筑面积
2	装修工程	m^2	11000.00	307.00	3377000.00	按建筑面积
3	结构加固工程	m^2	11000.00	951.00	10461000.00	按建筑面积
二	安装部分					
1	电气工程	m^2	11000.00	225.00	2475000.00	按建筑面积
2	给水排水与消防水工程	m^2	11000.00	129.00	1419000.00	按建筑面积
3	空调与通风工程	m^2	11000.00	99.00	1089000.00	按建筑面积
4	室外电工程	m^2	11000.00	92.00	1012000.00	按建筑面积
5	弱电工程	m^2	11000.00	16.00	176000.00	按建筑面积
	小计				20383000.00	
三	措施项目					
1	施工措施	项	1.00	2445960.00	2445960.00	
	小计				2445960.00	
四	不含税合计				22828960.00	

续表

序号	项目名称	单位	工程量	单价/元	合价/元	备注
五	税金(9%)				2054606.40	
六	含税合计				24883566.40	

说明:1. 本估算根据××设计院有限公司出具的《××改造工程》图纸编制;

2. 本估算所涉及材料均按国产品牌考虑;

3. 本估算不包含以下费用:阻碍施工装饰装修拆除后的恢复,阻碍施工砌体拆除后的恢复,拆除门窗后的恢复,阻碍施工的水电管线拆除后的恢复,加固后的装饰装修,加固后的鉴定检测费用,加固区域的财产安全管理,如有发生费用另行计算;

4. 本估算仅为改造实体加固费用,不包括其他二类费用

2. 加固维修

2.1 公共建筑物加固：广州市白云行知职业技术学校（同和校区）男生宿舍加固纠偏工程

2.2 居住建筑物加固：保利碧桂园天滨花园（一期）一、二号楼梁板缺陷处理

2.3 工业类建筑物加固：华为坂田 J2 改造项目拆除加固及加建工程

2.4 古建加固：佛山市南堤湾项目古建加固工程

2.5 抗震加固：四川 5·12 汶川地震后建筑结构抗震加固工程

2.6 防水：世纪互联广州科学城二期项目加固/防水工程

2.1 公共建筑物加固：广州市白云行知职业技术学校（同和校区）男生宿舍加固纠偏工程

建设项目基本概况

工程名称	广州市白云行知职业技术学校(同和校区)男生宿舍加固纠偏工程		
工程分类	结构加固纠偏	建筑类型	学校宿舍楼
工程地点	广东省广州市白云区握山北东街5巷16号		
结构类型	钢筋混凝土框架结构	基础类型	天然基础
总建筑面积/m^2	3053.00	加固区域建筑面积/m^2	3053.00
地上层数/层	8.00	地下层数/层	—
首层层高/m	3.30	标准层层高/m	3.30
加固改造类型	加固改造工程		
主要加固形式	基础加固、结构加固		
主要加固构件	基础、柱、梁、板		
主要加固方式	锚杆静压管桩、顶升纠偏、加大截面		
估算编制范围	投资估算,包含加固费用、工程建设其他费用及基本预备费,其中加固费用为实体加固及相对应措施费用,不含加固后装修恢复、阻碍施工管线拆除与恢复		
建设投资估算/万元	422.51	单方造价指标/(元/m^2)	1383.93

广州市白云行知职业技术学校（同和校区）男生宿舍加固纠偏工程建设投资估算表

序号	费用名称	金额/万元	技术经济指标			占投资额比例/%	备注
			单位	数量	单位造价/元		
一	建安工程费用						
1	建安工程费	339.34	m^2	3053.00	1111.49	80.31%	
	小计	339.34					
二	工程建设其他费用						
1	建设单位管理费	6.79	m^2	3053.00	22.23	1.61%	财建〔2016〕504号文
2	工程建设监理费	11.20	m^2	3053.00	36.68	2.65%	发改价格〔2007〕670号文
3	工程设计费	15.98	m^2	3053.00	52.34	3.78%	《工程勘察设计收费标准》(2002年修订本)
4	施工图审查费	1.04	m^2	3053.00	3.40	0.25%	发改价格〔2011〕534号文

续表

序号	费用名称	金额/万元	技术经济指标			占投资额比例/%	备注
			单位	数量	单位造价/元		
5	施工图预算编制费	1.60	m^2	3053.00	5.23	0.38%	《工程勘察设计收费标准》(2002年修订本)
6	竣工图编制费	1.28	m^2	3053.00	4.19	0.30%	《工程勘察设计收费标准》(2002年修订本)
7	招标代理费	2.68	m^2	3053.00	8.76	0.63%	计价格〔2011〕534号文
8	工程保险费	1.02	m^2	3053.00	3.33	0.24%	广东省建设工程概算编制办法2014
9	检验检测费	3.39	m^2	3053.00	11.11	0.80%	粤价函〔2004〕428号
10	城市基础设施配套费	13.57	m^2	3053.00	44.46	3.21%	粤价〔2003〕160号
11	工程造价咨询费	2.97	m^2	3053.00	9.73	0.70%	粤建函〔2011〕742号文(概预算、结算审核)
12	可行性研究报告编制费	0.27	m^2	3053.00	0.89	0.06%	计价格〔1999〕1283号文
13	环境影响评价费	1.27	m^2	3053.00	4.17	0.30%	计价格〔2002〕125号
	小计	63.06					
三	基本预备费	20.12		3053.00	65.90	4.76%	〔一+二〕×5%
四	建设投资费用	422.51		3053.00	1383.93	100.00%	一+二+三

广州市白云行知职业技术学校（同和校区）男生宿舍加固纠偏工程估算单

序号	项目名称	单位	工程量	单价/元	合价/元	备注
一	实体项目					
(一)	结构加固					
1	钢筋混凝土结构拆除	m^3	12.00	948.00	11376.00	
2	新增混凝土承台	m^3	359.58	2423.00	871262.34	
3	锚杆静压管桩	m	1836.00	307.00	563652.00	
4	顶升平台	m^3	137.56	3537.00	486549.72	
5	断柱顶升	m^2	3053.00	170.00	519010.00	
6	柱加大截面混凝土	m^3	13.97	12365.00	172739.05	
7	结构破损修补	m^2	30.00	308.00	9240.00	
8	新增混凝土结构	m^3	6.33	4279.00	27086.07	
(二)	水电安装拆除					
1	给水排水管线拆除	m	435.00	22.00	9570.00	
2	电气管线拆除	m	1133.25	12.00	13599.00	
(三)	建筑拆除					
1	墙体拆除	m^3	98.70	290.00	28623.00	

续表

序号	项目名称	单位	工程量	单价/元	合价/元	备注
2	混凝土地坪拆除	m^3	59.98	554.00	33228.92	
(四)	恢复水电安装					
1	恢复给水排水管线	m	181.50	90.00	16335.00	
2	恢复电气管线	m	62.15	232.00	14418.80	
(五)	恢复装修					
1	砌块墙	m^3	52.83	667.00	35235.74	
2	首层地坪	m^3	102.90	328.00	33751.59	
3	室外广场	m^2	44.44	340.00	15109.60	
4	块料墙面	m^2	240.84	168.00	40461.12	
	小计				2901247.95	
二	措施项目					
1	模板工程	m^2	1722.13	58.00	99883.54	
2	施工措施	项	1.00	112063.00	112063.00	
	小计				211946.54	
三	不含税合计				3113194.49	
四	税金(9%)				280187.50	
五	含税合计				3393381.99	

说明：1. 本估算根据××设计院有限公司出具的《××改造工程》图纸编制；

2. 本估算所涉及材料均按国产品牌考虑；

3. 本估算不包含以下费用：阻碍施工装饰装修拆除后的恢复，阻碍施工砌体拆除后的恢复，拆除门窗后的恢复，阻碍施工的水电管线拆除后的恢复，加固后的装饰装修，加固后的鉴定检测费用，加固区域的财产安全管理，如有发生费用另行计算；

4. 本估算仅为改造实体加固费用，不包括其他二类费用

2.2 居住建筑物加固：保利碧桂园天滨花园（一期）一、二号楼梁板缺陷处理

建设项目基本概况

工程名称	保利碧桂园天滨花园(一期)一、二号楼梁板缺陷处理-保利碧桂园天滨花园1号楼零星工程		
工程分类	结构加固	建筑类型	高层住宅
工程地点	广东省佛山市禅城区魁奇路南侧、桂澜路东侧		
结构类型	钢筋混凝土框架结构	基础类型	桩基础
建筑面积/m^2	45775.68	加固区域建筑面积/m^2	45775.68
地上层数/层	32	地下层数/层	2
首层层高/m	4.2	标准层层高/m	3
加固改造类型	改造工程		
主要加固形式	结构改造		
主要加固构件	梁、板		
主要加固方式	楼板嵌筋加固、楼板粘贴碳纤维布加固、梁粘贴碳纤维布加固		
估算编制范围	投资估算，包含加固费用、工程建设其他费用及基本预备费，其中加固费用为实体加固及相对应措施费用，不含加固后装修恢复、阻碍施工管线拆除与恢复		
建设投资估算/万元	1833.86	单方造价指标/(元/m^2)	400.62

保利碧桂园天滨花园（一期）一、二号楼梁板缺陷处理-保利碧桂园天滨花园1号楼零星工程

建设投资估算表

序号	费用名称	金额/万元	技术经济指标			占投资额比例/%	备注
			单位	数量	单位造价/元		
一	建安工程费用						
1	建安工程费	1498.11	m^2	45775.68	327.27	81.69%	
	小计	1498.11					
二	工程建设其他费用						
1	建设单位管理费	27.47	m^2	45775.68	6.00	1.50%	财建〔2016〕504号文
2	工程建设监理费	42.05	m^2	45775.68	9.19	2.29%	发改价格〔2007〕670号文
3	工程设计费	60.49	m^2	45775.68	13.21	3.30%	《工程勘察设计收费标准》(2002年修订本)

续表

序号	费用名称	金额/万元	技术经济指标			占投资额比例/%	备注
			单位	数量	单位造价/元		
4	施工图审查费	3.93	m^2	45775.68	0.86	0.21%	发改价格〔2011〕534号文
5	施工图预算编制费	6.05	m^2	45775.68	1.32	0.33%	《工程勘察设计收费标准》(2002年修订本)
6	竣工图编制费	4.84	m^2	45775.68	1.06	0.26%	《工程勘察设计收费标准》(2002年修订本)
7	招标代理费	8.29	m^2	45775.68	1.81	0.45%	计价格〔2011〕534号文
8	工程保险费	4.49	m^2	45775.68	0.98	0.25%	广东省建设工程概算编制办法2014
9	检验检测费	14.98	m^2	45775.68	3.27	0.82%	粤价函〔2004〕428号
10	城市基础设施配套费	59.92	m^2	45775.68	13.09	3.27%	粤价〔2003〕160号
11	工程造价咨询费	11.26	m^2	45775.68	2.46	0.61%	粤建函〔2011〕742号文(概预算、结算审核)
12	可行性研究报告编制费	1.20	m^2	45775.68	0.26	0.07%	计价格〔1999〕1283号文
13	环境影响评价费	3.44	m^2	45775.68	0.75	0.19%	计价格〔2002〕125号
	小计	248.42					
三	基本预备费	87.33		45775.68	19.08	4.76%	〔一+二〕×5%
四	建设投资费用	1833.86		45775.68	400.62	100.00%	一+二+三

保利碧桂园天滨花园(一期)一、二号楼梁板缺陷处理-保利碧桂园天滨花园1号楼零星工程估算单

序号	项目名称	单位	工程量	单价/元	合价/元	备注
一	板面嵌筋法加固					
1	板面嵌筋加固处理	m^2	23444.77	382.00	8955902.52	包含板面处理、凿槽、钢筋、植筋、批保护层等所有板面嵌筋法涉及的工艺
二	板粘贴碳纤维布加固					
1	板粘贴碳纤维布加固	m^2	12310.20	250.00	3077550.00	包含加固面处理、粘贴碳布、批保护层等所有涉及粘碳布的工艺
三	板底挂网抹环氧砂浆加固					
1	板底挂网抹环氧砂浆加固	m^2	436.80	436.00	190444.80	包含加固面处理、钢筋、植筋等所有涉及板底挂网加固的工艺
四	梁粘贴碳纤维布加固					
1	梁粘贴碳纤维布加固 单层	m^2	2077.60	267.00	554719.20	包含基面处理、粘贴碳布、布设压条等所有涉及粘碳布的工艺

续表

序号	项目名称	单位	工程量	单价/元	合价/元	备注
五	楼板病害修复处理					
1	裂缝修复	m	2380.00	169.00	402220.00	包含裂缝注浆、板粘碳纤维布、批保护层等所有涉及裂缝修复的工艺
2	楼板露筋锈蚀处理	m^2	152.60	204.00	31130.40	包含钢筋除锈、替换、焊接、批保护层等所有涉及露筋锈蚀处理的工艺
3	楼板表观病害修复	m^2	35.00	195.00	6825.00	包含修复面处理、表观病害整平等所有涉及表观病害修复的工艺
六	措施部分					
1	室内加固脚手架	m^2	15012.20	15.00	225183.00	
2	材料二次运输及垂直运输	m^2	15012.20	8.00	120097.60	
3	废料外运 运距:25km	m^2	15012.20	8.00	120097.60	
4	安全文明施工措施费	宗	1.00	60000.00	60000.00	
	小计	元			13744170.12	
七	税金(9%)	元			1236975.31	
八	合计	元			14981145.43	

说明:1. 本估算根据××设计院有限公司出具的《××改造工程》图纸编制;
2. 本估算所涉及材料均按国产品牌考虑;
3. 本估算不包含以下费用:阻碍施工装饰装修拆除后的恢复,阻碍施工砌体拆除后的恢复,拆除门窗后的恢复,阻碍施工的水电管线拆除后的恢复,加固后的装饰装修,加固后的鉴定检测费用,加固区域的财产安全管理,如有发生费用另行计算;
4. 本估算仅为改造实体加固费用,不包括其他二类费用

2.3 工业类建筑物加固：华为坂田 J2 改造项目拆除加固及加建工程

建设项目基本概况

工程名称	华为坂田 J2 改造项目拆除加固及加建工程		
工程分类	结构加固	建筑类型	办公建筑
工程地点	广东省深圳市龙岗区坂田华为基地		
结构类型	钢筋混凝土框架结构	基础类型	桩基础
总建筑面积/m^2	11000.00	加固区域建筑面积/m^2	11000.00
地上层数/层	3	地下层数/层	
首层层高/m	4.5	标准层层高/m	4.5
加固改造类型	加固改造工程		
主要加固形式	基础加固、结构加固		
主要加固构件	基础、柱、梁、板		
主要加固方式	钢管桩、加大截面、粘贴碳纤维布、新增钢结构		
估算编制范围	投资估算，包含加固费用、工程建设其他费用及基本预备费，其中加固费用为实体加固及相对应措施费用，不含加固后装修恢复、阻碍施工管线拆除与恢复		
建设投资估算/万元	2031.35	单方造价指标/(元/m^2)	1846.68

华为坂田 J2 改造项目拆除加固及加建工程建设投资估算表

序号	费用名称	金额/万元	技术经济指标			占投资额比例/%	备注
			单位	数量	单位造价/元		
一	建安工程费用						
1	建安工程费	1661.81	m^2	11000.00	1510.74	81.81%	
	小计	1661.81					
二	工程建设其他费用						
1	建设单位管理费	29.93	m^2	11000.00	27.21	1.47%	财建〔2016〕504 号文
2	工程建设监理费	45.98	m^2	11000.00	41.80	2.26%	发改价格〔2007〕670 号文
3	工程设计费	66.34	m^2	11000.00	60.31	3.27%	《工程勘察设计收费标准》(2002 年修订本)
4	施工图审查费	4.31	m^2	11000.00	3.92	0.21%	发改价格〔2011〕534 号文

续表

序号	费用名称	金额/万元	技术经济指标			占投资额比例/%	备注
			单位	数量	单位造价/元		
5	施工图预算编制费	6.63	m^2	11000.00	6.03	0.33%	《工程勘察设计收费标准》(2002年修订本)
6	竣工图编制费	5.31	m^2	11000.00	4.82	0.26%	《工程勘察设计收费标准》(2002年修订本)
7	招标代理费	8.87	m^2	11000.00	8.06	0.44%	计价格〔2011〕534号文
8	工程保险费	4.99	m^2	11000.00	4.53	0.25%	广东省建设工程概算编制办法2014
9	检验检测费	16.62	m^2	11000.00	15.11	0.82%	粤价函〔2004〕428号
10	城市基础设施配套费	66.47	m^2	11000.00	60.43	3.27%	粤价〔2003〕160号
11	工程造价咨询费	12.29	m^2	11000.00	11.17	0.60%	粤建函〔2011〕742号文(概预算、结算审核)
12	可行性研究报告编制费	1.33	m^2	11000.00	1.21	0.07%	计价格〔1999〕1283号文
13	环境影响评价费	3.74	m^2	11000.00	3.40	0.18%	计价格〔2002〕125号
	小计	272.81					
三	基本预备费	96.73		11000.00	87.94	4.76%	〔一+二〕×5%
四	建设投资费用	2031.35		11000.00	1846.68	100.00%	一+二+三

华为坂田J2改造项目拆除加固及加建工程估算单

序号	项目名称	单位	工程量	单价/元	合价/元	备注
一	加固项目					
1	非结构性拆除	m^2	27824.00	69.00	1919856.00	
2	结构性拆除	m^3	935.00	1380.00	1290300.00	
3	机电拆除	项	1.00	225000.00	225000.00	
4	微型钻孔钢管桩	m	952.00	728.00	693056.00	
5	现浇混凝土工程	m^3	634.00	5598.00	3549132.00	
6	新增室外排水	项	1.00	89790.00	89790.00	
7	新增建筑外墙装饰	m^2	725.00	782.00	566950.00	
8	屋面防水	m^2	2380.00	812.00	1932560.00	
9	新增连廊及钢结构	t	102.52	23273.00	2385854.87	
10	屋顶防雷接地	项	1.00	52500.00	52500.00	
	小计				12704998.87	
二	措施项目					
1	施工措施	项	1.00	2540999.77	2540999.77	
	小计				2540999.77	

续表

序号	项目名称	单位	工程量	单价/元	合价/元	备注
三	不含税合计				15245998.64	
四	税金(9%)				1372139.88	
五	含税合计				16618138.52	

说明:1. 本估算根据××设计院有限公司出具的《××改造工程》图纸编制;

2. 本估算所涉及材料均按国产品牌考虑;

3. 本估算不包含以下费用:阻碍施工装饰装修拆除后的恢复,阻碍施工砌体拆除后的恢复,拆除门窗后的恢复,阻碍施工的水电管线拆除后的恢复,加固后的装饰装修,加固后的鉴定检测费用,加固区域的财产安全管理,如有发生费用另行计算;

4. 本估算仅为改造实体加固费用,不包括其他二类费用

2.4 古建加固：佛山市南堤湾项目古建加固工程

建设项目基本概况

工程名称	佛山市南堤湾项目古建加固工程		
工程分类	结构加固	建筑类型	公共建筑
工程地点	广东省佛山市禅城区富民路13号		
结构类型	钢筋混凝土框架结构	基础类型	
总建筑面积/m^2	14871.41	加固区域建筑面积/m^2	14871.41
地上层数/层	3	地下层数/层	
首层层高/m	3.8	标准层层高/m	3.8
加固改造类型	加固改造工程		
主要加固形式	基础加固、结构加固		
主要加固构件	基础、柱、梁、板、屋面		
主要加固方式	钢管桩、加大截面、新增钢结构、墙面挂网、更换屋面		
估算编制范围	投资估算，包含加固费用、工程建设其他费用及基本预备费，其中加固费用为实体加固及相对应措施费用，不含加固后装修恢复、阻碍施工管线拆除与恢复		
建设投资估算/万元	2267.81	单方造价指标/(元/m^2)	1524.95

佛山市南堤湾项目古建加固工程建设投资估算表

序号	费用名称	金额/万元	技术经济指标			占投资额比例/%	备注
			单位	数量	单位造价/元		
一	建安工程费用						
1	建安工程费	1857.81	m^2	14871.41	1249.25	81.92%	
	小计	1857.81					
二	工程建设其他费用						
1	建设单位管理费	32.87	m^2	14871.41	22.10	1.45%	财建〔2016〕504号文
2	工程建设监理费	50.69	m^2	14871.41	34.08	2.24%	发改价格〔2007〕670号文
3	工程设计费	73.35	m^2	14871.41	49.32	3.23%	《工程勘察设计收费标准》(2002年修订本)
4	施工图审查费	4.77	m^2	14871.41	3.21	0.21%	发改价格〔2011〕534号文
5	施工图预算编制费	7.33	m^2	14871.41	4.93	0.32%	《工程勘察设计收费标准》(2002年修订本)

续表

序号	费用名称	金额/万元	技术经济指标			占投资额比例/%	备注
			单位	数量	单位造价/元		
6	竣工图编制费	5.87	m^2	14871.41	3.95	0.26%	《工程勘察设计收费标准》(2002年修订本)
7	招标代理费	9.55	m^2	14871.41	6.42	0.42%	计价格〔2011〕534号文
8	工程保险费	5.57	m^2	14871.41	3.75	0.25%	广东省建设工程概算编制办法2014
9	检验检测费	18.58	m^2	14871.41	12.49	0.82%	粤价函〔2004〕428号
10	城市基础设施配套费	74.31	m^2	14871.41	49.97	3.28%	粤价〔2003〕160号
11	工程造价咨询费	13.52	m^2	14871.41	9.09	0.60%	粤建函〔2011〕742号文(概预算、结算审核)
12	可行性研究报告编制费	1.49	m^2	14871.41	1.00	0.07%	计价格〔1999〕1283号文
13	环境影响评价费	4.11	m^2	14871.41	2.76	0.18%	计价格〔2002〕125号
	小计	302.01					
三	基本预备费	107.99		14871.41	72.62	4.76%	〔一+二〕×5%
四	建设投资费用	2267.81		14871.41	1524.95	100.00%	一+二+三

佛山市南堤湾项目古建加固工程估算单

序号	项目名称	单位	工程量	单价/元	合价/元	备注
一	实体项目					
(一)	居安里加固工程					
1.	拆除工程					
(1)	墙体拆除	m^2	2351.00	42.00	98742.00	
(2)	木楼面拆除	m^2	1092.00	32.00	34944.00	
(3)	瓦屋面拆除	m^2	849.00	47.00	39903.00	
(4)	地面凿除	m^2	1906.00	41.00	78146.00	
(5)	整体拆除	m^2	348.00	90.00	31320.00	
2.	结构及加固工程					
(1)	土方工程	m^3	476.00	150.00	71400.00	
(2)	钢筋混凝土工程	m^3	728.00	1457.00	1060696.00	
(3)	钻孔钢管桩	m	4738.00	660.00	3127080.00	
(4)	钢结构工程	t	118.21	16272.00	1923578.21	
(5)	墙面加固	m^2	830.00	121.00	100430.00	
3.	二次结构及粗装修工程					
(1)	砖砌体	m^3	285.00	560.00	159600.00	

续表

序号	项目名称	单位	工程量	单价/元	合价/元	备注
(2)	首层地面	m^2	1314.00	35.00	45990.00	
(3)	瓦屋面(黏土瓦)	m^2	1431.00	451.00	645381.00	
(4)	平屋面(地砖面层)	m^2	319.00	219.00	69861.00	
(5)	内墙面抹灰	m^2	1998.00	33.00	65934.00	
(6)	屋面及防水工程	m^2	1153.00	94.00	108382.00	
(7)	更换屋面正脊等	m	158.00	699.00	110442.00	
(二)	西段北侧加固工程					
1.	拆除工程					
(1)	墙体拆除	m^2	1557.00	42.00	65394.00	
(2)	木楼面拆除	m^2	512.00	32.00	16384.00	
(3)	瓦屋面拆除	m^2	323.00	47.00	15181.00	
(4)	地面凿除	m^2	351.00	41.00	14391.00	
(5)	整体拆除	m^2	0.00	90.00	0.00	
2.	结构及加固工程					
(1)	土方工程	m^3	151.00	150.00	22650.00	
(2)	钢筋混凝土工程	m^3	401.00	1457.00	584257.00	
(3)	钻孔钢管桩	m	1900.00	660.00	1254000.00	
(4)	钢结构工程	t	5.28	16272.00	85916.16	
(5)	墙面加固	m^2	0.00	121.00	0.00	
3.	二次结构及粗装修工程					
(1)	砖砌体	m^3	383.00	560.00	214480.00	
(2)	首层地面	m^2	350.00	35.00	12250.00	
(3)	瓦屋面(黏土瓦)	m^2	370.00	451.00	166870.00	
(4)	平屋面(地砖面层)	m^2	140.00	219.00	30660.00	
(5)	外墙面块料	m^2	698.00	172.00	120056.00	
(6)	内墙面抹灰	m^2	3816.00	33.00	125928.00	
(7)	屋面及防水工程	m^2	370.00	94.00	34780.00	
(8)	更换屋面正脊等	m	70.00	699.00	48930.00	
(三)	西段北侧加固工程					
1.	拆除工程					
(1)	墙体拆除	m^2	2000.00	42.00	84000.00	
(2)	木楼面拆除	m^2	805.00	32.00	25760.00	
(3)	瓦屋面拆除	m^2	308.00	47.00	14476.00	
(4)	地面凿除	m^2	580.00	41.00	23780.00	

续表

序号	项目名称	单位	工程量	单价/元	合价/元	备注
(5)	整体拆除	m^2	0.00	90.00	0.00	
2.	结构及加固工程					
(1)	土方工程	m^3	182.00	150.00	27300.00	
(2)	钢筋混凝土工程	m^3	526.00	1457.00	766382.00	
(3)	钻孔钢管桩	m	2520.00	660.00	1663200.00	
(4)	钢结构工程	t	11.00	16272.00	178992.00	
(5)	墙面加固	m^2	0.00	121.00	0.00	
3.	二次结构及粗装修工程					
(1)	砖砌体	m^3	467.00	560.00	261520.00	
(2)	首层地面	m^2	509.00	35.00	17815.00	
(3)	瓦屋面(黏土瓦)	m^2	390.00	451.00	175890.00	
(4)	平屋面(地砖面层)	m^2	308.00	219.00	67452.00	
(5)	外墙面块料	m^2	769.00	172.00	132268.00	
(6)	内墙面抹灰	m^2	4863.00	33.00	160479.00	
(7)	屋面及防水工程	m^2	390.00	94.00	36660.00	
(8)	更换屋面正脊等	m	34.00	699.00	23766.00	
(四)	西段北侧加固工程					
1.	拆除工程					
(1)	墙体拆除	m^2	1116.00	42.00	46872.00	
(2)	木楼面拆除	m^2	191.00	32.00	6112.00	
(3)	瓦屋面拆除	m^2	255.00	47.00	11985.00	
(4)	地面凿除	m^2	0.00	41.00	0.00	
(5)	整体拆除	m^2	0.00	90.00	0.00	
2.	结构及加固工程					
(1)	土方工程	m^3	40.00	150.00	6000.00	
(2)	钢筋混凝土工程	m^3	184.00	1457.00	268088.00	
(3)	钻孔钢管桩	m	780.00	660.00	514800.00	
(4)	钢结构工程	t	0.00	16272.00	0.00	
(5)	墙面加固	m^2	0.00	121.00	0.00	
3.	二次结构及粗装修工程					
(1)	砖砌体	m^3	154.00	560.00	86240.00	
(2)	首层地面	m^2	227.00	35.00	7945.00	
(3)	瓦屋面(黏土瓦)	m^2	271.00	451.00	122221.00	
(4)	平屋面(地砖面层)	m^2	9.00	219.00	1971.00	

续表

序号	项目名称	单位	工程量	单价/元	合价/元	备注
(5)	外墙面块料	m^2	458.00	172.00	78776.00	
(6)	内墙面抹灰	m^2	1262.00	33.00	41646.00	
(7)	屋面及防水工程	m^2	271.00	94.00	25474.00	
(8)	更换屋面正脊等	m	47.00	699.00	32853.00	
	小计				15494679.37	
二	措施项目					
1	施工措施	项	1.00	1549467.94	1549467.94	
	小计				1549467.94	
三	不含税合计				17044147.31	
四	税金(9%)				1533973.26	
五	含税合计				18578120.57	

说明:1. 本估算根据××设计院有限公司出具的《××改造工程》图纸编制;

2. 本估算所涉及材料均按国产品牌考虑;

3. 本估算不包含以下费用:阻碍施工装饰装修拆除后的恢复,阻碍施工砌体拆除后的恢复,拆除门窗后的恢复,阻碍施工的水电管线拆除后的恢复,加固后的装饰装修,加固后的鉴定检测费用,加固区域的财产安全管理,如有发生费用另行计算;

4. 本估算仅为改造实体加固费用,不包括其他二类费用

2.5 抗震加固：四川5·12汶川地震后建筑结构抗震加固工程

建设项目基本概况

工程名称	四川雅安职业技术学院育才路校区办公楼加固工程		
工程分类	结构加固	建筑类型	多层民用建筑
工程地点	四川省雅安市雨城区育才路130号		
结构类型	钢筋混凝土框架结构	基础类型	独立基础
总建筑面积/m^2	1400.00	加固区域建筑面积/m^2	1400.00
地上层数/层	4	地下层数/层	—
首层层高/m	3	标准层层高/m	3
加固改造类型	改造工程		
主要加固形式	结构改造		
主要加固构件	基础、墙、柱		
主要加固方式	新增基础、墙挂网批砂浆、新增构造柱、新增承重墙		
估算编制范围	投资估算，包含加固费用、工程建设其他费用及基本预备费，其中加固费用为实体加固及相对应措施费用，不含加固后装修恢复、阻碍施工管线拆除与恢复		
建设投资估算/万元	133.80	单方造价指标/(元/m^2)	955.73

四川雅安职业技术学院育才路校区办公楼加固工程建设投资估算表

序号	费用名称	金额/万元	技术经济指标			占投资额比例/%	备注
			单位	数量	单位造价/元		
一	建安工程费用						
1	建安工程费	106.58	m^2	1400.00	761.28	79.65%	
	小计	106.58					
二	工程建设其他费用						
1	建设单位管理费	2.13	m^2	1400.00	15.23	1.59%	财建〔2016〕504号文
2	工程建设监理费	3.52	m^2	1400.00	25.12	2.63%	发改价格〔2007〕670号文
3	工程设计费	5.28	m^2	1400.00	37.68	3.94%	《工程勘察设计收费标准》(2002年修订本)
4	施工图审查费	0.34	m^2	1400.00	2.45	0.26%	发改价格〔2011〕534号文

续表

序号	费用名称	金额/万元	技术经济指标			占投资额比例/%	备注
			单位	数量	单位造价/元		
5	施工图预算编制费	0.53	m^2	1400.00	3.77	0.39%	《工程勘察设计收费标准》(2002年修订本)
6	竣工图编制费	0.42	m^2	1400.00	3.01	0.32%	《工程勘察设计收费标准》(2002年修订本)
7	招标代理费	1.05	m^2	1400.00	7.47	0.78%	计价格〔2011〕534号文
8	工程保险费	0.32	m^2	1400.00	2.28	0.24%	广东省建设工程概算编制办法2014
9	检验检测费	1.07	m^2	1400.00	7.61	0.80%	粤价函〔2004〕428号
10	城市基础设施配套费	4.26	m^2	1400.00	30.45	3.19%	粤价〔2003〕160号
11	工程造价咨询费	1.02	m^2	1400.00	7.25	0.76%	粤建函〔2011〕742号文(概预算、结算审核)
12	可行性研究报告编制费	0.09	m^2	1400.00	0.61	0.06%	计价格〔1999〕1283号文
13	环境影响评价费	0.84	m^2	1400.00	5.99	0.63%	计价格〔2002〕125号
	小计	20.85					
三	基本预备费	6.37		1400.00	45.51	4.76%	〔一+二〕×5%
四	建设投资费用	133.80		1400.00	955.73	100.00%	一+二+三

四川雅安职业技术学院育才路校区办公楼加固工程估算单

序号	项目名称	单位	工程量	单价/元	合价/元	备注
一	墙挂网批水泥砂浆加固					
1	墙面挂网批水泥砂浆加固	m^2	5043.20	135.00	680832.00	含垃圾转运及外运费
二	新增混凝土构件					
1	新增构造柱	条	104.00	810.00	84240.00	含混凝土、模板、钢筋、拉结筋等一切涉及构造柱的做法
2	新增承重墙	m^2	239.50	200.00	47900.00	含混凝土、模板、钢筋、拉结筋等一切涉及承重墙的做法
3	新增混凝土基础	m^3	20.56	2200.00	45232.00	含混凝土、模板、钢筋、拉结筋等一切涉及混凝土基础的做法
三	拆除及恢复部分					
1	室内管线拆除及恢复	m^2	1826.00	15.00	27390.00	
四	措施部分					
1	外墙综合钢管脚手架 搭设高度:30m	m^2	1388.80	45.00	62496.00	
2	室内加固脚手架	m^2	180.00	15.00	2700.00	

续表

序号	项目名称	单位	工程量	单价/元	合价/元	备注
3	材料二次运输及垂直运输	宗	1.00	6000.00	6000.00	
4	废料外运 运距:25km	宗	1.00	6000.00	6000.00	
5	安全文明施工措施费	宗	1.00	15000.00	15000.00	
	小计	元			977790.00	
五	税金(9%)	元			88001.10	
六	合计	元			1065791.10	

说明:1. 本估算根据××设计院有限公司出具的《××改造工程》图纸编制;
2. 本估算所涉及材料均按国产品牌考虑;
3. 本估算不包含以下费用:阻碍施工装饰装修拆除后的恢复,阻碍施工砌体拆除后的恢复,拆除门窗后的恢复,阻碍施工的水电管线拆除后的恢复,加固后的装饰装修,加固后的鉴定检测费用,加固区域的财产安全管理,如有发生费用另行计算;
4. 本估算仅为改造实体加固费用,不包括其他二类费用

2.6 防水：世纪互联广州科学城二期项目加固/防水工程

建设项目基本概况

工程名称	世纪互联广州科学城二期项目加固防水工程		
工程分类	防水	建筑类型	多层民用建筑
工程地点	广东省广州市黄埔区连云路388号		
结构类型	钢筋混凝土框架结构	基础类型	筏板基础
总建筑面积/m^2	61116	加固区域建筑面积/m^2	8092.3
地上层数/层	5	地下层数/层	
首层层高/m	6.2	标准层层高/m	5.9
加固改造类型	防水工程		
主要加固形式	结构改造		
主要加固构件	楼板		
主要加固方式	屋面重做防水		
估算编制范围	投资估算，包含加固费用、工程建设其他费用及基本预备费，其中加固费用为实体加固及相对应措施费用，不含加固后装修恢复、阻碍施工管线拆除与恢复		
建设投资估算/万元	882.65	单方造价指标/(元/m^2)	1090.73

世纪互联广州科学城二期项目加固防水工程建设投资估算表

序号	费用名称	金额/万元	技术经济指标			占投资额比例/%	备注
			单位	数量	单位造价/元		
一	建安工程费用						
1	建安工程费	713.65	m^2	8092.30	881.89	80.85%	
	小计	713.65					
二	工程建设其他费用						
1	建设单位管理费	14.27	m^2	8092.30	17.64	1.62%	财建〔2016〕504号文
2	工程建设监理费	22.31	m^2	8092.30	27.57	2.53%	发改价格〔2007〕670号文
3	工程设计费	31.40	m^2	8092.30	38.81	3.56%	《工程勘察设计收费标准》(2002年修订本)
4	施工图审查费	2.04	m^2	8092.30	2.52	0.23%	发改价格〔2011〕534号文

续表

序号	费用名称	金额/万元	技术经济指标			占投资额比例/%	备注
			单位	数量	单位造价/元		
5	施工图预算编制费	3.14	m^2	8092.30	3.88	0.36%	《工程勘察设计收费标准》(2002年修订本)
6	竣工图编制费	2.51	m^2	8092.30	3.10	0.28%	《工程勘察设计收费标准》(2002年修订本)
7	招标代理费	4.98	m^2	8092.30	6.15	0.56%	计价格〔2011〕534号文
8	工程保险费	2.14	m^2	8092.30	2.65	0.24%	广东省建设工程概算编制办法2014
9	检验检测费	7.14	m^2	8092.30	8.82	0.81%	粤价函〔2004〕428号
10	城市基础设施配套费	28.55	m^2	8092.30	35.28	3.23%	粤价〔2003〕160号
11	工程造价咨询费	5.94	m^2	8092.30	7.34	0.67%	粤建函〔2011〕742号文(概预算、结算审核)
12	可行性研究报告编制费	0.57	m^2	8092.30	0.71	0.06%	计价格〔1999〕1283号文
13	环境影响评价费	1.97	m^2	8092.30	2.44	0.22%	计价格〔2002〕125号
	小计	126.97					
三	基本预备费	42.03		8092.30	51.94	4.76%	〔一+二〕×5%
四	建设投资费用	882.65		8092.30	1090.73	100.00%	一+二+三

世纪互联广州科学城二期项目加固防水工程估算单

序号	项目名称	单位	工程量	单价/元	合价/元	备注
一	拆除项目					
1	原有屋面拆除	m^2	8092.30	185.00	1497075.50	含垃圾转运费
二	重做屋面防水					
1	新做屋面防水层	m^2	8092.30	420.00	3398766.00	1.3+3厚双层SBS改性沥青防水卷材(聚酯胎Ⅱ型,采用热熔法施工) 2. 防水材料基层处理剂一道 3.20厚聚合物防水砂浆找平层粉煤灰陶粒混凝土找坡层,最薄处30
2	新做屋面保温层	m^2	8092.30	160.00	1294768.00	1.C20细石混凝土50厚,配ϕ4@200×200钢筋网(机械原装磨平整,做分格缝) 2. 尼龙无纺布隔离层(100g/m^2) 3. 30厚挤塑聚泡沫隔热板
3	屋面变形缝	m	122.80	45.00	5526.00	
4	排水沟	m	144.40	150.00	21660.00	500宽×250深

续表

序号	项目名称	单位	工程量	单价/元	合价/元	备注
三	措施部分					
1	材料二次运输及垂直运输	m^2	8092.30	8.00	64738.40	
2	废料外运 运距:25km	m^2	8092.30	8.00	64738.40	
3	安全文明施工措施费	宗	1.00	200000.00	200000.00	
	小计	元			6547272.30	
四	税金(9%)	元			589254.51	
五	合计	元			7136526.81	
说明:1. 本估算根据××设计院有限公司出具的《××改造工程》图纸编制; 2. 本估算所涉及材料均按国产品牌考虑; 3. 本估算不包含以下费用:阻碍施工装饰装修拆除后的恢复,阻碍施工砌体拆除后的恢复,拆除门窗后的恢复,阻碍施工的水电管线拆除后的恢复,加固后的装饰装修,加固后的鉴定检测费用,加固区域的财产安全管理,如有发生费用另行计算; 4. 本估算仅为改造实体加固费用,不包括其他二类费用						

3. 桥梁

3.1 七星岩大桥抢险加固工程项目

建设项目基本概况

工程名称	七星岩大桥抢险加固工程项目		
工程分类	结构加固	建筑类型	桥梁
工程地点	广东省肇庆市端州区七星路1号		
结构类型	拱桥	基础类型	
桥面面积/m^2	1898.62	加固区域桥面面积/m^2	1898.62
地上层数/层		地下层数/层	
首层层高/m		标准层层高/m	
加固改造类型	桥梁		
主要加固形式	桥梁大修		
主要加固构件	上、下部结构		
主要加固方式	病害修复、加大截面、新增基础承台		
估算编制范围	投资估算,包含加固费用、工程建设其他费用及基本预备费,其中加固费用为实体加固及相对应措施费用,不含加固后装修恢复、阻碍施工管线拆除与恢复		
建设投资估算/万元	269.30	单方造价指标/(元/m^2)	1418.40

七星岩大桥抢险加固工程项目建设投资估算表

序号	费用名称	金额/万元	技术经济指标			占投资额比例/%	备注
			单位	数量	单位造价/元		
一	建安工程费用						
1	建安工程费	215.51	m^2	1898.62	1135.09	80.03%	
	小计	215.51					
二	工程建设其他费用						
1	建设单位管理费	4.31	m^2	1898.62	22.70	1.60%	财建〔2016〕504号文
2	工程建设监理费	7.11	m^2	1898.62	37.46	2.64%	发改价格〔2007〕670号文
3	工程设计费	10.58	m^2	1898.62	55.71	3.93%	《工程勘察设计收费标准》(2002年修订本)
4	施工图审查费	0.69	m^2	1898.62	3.62	0.26%	发改价格〔2011〕534号文
5	施工图预算编制费	1.06	m^2	1898.62	5.57	0.39%	《工程勘察设计收费标准》(2002年修订本)

续表

序号	费用名称	金额/万元	技术经济指标			占投资额比例/%	备注
			单位	数量	单位造价/元		
6	竣工图编制费	0.85	m^2	1898.62	4.46	0.31%	《工程勘察设计收费标准》(2002年修订本)
7	招标代理费	1.81	m^2	1898.62	9.53	0.67%	计价格〔2011〕534号文
8	工程保险费	0.65	m^2	1898.62	3.41	0.24%	广东省建设工程概算编制办法2014
9	检验检测费	2.16	m^2	1898.62	11.35	0.80%	粤价函〔2004〕428号
10	城市基础设施配套费	8.62	m^2	1898.62	45.40	3.20%	粤价〔2003〕160号
11	工程造价咨询费	1.93	m^2	1898.62	10.17	0.72%	粤建函〔2011〕742号文(概预算、结算审核)
12	可行性研究报告编制费	0.17	m^2	1898.62	0.91	0.06%	计价格〔1999〕1283号文
13	环境影响评价费	1.04	m^2	1898.62	5.49	0.39%	计价格〔2002〕125号
	小计	40.97					
三	基本预备费	12.82		1898.62	67.54	4.76%	〔一+二〕×5%
四	建设投资费用	269.30		1898.62	1418.40	100.00%	一+二+三

七星岩大桥抢险加固工程项目估算单

序号	项目名称	单位	工程量	单价/元	合价/元	备注
一	病害处理					
1	裂缝修复	m	410.00	170.00	69700.00	
2	结构脱空修复	m^3	31.00	1300.00	40300.00	
二	桥墩基础加固					
1	新增钻孔桩加固基础	m	390.00	2200.00	858000.00	1. 含桩承台 2. 包含模板、钢筋、植筋、钻孔、接桩、桩内灌填等所有涉及的工艺
三	盖梁加大截面加固					
1	盖梁加大截面加固	m^2	17.00	3500.00	59500.00	1. 柱加大截面加固C35微膨胀混凝土 2. 柱加大高度:6m内 3. 包含模板、钢筋、植筋等所有加大截面加固涉及的工艺
四	局部拱波重做					
1	局部拱波重做	m^3	33.00	2200.00	72600.00	1. 包含钢筋混凝土构件拆除、模板、钢筋、植筋等所有新做设备基础设计的工艺 2. 含拆除废料转运

续表

序号	项目名称	单位	工程量	单价/元	合价/元	备注
五	新增金属栏杆					
1	新增金属栏杆	m	2236.00	210.00	469560.00	包含栏杆制作、安装、表面涂装等所有涉及的工艺
六	措施部分					
1	现场止水围堰	宗	1.00	100000.00	100000.00	钢板围堰结合沙袋围堰
2	抽水台班	台班	290.00	250.00	72500.00	
3	水下作业人员	工日	24.00	2500.00	60000.00	
4	柴油发电机	台班	50.00	500.00	25000.00	
5	现场围挡	宗	1.00	10000.00	10000.00	含交通警示牌、交通疏导费用
6	桩静载试验费	宗	1.00	50000.00	50000.00	
7	材料二次运输及垂直运输	宗	1.00	5000.00	5000.00	
8	废料外运 运距:25km	宗	1.00	5000.00	5000.00	
9	安全文明施工措施费	宗	1.00	80000.00	80000.00	
	小计	元			1977160.00	
七	税金(9%)	元			177944.40	
八	合计	元			2155104.40	

说明:1. 本估算根据××设计院有限公司出具的《××改造工程》图纸编制;

2. 本估算所涉及材料均按国产品牌考虑;

3. 本估算不包含以下费用:阻碍施工装饰装修拆除后的恢复,阻碍施工砌体拆除后的恢复,拆除门窗后的恢复,阻碍施工的水电管线拆除后的恢复,加固后的装饰装修,加固后的鉴定检测费用,加固区域的财产安全管理,如有发生费用另行计算;

4. 本估算仅为改造实体加固费用,不包括其他二类费用

3.2 韶关北江桥维修加固工程

建设项目基本概况

工程名称	韶关市北江桥维修加固工程		
工程分类	桥梁加固	建筑类型	桥梁
工程地点	广东省韶关市浈江区		
结构类型	钢筋混凝土结构	基础类型	
总桥面面积/m^2	4458.28	加固区域桥面面积/m^2	4458.28
地上层数/层		地下层数/层	
首层层高/m		标准层层高/m	
加固改造类型	加固改造工程		
主要加固形式	结构改造		
主要加固构件	桥面、桥梁、桥拱		
主要加固方式	病害修复、加大截面、粘贴碳纤维布		
估算编制范围	投资估算,包含加固费用、工程建设其他费用及基本预备费,其中加固费用为实体加固及相对应措施费用,不含加固后装修恢复、阻碍施工管线拆除与恢复		
建设投资估算/万元	1959.26	单方造价指标/(元/m^2)	4394.65

韶关市北江桥维修加固工程建设投资估算表

序号	费用名称	金额/万元	技术经济指标			占投资额比例/%	备注
			单位	数量	单位造价/元		
一	建安工程费用						
1	建安工程费	1602.05	m^2	4458.28	3593.44	81.77%	
	小计	1602.05					
二	工程建设其他费用						
1	建设单位管理费	29.03	m^2	4458.28	65.12	1.48%	财建〔2016〕504号文
2	工程建设监理费	44.55	m^2	4458.28	99.92	2.27%	发改价格〔2007〕670号文
3	工程设计费	64.20	m^2	4458.28	144.01	3.28%	《工程勘察设计收费标准》(2002年修订本)
4	施工图审查费	4.17	m^2	4458.28	9.36	0.21%	发改价格〔2011〕534号文
5	施工图预算编制费	6.42	m^2	4458.28	14.40	0.33%	《工程勘察设计收费标准》(2002年修订本)

续表

序号	费用名称	金额/万元	技术经济指标			占投资额比例/%	备注
			单位	数量	单位造价/元		
6	竣工图编制费	5.14	m^2	4458.28	11.52	0.26%	《工程勘察设计收费标准》(2002年修订本)
7	招标代理费	8.66	m^2	4458.28	19.42	0.44%	计价格〔2011〕534号文
8	工程保险费	4.81	m^2	4458.28	10.78	0.25%	广东省建设工程概算编制办法2014
9	检验检测费	16.02	m^2	4458.28	35.93	0.82%	粤价函〔2004〕428号
10	城市基础设施配套费	64.08	m^2	4458.28	143.74	3.27%	粤价〔2003〕160号
11	工程造价咨询费	11.91	m^2	4458.28	26.72	0.61%	粤建函〔2011〕742号文(概预算、结算审核)
12	可行性研究报告编制费	1.28	m^2	4458.28	2.87	0.07%	计价格〔1999〕1283号文
13	环境影响评价费	3.63	m^2	4458.28	8.14	0.19%	计价格〔2002〕125号
	小计	263.90					
三	基本预备费	93.30		4458.28	209.27	4.76%	〔一+二〕×5%
四	建设投资费用	1959.26		4458.28	4394.65	100.00%	一+二+三

韶关市北江桥维修加固工程估算单

序号	项目名称	单位	工程量	单价/元	合价/元	备注
一	加固项目					
1	(普通跨)主拱加固 原混凝土表面打磨处理	m^2	688.00	32.00	22016.00	
2	(特殊跨)主拱加固 加大截面C45混凝土(加入GMA无收缩自流密实混凝土外加剂)	m^3	244.00	1951.00	476044.00	
3	人行道改造	m^2	2522.40	97.00	244672.80	
4	新建栏杆立柱、踢脚钢筋混凝土(含C30混凝土、松杂枋板材、部分钢筋)	m^3	106.90	907.00	96958.30	
5	铲除原桥面沥青混凝土铺装层	m^3	1024.83	68.00	69688.44	
6	伸缩缝处理	m^2	440.00	101.00	44440.00	
7	9#墩基础加固	m^2	416.70	158.00	65838.60	
8	混凝土表面涂装	m^2	1031.20	31.00	31967.20	
9	上部结构(不含桥面)病害处理	m^2	610.00	541.00	330010.00	
10	主桥及引道桥面病害处理	m^2	170.00	1952.00	331840.00	
11	50m(普通跨)主拱加固	m^2	1097.00	3824.00	4194928.00	
12	25m(普通跨)主拱加固	m^2	1097.00	721.00	790937.00	
13	第九跨(特殊跨)主拱加固	m^2	805.00	607.00	488635.00	

续表

序号	项目名称	单位	工程量	单价/元	合价/元	备注
14	第十、十一跨(特殊跨)主拱加固	m^2	805.00	699.00	562695.00	
15	立墙粘碳纤维布加固	m^2	400.00	654.00	261600.00	
16	9#墩粘钢加固	m^2	750.00	160.00	120000.00	
17	人行道改造	m^2	16.00	11072.00	177152.00	
18	新建栏杆	m^3	90.00	7919.00	712710.00	
19	新沥青混凝土桥面铺装	m^2	168.00	12526.00	2104368.00	
20	伸缩缝处理	m^2	1620.00	404.00	654480.00	
21	排水系统改造	m^2	70.00	172.00	12040.00	
22	9#墩基础加固	m^2	300.00	2542.00	762600.00	
23	混凝土表面涂装	m^2	62.00	11343.00	703266.00	
24	行车安全警示设计	m^2	210.00	489.00	102690.00	
	小计				13361576.34	
二	措施项目					
1	施工措施	项	1.00	1336157.63	1336157.63	
	小计				1336157.63	
三	不含税合计				14697733.97	
四	税金(9%)				1322796.06	
五	含税合计				16020530.03	

说明:1. 本估算根据××设计院有限公司出具的《××改造工程》图纸编制;

2. 本估算所涉及材料均按国产品牌考虑;

3. 本估算不包含以下费用:阻碍施工装饰装修拆除后的恢复,阻碍施工砌体拆除后的恢复,拆除门窗后的恢复,阻碍施工的水电管线拆除后的恢复,加固后的装饰装修,加固后的鉴定检测费用,加固区域的财产安全管理,如有发生费用另行计算;

4. 本估算仅为改造实体加固费用,不包括其他二类费用

4. 岩土

4.1 地灾治理：新兴县农村削坡建房风险点整治

4.2 边坡抢险加固：清远海伦湾（花园）项目二期北部道路边坡临时支护工程

4.3 岩溶高发育区桩基及支护结构施工特殊技术措施：广州北站综合交通枢纽开发建设项目

4.1 地灾治理：新兴县农村削坡建房风险点整治

建设项目基本概况

工程名称	新兴县农村削坡建房风险点整治		
工程分类	边坡加固	建筑类型	边坡
工程地点	广东省云浮市新兴县		
结构类型	钢筋混凝土结构	基础类型	
总建筑面积/m^2	2000.00	加固区域建筑面积/m^2	2000.00
地上层数/层		地下层数/层	
首层层高/m		标准层层高/m	
加固改造类型	加固改造工程		
主要加固形式	边坡加固		
主要加固构件	边坡		
主要加固方式	挡土墙、排水沟、边坡支护		
估算编制范围	投资估算，包含加固费用、工程建设其他费用及基本预备费，其中加固费用为实体加固及相对应措施费用，不含加固后装修恢复、阻碍施工管线拆除与恢复		
建设投资估算/万元	211.59	单方造价指标/(元/m^2)	1057.94

新兴县农村削坡建房风险点整治建设投资估算表

序号	费用名称	金额/万元	技术经济指标			占投资额比例/%	备注
			单位	数量	单位造价/元		
一	建安工程费用						
1	建安工程费	169.06	m^2	2000.00	845.30	79.90%	
	小计	169.06					
二	工程建设其他费用						
1	建设单位管理费	3.38	m^2	2000.00	16.91	1.60%	财建〔2016〕504号文
2	工程建设监理费	5.58	m^2	2000.00	27.89	2.64%	发改价格〔2007〕670号文
3	工程设计费	8.37	m^2	2000.00	41.84	3.96%	《工程勘察设计收费标准》(2002年修订本)
4	施工图审查费	0.54	m^2	2000.00	2.72	0.26%	发改价格〔2011〕534号文
5	施工图预算编制费	0.84	m^2	2000.00	4.18	0.40%	《工程勘察设计收费标准》(2002年修订本)

续表

序号	费用名称	金额/万元	技术经济指标			占投资额比例/%	备注
			单位	数量	单位造价/元		
6	竣工图编制费	0.67	m^2	2000.00	3.35	0.32%	《工程勘察设计收费标准》(2002年修订本)
7	招标代理费	1.48	m^2	2000.00	7.42	0.70%	计价格〔2011〕534号文
8	工程保险费	0.51	m^2	2000.00	2.54	0.24%	广东省建设工程概算编制办法2014
9	检验检测费	1.69	m^2	2000.00	8.45	0.80%	粤价函〔2004〕428号
10	城市基础设施配套费	6.76	m^2	2000.00	33.81	3.20%	粤价〔2003〕160号
11	工程造价咨询费	1.54	m^2	2000.00	7.70	0.73%	粤建函〔2011〕742号文(概预算、结算审核)
12	可行性研究报告编制费	0.14	m^2	2000.00	0.68	0.06%	计价格〔1999〕1283号文
13	环境影响评价费	0.96	m^2	2000.00	4.78	0.45%	计价格〔2002〕125号
	小计	32.45					
三	基本预备费	10.08		2000.00	50.38	4.76%	〔一+二〕×5%
四	建设投资费用	211.59		2000.00	1057.94	100.00%	一+二+三

新兴县农村削坡建房风险点整治估算单

序号	项目名称	单位	工程量	单价/元	合价/元	备注
一	加固项目					
(一)	簕竹镇					
1	排水沟	m	287.00	993.00	284991.00	
2	边坡支护	m^2	255.00	284.00	72420.00	
(二)	稔村镇					
1	排水沟	m	135.00	1333.00	179955.00	
2	边坡支护	m^2	451.00	377.00	170027.00	
(三)	水台镇					
1	排水沟	m	385.00	899.00	346115.00	
2	边坡支护	m^2	200.00	288.00	57600.00	
3	砖砌挡土墙	m^3	24.00	2083.00	49992.00	
(四)	新城镇					
1	排水沟	m	300.00	891.00	267300.00	
	小计				1428400.00	
二	措施项目					
1	施工措施	项	1.00	122600.00	122600.00	
	小计				122600.00	

续表

序号	项目名称	单位	工程量	单价/元	合价/元	备注
三	不含税合计				1551000.00	
四	税金(9%)				139590.00	
五	含税合计				1690590.00	

说明：1. 本估算根据××设计院有限公司出具的《××改造工程》图纸编制；
2. 本估算所涉及材料均按国产品牌考虑；
3. 本估算不包含以下费用：阻碍施工装饰装修拆除后的恢复，阻碍施工砌体拆除后的恢复，拆除门窗后的恢复，阻碍施工的水电管线拆除后的恢复，加固后的装饰装修，加固后的鉴定检测费用，加固区域的财产安全管理，如有发生费用另行计算；
4. 本估算仅为改造实体加固费用，不包括其他二类费用

4.2 边坡抢险加固：清远海伦湾（花园）项目二期北部道路边坡临时支护工程

建设项目基本概况

工程名称	清远市海伦湾花园北路道路边坡及基坑抢险工程		
工程分类	边坡加固	建筑类型	边坡
工程地点	广东省清远市清城区铁塔路		
结构类型	钢筋混凝土结构	基础类型	
总建筑面积/m^2	1300.00	加固区域建筑面积/m^2	1300.00
地上层数/层		地下层数/层	
首层层高/m		标准层层高/m	
加固改造类型	加固改造工程		
主要加固形式	边坡加固		
主要加固构件	边坡、基坑		
主要加固方式	注浆双排型钢桩加固、预应力锚索、抗滑钢管桩		
估算编制范围	投资估算，包含加固费用、工程建设其他费用及基本预备费，其中加固费用为实体加固及相对应措施费用，不含加固后装修恢复、阻碍施工管线拆除与恢复		
建设投资估算/万元	446.26	单方造价指标/(元/m^2)	3432.76

清远市海伦湾花园北路道路边坡及基坑抢险工程建设投资估算表

序号	费用名称	金额/万元	技术经济指标			占投资额比例/%	备注
			单位	数量	单位造价/元		
一	建安工程费用						
1	建安工程费	358.53	m^2	1300.00	2757.92	80.34%	
	小计	358.53					
二	工程建设其他费用						
1	建设单位管理费	7.17	m^2	1300.00	55.16	1.61%	财建〔2016〕504号文
2	工程建设监理费	11.83	m^2	1300.00	91.01	2.65%	发改价格〔2007〕670号文
3	工程设计费	16.82	m^2	1300.00	129.36	3.77%	《工程勘察设计收费标准》(2002年修订本)
4	施工图审查费	1.09	m^2	1300.00	8.41	0.24%	发改价格〔2011〕534号文
5	施工图预算编制费	1.68	m^2	1300.00	12.94	0.38%	《工程勘察设计收费标准》(2002年修订本)

续表

序号	费用名称	金额/万元	技术经济指标			占投资额比例/%	备注
			单位	数量	单位造价/元		
6	竣工图编制费	1.35	m^2	1300.00	10.35	0.30%	《工程勘察设计收费标准》(2002年修订本)
7	招标代理费	2.81	m^2	1300.00	21.61	0.63%	计价格〔2011〕534号文
8	工程保险费	1.08	m^2	1300.00	8.27	0.24%	广东省建设工程概算编制办法2014
9	检验检测费	3.59	m^2	1300.00	27.58	0.80%	粤价函〔2004〕428号
10	城市基础设施配套费	14.34	m^2	1300.00	110.32	3.21%	粤价〔2003〕160号
11	工程造价咨询费	3.13	m^2	1300.00	24.09	0.70%	粤建函〔2011〕742号文(概预算、结算审核)
12	可行性研究报告编制费	0.29	m^2	1300.00	2.21	0.06%	计价格〔1999〕1283号文
13	环境影响评价费	1.31	m^2	1300.00	10.07	0.29%	计价格〔2002〕125号
	小计	66.48					
三	基本预备费	21.25		1300.00	163.46	4.76%	〔一+二〕×5%
四	建设投资费用	446.26		1300.00	3432.76	100.00%	一+二+三

清远市海伦湾花园北路道路边坡及基坑抢险工程估算单

序号	项目名称	单位	工程量	单价/元	合价/元	备注
一	加固项目					
1	坡顶新增钻孔注浆双排型钢桩加固	m	806.00	863.00	695578.00	
2	新增预应力锚索加固	m	350.00	325.00	113750.00	
3	坡顶原供水管托换(新增混凝土梁及锚索)加固	m	346.80	1430.00	495924.00	
4	坡底新增双排抗滑钢管桩加固	m	720.00	1799.00	1295280.00	
5	坡底新增钢筋混凝土梁加固	m^3	47.20	7691.00	363015.20	
	小计				2963547.20	
二	措施项目					
1	施工措施	项	1.00	325710.00	325710.00	
	小计				325710.00	
三	不含税合计				3289257.20	
四	税金/9%				296033.15	
五	含税合计				3585290.35	

说明:1. 本估算根据××设计院有限公司出具的《××改造工程》图纸编制;
2. 本估算所涉及材料均按国产品牌考虑;
3. 本估算不包含以下费用:阻碍施工装饰装修拆除后的恢复,阻碍施工砌体拆除后的恢复,拆除门窗后的恢复,阻碍施工的水电管线拆除后的恢复,加固后的装饰装修,加固后的鉴定检测费用,加固区域的财产安全管理,如有发生费用另行计算;
4. 本估算仅为改造实体加固费用,不包括其他二类费用

4.3 岩溶高发育区桩基及支护结构施工特殊技术措施：广州北站综合交通枢纽开发建设项目

建设项目基本概况

工程名称	广州北站综合交通枢纽开发建设项目		
工程分类	基础加固	建筑类型	公共建筑
工程地点	广东省广州市花都区站前路1号		
结构类型	钢筋混凝土结构	基础类型	
总建筑面积/m^2	20000.00	加固区域建筑面积/m^2	20000.00
地上层数/层		地下层数/层	
首层层高/m		标准层层高/m	
加固改造类型	加固改造工程		
主要加固形式	基础加固		
主要加固构件	基础		
主要加固方式	搅拌桩、灌注桩、钢管注浆、连续墙		
估算编制范围	投资估算，包含加固费用、工程建设其他费用及基本预备费，其中加固费用为实体加固及相对应措施费用，不含加固后装修恢复、阻碍施工管线拆除与恢复		
建设投资估算/万元	7486.59	单方造价指标/(元/m^2)	3743.29

广州北站综合交通枢纽开发建设项目建设投资估算表

序号	费用名称	金额/万元	技术经济指标			占投资额比例/%	备注
			单位	数量	单位造价/元		
一	建安工程费用						
1	建安工程费	6213.04	m^2	20000.00	3106.52	82.99%	
	小计	6213.04					
二	工程建设其他费用						
1	建设单位管理费	94.56	m^2	20000.00	47.28	1.26%	财建〔2016〕504号文
2	工程建设监理费	145.14	m^2	20000.00	72.57	1.94%	发改价格〔2007〕670号文
3	工程设计费	218.41	m^2	20000.00	109.20	2.92%	《工程勘察设计收费标准》(2002年修订本)
4	施工图审查费	14.20	m^2	20000.00	7.10	0.19%	发改价格〔2011〕534号文
5	施工图预算编制费	21.84	m^2	20000.00	10.92	0.29%	《工程勘察设计收费标准》(2002年修订本)

续表

序号	费用名称	金额/万元	技术经济指标			占投资额比例/%	备注
			单位	数量	单位造价/元		
6	竣工图编制费	17.47	m^2	20000.00	8.74	0.23%	《工程勘察设计收费标准》(2002年修订本)
7	招标代理费	22.98	m^2	20000.00	11.49	0.31%	计价格〔2011〕534号文
8	工程保险费	18.64	m^2	20000.00	9.32	0.25%	广东省建设工程概算编制办法 2014
9	检验检测费	62.13	m^2	20000.00	31.07	0.83%	粤价函〔2004〕428号
10	城市基础设施配套费	248.52	m^2	20000.00	124.26	3.32%	粤价〔2003〕160号
11	工程造价咨询费	39.87	m^2	20000.00	19.94	0.53%	粤建函〔2011〕742号文(概预算、结算审核)
12	可行性研究报告编制费	5.70	m^2	20000.00	2.85	0.08%	计价格〔1999〕1283号文
13	环境影响评价费	7.59	m^2	20000.00	3.79	0.10%	计价格〔2002〕125号
	小计	917.05					
三	基本预备费	356.50		20000.00	178.25	4.76%	〔一+二〕×5%
四	建设投资费用	7486.59		20000.00	3743.29	100.00%	一+二+三

广州北站综合交通枢纽开发建设项目估算单

序号	项目名称	单位	工程量	单价/元	合价/元	备注
一	加固项目					
1	600mm 直径搅拌桩	m	10116.00	74.00	748584.00	
2	500mm 直径长螺旋泵压混凝土灌注桩	m	72815.41	271.00	19732976.11	
3	1000mm 直径冲孔桩	m	781.51	2002.00	1564583.02	
4	注浆管(花管 Φ48~Φ52)	m	21038.28	526.00	11066135.28	
5	基坑连续墙	m^3	10099.58	1594.00	16098730.52	
6	钻孔桩	m^3	3296.43	791.00	2607476.13	
	小计				51818485.06	
二	措施项目					
1	施工措施	项	1.00	5181848.51	5181848.51	
	小计				5181848.51	
三	不含税合计				57000333.57	
四	税金(9%)				5130030.02	
五	含税合计				62130363.59	

说明:1. 本估算根据××设计院有限公司出具的《××改造工程》图纸编制;

2. 本估算所涉及材料均按国产品牌考虑;

3. 本估算不包含以下费用:阻碍施工装饰装修拆除后的恢复,阻碍施工砌体拆除后的恢复,拆除门窗后的恢复,阻碍施工的水电管线拆除后的恢复,加固后的装饰装修,加固后的鉴定检测费用,加固区域的财产安全管理,如有发生费用另行计算;

4. 本估算仅为改造实体加固费用,不包括其他二类费用